生物质原料：

乙醇和丙烯醛制吡啶和甲基吡啶

张　弦　罗才武　晁自胜◎著

中国原子能出版社

图书在版编目（CIP）数据

生物质原料：乙醇和丙烯醛制吡啶和甲基吡啶 / 张弦，罗才武，晁自胜著. --北京：中国原子能出版社，2020.8

ISBN 978-7-5221-0847-6

Ⅰ. ①生…　Ⅱ. ①张…②罗…③晁…　Ⅲ. ①吡啶—化合物—研究　Ⅳ. ①TQ253.2

中国版本图书馆 CIP 数据核字（2020）第 170303 号

内 容 简 介

本书介绍了生物质乙醇、甘油和丙烯的性质、制备和应用，以及合成吡啶碱的原料、方法、催化剂和机理，并详细介绍了乙醇和丙烯醛制备吡啶碱的工艺方法、过程和机理。其中包括醇氨固定床法制备吡啶碱的催化剂制备、表征及工艺条件的优化过程；丙烯醛液相釜式法制备 3-甲基吡啶的催化剂和工艺优化过程；丙烯醛气相固定床法制备吡啶和 3-甲基吡啶的催化剂和工艺优化过程；吡啶碱合成机理分析，包括利用原料替代法分析醇氨法合成吡啶碱机理、利用静电作用力和前线分子轨道理论分析丙烯醛液相法制备 3-甲基吡啶的合成机理以及原位红外分析丙烯醛气相法合成吡啶和 3-甲基吡啶的机理过程。

生物质原料：乙醇和丙烯醛制吡啶和甲基吡啶

出版发行　中国原子能出版社（北京市海淀区阜成路 43 号　100048）
责任编辑　张　琳
责任校对　冯莲凤
印　　刷　三河市铭浩彩色印装有限公司
经　　销　全国新华书店
开　　本　787mm×1092mm　1/16
印　　张　14.125
字　　数　253 千字
版　　次　2021 年 6 月第 1 版　2021 年 6 月第 1 次印刷
书　　号　ISBN 978-7-5221-0847-6　　定　价　68.00 元

网址：http://www.aep.com.cn　　E-mail：atomep123@126.com
发行电话：010-68452845　　　　版权所有　侵权必究

序　言

吡啶和甲基吡啶是一种应用最广泛的 N 杂环化合物,被大量用来合成各种农药、医药及精细化工品,是我国亟须的吡啶碱产品。一直以来甲醛/乙醛法制备吡啶碱成为行业主流。我国合成吡啶及甲基吡啶的相关工艺和技术主要被国外大公司所掌握,每年需要大量进口吡啶及甲基吡啶。因此,吡啶和甲基吡啶生产技术成为一个重要的研究和发展方向。其中,乙醇和丙烯醛为合成吡啶和甲基吡啶的两个重要原料和技术研究方向。

近年来,随着人们环保意识的增强以及能源价格的不断攀升,一定程度上刺激了生物能源——生物乙醇和生物柴油/甘油的开发利用。随着生物甘油制丙烯醛技术和丙烯醛缩醛生产技术的成熟和发展,丙烯醛和缩醛的使用提上日程,而开发有关生物质乙醇直接合成吡啶碱相关工艺和技术,以及甘油和来自甘油的丙烯醛和缩醛制备吡啶和甲基吡啶工艺和技术,对于建立资源节约型和环境友好型社会具有重要意义。

本书共分 5 个章节。第 1 章主要介绍生物质乙醇、甘油和丙烯醛信息、吡啶和甲基吡啶性质、合成方法、催化剂、合成机理和分子筛信息。第 2 章主要介绍醇氨法制备吡啶及甲基吡啶的工艺过程。第 3 章和第 4 章分别介绍丙烯醛液相法和气相法制备 3-甲基吡啶的工艺过程。第 5 章介绍醇氨法和丙烯醛法制吡啶和甲基吡啶的合成机理。

本书由鄂尔多斯应用技术学院张弦副教授撰写,南华大学罗才武博士整理,由长沙理工大学晁自胜教授指导完成,由鄂尔多斯应用技术学院吴珍副教授、李宇老师和霍怡廷老师校正。另外,本书出版得到了国家自然科学基金(51978648)、中国博士后科学基金(2019M660824)、内蒙古自治区高等学校青年科技英才项目(NKYT-17-B14)和鄂尔多斯市科技计划项目的资助。

虽然我们有多年吡啶和甲基吡啶的科研经历,但是相关科研结论均为一家之言,还需进一步的实践验证。由于时间和水平有限,书中不足及疏漏之处实属难免,敬请读者及各界同仁批评指正。

作　者
2020 年 5 月

目　录

第1章 绪 论

1.1 引 言

随着人们生活水平的提高,能源和资源危机加剧,能源和资源的安全问题越来越突出。生物质能源以其量大、可靠、来源广、可再生和成本低等优势,越来越受到青睐。特别是生物柴油、生物甘油和生物乙醇的商业化应用,被称为新型的"环保能源"。生物柴油、生物甘油和生物乙醇来源于生物质,又是一种较好的生物质资源,具有较好的石化资源替代性。开发其在化工方面的应用,合成附加值较高的化工产品具有更好的经济前景和战略意义。

乙醇在化工方面的开发与利用历来受到重视。工业上,乙醇主要被用来制备乙醛、乙烯、乙酸、乙酸乙酯和氢等,使用乙醇合成吡啶碱可进一步提高产品附加值。随着生物质乙醇的推广和应用,乙醇在化工方面的发展受到越来越多的重视,加快乙醇制吡啶碱(Pys)相关催化剂和工艺研究至关重要。

生物柴油的需求和生产越来越大,但是,由于在其生产工艺过程副产大量甘油,导致其发展缓慢。为大量甘油寻找出路是目前生物柴油产业发展亟须解决的问题之一。随着甘油选择性脱水制丙烯醛技术的进步,其有望取代目前丙烯部分氧化法制丙烯醛生产工艺,彻底摆脱对石化原料的依赖。另外,随着吡啶碱产业的发展,我国吡啶碱进口越来越多,特别是目前工业上 3-MP 和 4-MP 分离问题难以解决,影响 3-MP 品质。通过丙烯醛制备 3-MP,不仅可以解决丙烯醛的利用问题,同时可以满足高纯 3-MP 的需求。

吡啶碱主要包括 Py 和 3-MP,以及部分 2-MP 和 4-MP,可以用来合成环保型除草剂(百草枯、敌草快和绿草定等)、杀虫剂(吡虫啉、啶虫脒和吡嗪酮等)、医药中间体、日化中间体和饲料添加剂(烟酰胺)等。随着相关产业的发展,我国吡啶类化合物的进口量持续增长。特别是吡啶碱相关工艺、技术和专利等均掌握在少数跨国公司手中,我国吡啶碱技术和市场长期受制于人。因而加快吡啶碱合成的知识产权国产化，打破国际垄断，减少对国际市场的依赖，对促进我国国民经济发展具有重大的战略意义。

总之，加强生物质资源的开发和利用，有利于摆脱石化资源的依赖，保持社会经济的长期稳定。开发乙醇和丙烯醛制备吡啶碱反应技术，对于生物质资源在化工行业的发展具有重要的经济和社会效益。

1.2　生物质资源概况

生物质资源不仅是一种化工资源，还是物质性能源，是目前唯一能大规模替代石油燃料的能源产品。产品类型可以是液态、固态和气态，既可以替代石油、煤炭和天然气等常规资源，也可以直接燃烧供热和发电。其来自于大自然，具有"可循环性"和"环保性"。生物质资源产业与我国"三农"问题直接相关，产业"带动性"强。

生物质资源作为一种能源，具有燃烧容易、污染少和灰分低等优点，但其热值和热效率低，直接燃烧热效率仅为 10%～30%，体积大而不易运输。目前，世界各国正研究采用热化学转换、生物转换、提纯和压制成型等方法利用生物质能源，然而效果不尽人意。充分发挥生物质资源的特性，利用其制备化工产品具有更好的前景和意义。

1.2.1　生物柴油的开发和利用

生物柴油是以油菜籽和大豆等油料草本作物果实、黄连木和油棕等油料林木果实、工程微藻等油料水生植物以及废餐饮油、动物油脂等为原料制成的一种液体燃料。其作为石化柴油代用品，具有环保和可再生的特性，符合健康环保出行要求，是一种真正的环保绿色柴油。

目前，主要是先将动物和植物油脂与甲醇或乙醇等低碳醇进行转酯化反应生成相应的脂肪酸甲酯或乙酯，在酸性或者碱性催化剂和 230～250 ℃温度下进行反应，得到的酯类物质，再经洗涤干燥即可得到生物柴油。其生产设备主要由酯化罐、沉降罐、洗涤罐和精馏塔等组成，该方法原料要求较低，技术较为成熟，适用性较强，但会产生 10% 左右的甘油副产品。

化学法合成生物柴油有以下缺点：(1)由于过量醇导致工艺复杂，装置费用和能耗较高；(2)高温导致不饱和物质变质，产品颜色较深；(3)酯化产物回收和分离成本较高；(4)生产过程有废碱或废酸排放，环保问题突出。

最新研究采用生物酶法进行转酯化反应合成生物柴油,该法具有反应温度低、醇用量小和无污染排放的优点,但反应甲醇和乙醇仅有 40%～60% 的转化率,反应周期长,生产效率低。

目前,工业上以化学法为主,但是甲醇交换过程产生的大量生物甘油难以得到有效利用,不仅增加了成本,还导致工业过程进展缓慢,因此亟须解决副产物生物甘油的利用问题。

1.2.2 生物甘油的开发和利用

甘油可以用来生产的产品较多,主要有 1,3-丙二醇、1,2-丙二醇和丙烯醛等。文献报道采用甘油水溶液来制备丙烯醛,在 300 ℃ 反应,达到 78.6% 的丙烯醛收率,杂多酸和硅钨酸类催化剂具有较好的选择性和收率,进一步的提高催化剂的寿命和解决催化剂结焦问题是目前的主要研究方向。

甘油利用技术是发展生物柴油清洁能源的技术关键。利用甘油及其衍生物开发高附加值产品,降低生物柴油生产成本,提高资源利用率,延伸产业链,是建立高效、经济的生物质能源综合利用技术的重要措施。

表 1.1 列举了甘油的部分物理性质。合成甘油的方法主要有 2 种:从天然材料中直接提取和化学合成法。从自然界获得的甘油,由于具有成本低和来源丰富,且属于可再生资源。近年来,引起了广大研究者们的热捧。以甘油为原料,许多新工艺被不断地开发出来。因此,在这里非常有必要对部分利用甘油的反应工艺进行简单的综述。在这些利用中,甘油脱水生成丙烯醛是目前为止研究最多的反应,无论是筛选催化剂还是反应工艺及其反应机理皆进行了细致而深入的探索。这主要是因为丙烯醛是许多重要化工产品的中间产物,这里重点介绍催化剂。

表 1.1 甘油的物理性质

颜色	溶解性	熔点和沸点	危害性
无色、无臭	可与水和乙醇任意混溶,不溶于苯和氯仿	熔点为 17.8 ℃ 沸点为 290.0 ℃(分解)	对环境没有污染,对水体有一定的危害

1.2.2.1 液相甘油脱水制取丙烯醛

表 1.2 列举了液相条件下甘油脱水生成丙烯醛的部分结果。从表中可以看出,在不同催化剂上获得的丙烯醛收率普遍较高。与气相法相比,液相

法具有明显的优势是在相对较低的反应温度下进行的,从而可以避免热分解的问题。从表中还可以看出,该反应所使用的催化剂,大多采用均相催化剂,如硫酸。这对催化剂的回收带来极大的不便。因此,开发高效的多相催化剂是今后发展的主要方向。

表 1.2 液相条件下甘油脱水成丙烯醛的结果

催化剂	产率或收率
H_2SO_4	50%
黏土负载的 H_3PO_4	72%
H_2SO_4、K_2SO_4、$MgSO_4$ 和 $KHSO_4$	80%
HY	88.6%
硅钨酸、磷钨酸和磷钼酸	78.6%
[Bmin]H_2PO_4 和 [Bmin]H_2SO_4	57.4%和50.8%
纳米级 Cu/ZSM-5	74.0%

1.2.2.2 气相甘油脱水制丙烯醛

表 1.3 列举了气相条件下甘油脱水生成丙烯醛的部分结果。从表中可以看出,在所有的催化剂中,杂多酸上获得的丙烯醛收率最高,但它热稳定性差。氧化物上获得的丙烯醛收率相对较高,但它们要么热稳定性差,要么活性组分易流失。因此,应用于工业中其前景并不非常明朗。虽然分子筛上获得的丙烯醛收率不是最高,但它具有突出的优点是水热稳定性强。这一优良的特性非常适合工业化的应用。由于本反应无法从真正意义上消除因积炭而导致催化剂失活的难题,所以需要不断的反应-再生循环才能满足更长久的使用。很显然,采用分子筛可弥补这一缺点。但是,纯微孔分子筛虽然催化活性较高,但受空间位阻效应较大,因而催化剂的失活速率相对较快,而纯介孔分子筛虽然可以延缓催化剂的失活速率,但它的水热稳定性差。因此,开发一种含微孔-介孔(或层级结构)的分子筛具有更大的发展潜力,因为它们具有微孔分子筛和介孔分子筛各自的优点。例如,2013 年,Possato L G 等报道了以碱处理 MFI 沸石作为催化剂,用于气相甘油脱水成丙醛的反应。由于沸石在经过碱处理之后出现不同层级结构,这种结构有利于降低传质阻力,不仅可以提高甘油的转化率,而且可以增强催化剂的反应寿命。

表 1.3　气相条件下甘油脱水成丙烯醛的结果

种类	催化剂	收率
氧化物	VPO	66%
	ZrNbO	72%
	$WO_3/SiO_2/ZrO_2$	78%
	$NiSO_4/SiO_2$	63%
	$FePO_4$	92.1%
杂多酸	HSiW/活性炭	69.5%
	$Cs_{2.5}H_{0.5}PW_{12}O_{40}$	98%
	$Cs\text{-}HSiW/\delta\text{-}\theta\text{-}Al_2O_3$	90%
分子筛	纳米级 HZSM-5	60%
	纳米级 HZSM-11	61%
	HZSM-22	86%
	HSiW/介孔二氧化硅	74%
	硫酸化 SBA-15	92.6%
	微孔-介孔 HZSM-5	73.6%

1.2.2.3　甘油合成吡啶碱

近年来大量文献报道甘油制吡啶碱的相关技术和工业应用，著者团队也在这方面进行了一定的尝试和探讨。著者团队采用两级串联固定床反应器进行了甘油/氨制备 3-甲基吡啶的研究，以 HZSM-5-At 和 ZnO/HZSM-5-At-acid 为组合催化剂，直接反应得到了收率约为 24% 的 3-甲基吡啶。并采用微波辅助甘油液相法制备吡啶碱，得到 70% 左右的 3-甲基吡啶收率。J L Dubois 等报道了在连续式固定床反应工艺中，甘油先脱水生成丙烯醛等产物，接着将这些产物部分冷凝后流入下一个固定床中，同时混合氨和乙醛反应，但得到的主要产物为吡啶。河北工业大学赵继全团队研究了 Cu/HZSM-5、HZSM-5/11(78) 和 $Cu_{4.6}Pr_{0.3}$/HZSM-5 等催化剂上的甘油制吡啶碱反应，得到了 60.2% 左右的吡啶碱总收率。

1.2.3　乙醇的开发和利用

1.2.3.1　生物质乙醇简述

乙醇在以前主要是通过乙烯水合进行工业化,现在主要是通过生物质原料发酵的方法大规模生产。由于采用生物质为原料,具有来源广、环保和再生等特性,因此逐渐作为燃料乙醇,取代或部分取代石化汽油,提高燃料燃烧特性,降低汽车尾气的 CO 排放,具有较高的社会和环保价值。此外,乙醇可以转化为多种附加值高的化学品,具有较高的经济价值。

1.2.3.2　乙醇的生产

生产乙醇的主要问题是考虑原料的来源和生产工艺及成本。目前,用来生产乙醇的主要原料有玉米(美国)、甘蔗(巴西)和小麦(欧洲)等,由于存在土地紧张和粮食生产安全等问题,在我国并不适用。越来越多的研究开始应用作物秸秆和木质纤维素等非粮食作物来生产乙醇。

利用生物质生产乙醇的主要步骤有预处理、制浆、糖化、发酵(或水解)和分离提纯等工艺,其中最关键的是预处理和发酵(或水解)。根据预处理和发酵(或水解)工艺的不同,其制备方法可分为化学法、生物法和化学生物法。其中,化学生物联产法可以将化学法生产效率高、时间短和场地较小等优势与生物法活性好、选择性高和条件温和等优点结合起来,降低生产工艺成本和提高原料的适用性,但需避免化学法残余物对生物发酵菌种的破坏。

由于目前生物乙醇价格较高,在替代汽油方面无明显价格优势,需要国家相关政策的扶持,降低乙醇生产成本和扩展乙醇的利用途径成为发展方向之一。

1.2.3.3　生物质乙醇的用途

近年来由于环境保护和石油价格高涨等原因,人们开始寻求环保、低价和来源稳定的化工原料。乙醇目前主要来源于生物质,具有环保、可靠和可再生的特性,其在化工方面的开发与利用得到越来越广泛的重视。

利用乙醇来合成乙醛、乙烯、乙酸和乙酸乙酯等,大大拓展了乙醇在化工领域的应用。然而,这些工业产品附加值仍然不够高,开发乙醇合成杂环吡啶碱化合物具有更大的经济价值。

总之,加快我国生物乙醇和生物柴油等生物质能源和资源的应用和相关技术的发展,已成为我国的国家发展战略。生物质能源和资源的有效利用能提高我国的能源和资源自给率,减少石化原料的使用,在一定程度上解决越来越严重的城市汽车尾气污染等问题。生物质能源和资源的产业发展直接关系到我国的"三农"、能源和环境三大问题,具有重要的发展前景和意义。

1.3 丙烯醛概述

丙烯醛是一种最简单的不饱和醛,同时有 C═C 双键和 C═O 双键,化学性质活泼,是一种重要的有机化工原料和产品,其生产方法和用途较多。

1.3.1 丙烯醛的物化性质

丙烯醛又名败脂醛,英文名为 acrolein、2-propenal 和 propenal 等,其物理性质如表 1.4 所示。

表 1.4 丙烯醛的物理性质

名称	数值	名称	数值	名称	数值
CAS 号	107-02-8	熔点/℃	−86.90	相对密度,水=1	0.84
分子式	C_3H_4O	沸点/℃	53.00	饱和蒸气压/kPa	28.00
分子量	56.06	闪点/℃	−18.00	折射率	1.40

丙烯醛是一种无色透明、易燃和易挥发的不稳定液体,具有强烈刺激性,其蒸气有强烈催泪性,使用时应注意在通风橱内操作,并佩戴好高质量的防毒面具。暴露于光和空气、强碱或强酸存在条件下易聚合,贮存时可加入 0.2% 的对苯二酚作稳定剂,应注意低温和避光保存。其蒸气和空气形成爆炸性混合物,爆炸极限为 2.8%~31%(体积),废弃的丙烯醛可以倒入烯碱液中无害化处理。丙烯醛能与大多数有机溶剂,如石蜡烃(正己烷、正辛烷、环戊烷)、甲苯、二氯仿、甲醇、乙醇、乙酸和乙酸乙酯等完全互溶。丙烯醛在水中的溶解度为 20.6%(重量,20 ℃)。

1.3.2 丙烯醛的合成

合成丙烯醛的方法较多,目前主要有丙烯部分氧化法和甘油脱水法,其他方法还有甲/乙醛缩合法、丙烷氧化法、醇氧化缩合法、醇醛缩合法和烯丙醇氧化法等方法,分别如式(1.1)~式(1.7)所示。

目前,工业上大量使用丙烯空气氧化法制丙烯醛。由于石油工业的发展,提供了大量的丙烯原料,但是丙烯空气氧化法存在副产品较多,易过度氧化,且依赖石油工业,原料存储和运输困难,原料价格不稳定等问题。比较有发展前景的是丙烷氧化法和甘油脱水法。由于天然气、油田气及炼厂所含的大量廉价丙烷至今尚未得到合理的利用,因此丙烷成本较低。然而,由于丙烷选择性氧化反应过程难以控制,反应转化率和选择性较低,还需进一步的研发。而甘油在气相中脱水转化率几乎为100%,且脱离催化剂的气态反应混合物可直接冷却获得丙烯醛溶液,时空产率高,催化剂的有效期和选择性高。大量文献采用固体酸催化剂,如SAPO、HZSM-5、硅钨酸和磷钨酸等,使用35%左右的甘油水溶液为原料,在固定床反应器上,300 ℃左右反应得到了80%左右的丙烯醛收率,有望进一步的放大和工业化。

$$CH_2=CHCH_3 + O_2 \longrightarrow CH_2=CHCHO + H_2O \tag{1.1}$$

$$\begin{array}{c} CH_2\text{-}OH \\ | \\ CH\text{-}OH \\ | \\ CH_2\text{-}OH \end{array} \xrightarrow{-H_2O} \begin{array}{c} CH\text{-}OH \\ \| \\ CH \\ | \\ CH_2\text{-}OH \end{array} \rightleftharpoons \begin{array}{c} CH=O \\ | \\ CH_2 \\ | \\ CH_2\text{-}OH \end{array} \xrightarrow{-H_2O} \begin{array}{c} CH=O \\ | \\ CH \\ \| \\ CH_2 \end{array} \tag{1.2}$$

$$CH_3CH_2CH_3 + 3/2O_2 \longrightarrow CH_2=CHCHO + 2H_2O \tag{1.3}$$

$$CH_3CHO + CH_2O \longrightarrow CH_2=CHCHO + H_2O \tag{1.4}$$

$$2CH_3CH_2OH + 3/2 O_2 \longrightarrow CH_2=CHCHO + CH_2O + 3H_2O \tag{1.5}$$

$$CH_3CH_2OH + CH_2O \longrightarrow CH_2=CHCHO + H_2O + H_2 \tag{1.6}$$

$$CH_2=CHCH_2OH + 1/2 O_2 \longrightarrow CH_2=CHCHO + H_2O \tag{1.7}$$

比较各种合成丙烯醛方法的优缺点如表1.5所示。

表1.5 丙烯醛不同生产方法的优缺点

生产方法	原料	优点	缺点
丙烯部分氧化	丙烯	成熟、稳定	易过度氧化
甘油脱水法	甘油	原料多、收率高	甘油易裂解
丙烷氧化法	丙烷	原料价格低	收率低,难控制
甲/乙醛缩合法	甲醛、乙醛	原料来源广	存在副产物
醇氧化缩合法	乙醇	原料简单	裂解损失

续表

生产方法	原料	优点	缺点
醇醛缩合法	乙醇、甲醛	原料来源广	反应复杂
烯丙醇氧化法	烯丙醇	原料独特	产物复杂,难以控制

目前,全世界丙烯醛年产量约为 14 万 t 左右,主要分布在美国、法国、德国、日本、俄罗斯和东欧。中国丙烯醛生产规模较小,年产量 100 t 左右。武汉有机合成化工厂在 1991 年建成一套年产 150 t 左右的丙烯醛装置,其他一些制药厂也试生产过丙烯醛,但都未真正形成一定的生产规模。由于丙烯醛独特的化学性质,其运输和储存困难,然而其需求在不断的增大,在国内建立甘油脱水制丙烯醛生产装置很有必要。

1.3.3 丙烯醛的应用

丙烯醛的用途较广,可以用来合成蛋氨酸、吡啶碱、1,3-丙二醇和戊二醛等,如式(1.8)～式(1.11)所示。

$$CH_2=CHCHO \xrightarrow[+ CH_2=CH_3SH]{NaOH} CH_3SCH_2CH_2CHO \xrightarrow[+ HCN]{KCN} CH_3SCH_2CH_2CHCN + NH_3$$

$$\downarrow OH \tag{1.8}$$

$$CH_3SCH_2CH_2CHCOOH \xleftarrow[+ H_2O]{HCl} CH_3SCH_2CH_2CHCN$$
$$\qquad \qquad |NH_2 \qquad \qquad \qquad |NH_2$$

$$+ NH_3 \longrightarrow \quad + \quad + 2H_2O \tag{1.9}$$

$$CH_2=CHCHO \xrightarrow[+ H_2O]{} CH_2OHCH_2CHO \xrightarrow[+ H_2]{} CH_2OHCH_2CH_2OH \tag{1.10}$$

$$+ \quad \longrightarrow \quad \longrightarrow \tag{1.11}$$

　　蛋氨酸是很好的饲料添加剂，是目前丙烯醛最大的应用领域之一，许多国家都在发展蛋氨酸的生产。但是，存在反应流程长和剧毒等问题。1,3-丙二醇主要用作新型聚酯聚对苯二甲酸丙二醇酯（PTT）的原料，在地毯、工程塑料和服装面料等领域具有广阔的应用前景。戊二醛是优良的蛋白质交联剂、靴革剂和消毒剂，广泛应用于医药卫生、皮革和食品工业等领域，但是所需的乙烯基乙醚难以得到。

　　此外，丙烯醛还有其他多种用途，如与 2-甲基-1,3-戊二烯通过 Diels-Alder 反应合成女贞醛，与月桂烯醇经 Diels-Alder 反应合成兰铃醛，可应用于香精等日化行业。丙烯醛还可用作杀菌剂、消毒剂和组织固定剂等，其聚合物可以用于洗涤、造纸和涂料等工业。

　　总之，丙烯醛制备吡啶碱可以有效提高丙烯醛的利用价值，并进一步解决生物甘油的利用问题，有利于生物柴油产业的发展。同时，丙烯醛生产出的 3-MP 产物，不含 4-MP，能有效提高 3-MP 收率和质量，具有更高的经济和社会价值。

1.4　吡啶及甲基吡啶概况

1.4.1　吡啶及甲基吡啶简介

　　吡啶主要是指由含有一个氮杂原子的六元杂环化合物，又称氮苯。吡啶及其衍生物一般被称为吡啶碱，其甲基吡啶衍生物主要是指 2-MP、3-MP 和 4-MP，吡啶及甲基吡啶的物理性质如表 1.6 所示。另外，常见的高级烷基吡啶衍生物主要有 2-乙基吡啶（2-EP）和 2-甲基-5-乙基吡啶（2M-5EP）。

　　吡啶及其衍生物化学性质稳定，典型的芳香族亲电取代反应发生在 3、5 位上，一般不易发生硝化、卤化和磺化等反应。Py 是一个弱的三级胺，呈碱性，在乙醇溶液内能与多种酸（如苦味酸或高氯酸等）形成不溶盐。工业上使用的吡啶，约含 1% 的 2-MP，可以利用成盐性质的差别，把吡啶和其同系物分离。吡啶还可以与多种金属离子形成结晶型的络合物。吡啶易还原，如在金属钠和乙醇的作用下还原成六氢吡啶（或称哌啶）。吡啶还可以与过氧化氢反应，易被氧化成 N-氧化吡啶。

　　由于 3-MP 和 4-MP 沸点相近，导致常规的精馏工艺难以完全分离，这是在 3-MP 生产中遇到的难题。2-MP、3-MP 和 4-MP 化学性质与吡啶相仿，主要是发生取代和氧化反应，同时，又是弱碱，可以和酸反应成盐。甲基吡啶由于存在取代甲基的原因,首先被氧化的是甲基,容易形成相应的吡啶甲酸。

表1.6 吡啶及甲基吡啶碱的物理性质

名称	Py	2-MP	3-MP	4-MP
别名	氮苯	α-皮考林	β-皮考林	γ-皮考林
CAS 号	110-86-1	109-06-8	108-99-6	108-89-4
分子式	C_5H_5N	C_6H_7N	C_6H_7N	C_6H_7N
分子量	79.10	93.13	93.13	93.13
熔点/℃	−41.6	−70.0	−17.7	3.8
沸点(BP)/℃	115.3	128.5	143.5	144.9
闪点/℃	17.0	26.0	40.0	56.0
相对水密度	0.98	0.95	0.96	0.96
溶解性	溶于水、醇、醚,溶于多数有机溶剂			

1.4.2 吡啶及甲基吡啶用途

吡啶及甲基吡啶作为一类重要的杂环化合物,用途较广,如表1.7所示。

表1.7 吡啶及甲基吡啶的用途

名称	价格/(万·t^{-1})	用途
Py	3.4	农药(除草剂和杀虫剂)、助剂、溶剂
2-MP	3.3	医药产品、化工中间体
3-MP	4.2	烟酸/烟酰胺、农用化学品
4-MP	3.8	化工中间体、医药中间体

工业上 Py 主要用来作溶剂,另外通过卤代反应形成新的除草剂和杀虫剂。还可用来合成助染剂和变性剂,以及一系列产品(包括药品、消毒剂、染料、食品调味料、黏合剂、炸药等)的起始物。

2-MP 主要用于制取 2-乙烯基吡啶、医药产品(长效磺胺、驱虫药、家禽用药、解毒剂和麻醉药等)、染料中间体和橡胶促进剂等。还可用来合成杀虫剂、除草剂、杀真菌剂和抑制球虫生长药等。

3-MP 主要用于制造维生素 B6、烟酸和烟酰胺、尼可拉明和强心剂等药物或医药中间体，同时也可用作溶剂、除草剂、杀虫剂、树脂中间体、染料中间体、橡胶硫化促进剂和防水剂的原料等。

4-MP 主要用于生产药物异烟肼、解毒药双解磷和双复磷，也用于杀虫剂、染料、橡胶助剂和合成树脂的生产。

1.4.3　吡啶及甲基吡啶市场概况

中国吡啶类化合物生产始于 1950 年，已有 50 多年的历史。其发展大致可分为以下四个阶段。

第一阶段，20 世纪 50 年代初，中国开始从煤焦油中回收粗吡啶，但是生产能力不足 $0.5 \ kt \cdot a^{-1}$，总产量为 $0.2 \sim 0.3 \ kt \cdot a^{-1}$。

第二阶段，20 世纪 70 年代初，北京第二制药厂开发过乙炔和氨制吡啶碱的合成技术，但由于污染严重和原料不足，很快停产。上海第五制药厂进行过乙醛/氨法生产 2-MP 和 4-MP，也由于工艺落后和污染严重而停产。

第三阶段，2001 年，由南通醋酸厂与美国瑞利（Reilly）公司合资建设了产量为 $11.0 \ kt \cdot a^{-1}$（Py 为 $8.0 \ kt \cdot a^{-1}$，3-MP 为 $3.0 \ kt \cdot a^{-1}$）的合成法生产吡啶和甲基吡啶的生产装置，这是中国吡啶生产方法与技术改进的一大突破。

第四阶段，2007 年，红太阳集团有限公司在南京化学工业园投资建设 $8.0 \ kt \cdot a^{-1}$ 吡啶及其衍生物项目成功投产。该公司生产的吡啶系列产品绝大部分用于该公司农药及中间体配套装置生产，很少供应市场。

中国吡啶类化合物的消费领域归纳为以下五个方面，即农用化学品（50%）、食品/饲料添加剂（20%）、日用化学品（15%）、医药（10%）、染料和其他中间体（5%）。2010 年中国吡啶类化合物的生产能力约为 $30.6 \ kt \cdot a^{-1}$，其中 98% 由合成法制得。随着精细化工产品的大力开发，市场对吡啶系列产品品种和数量的需求显著增加，年需求量增长到 10.0 kt 左右，年均增长率约 11.6%。加快吡啶碱的合成研究具有很好的经济前景和社会效益。

1.5　吡啶及甲基吡啶的合成方法

1.5.1　吡啶及甲基吡啶的合成方法概述

目前，吡啶及甲基吡啶的合成主要有分离法和化学合成法。分离法主要是指煤高温干馏。化学合成法除醛氨化学合成法外,还有饱和烃法、乙醇法、四氢呋喃法、酮氨法、丙烯醛法、腈缩合法、缩醛法和甘油法等,如表 1.8 所示。

吡啶及甲基吡啶最先从煤高温干馏所得挥发性副产物(煤焦油和焦炉气)中分离获得,主要是 Py 和 2-MP。焦炉气被硫酸吸收后,生成硫酸铵和吡啶碱的硫酸盐,通过饱和器,然后用 10%～12% 的氨气中和,分离出吡啶碱,冷凝得到吡啶碱含量为 60%～63% 的初产物。最后用纯苯共沸蒸馏脱水,再精馏分离,可以得到不同沸点的分离物 Py、2-MP 和烷基吡啶混合物。煤焦油分离法存在产量受限、不能完全回收和产品质量差等问题,采用此法制取吡啶及甲基吡啶在整个工业生产中所占比例很小。

表 1.8 生产吡啶碱工艺方法简介

生产方法	原料	产品	收率/%
煤焦油分离法	煤焦油、焦炉气	Pys	60～63
醛/氨气相法	乙醛、甲醛、氨	Py、3-MP(20～30)	85
乙醛/氨气相法	乙醛、氨	2-MP、4-MP	40～60
醛/氨液相法	乙醛、氨	2M-5EP	70
乙烯/氨液相法	乙烯、氨	2-MP、2M-5EP	80
醇/氨气相法	乙醇、甲醛、氨	Py、3-MP	50～70
四氢呋喃法	乙醇基呋喃	Py、MP	20
丙烯-丙酮法	丙烯、丙酮、氨	2-MP	65
丙烯醛液相法	丙烯醛	3-MP	37
丙烯醛气相法	丙烯醛	Py、3-MP	60～70
腈缩合法	2-甲基戊二腈	3-MP	70
丙烯醛缩醛法	丙烯醛缩醛	Py、3-MP	83
甘油法	甘油	3-MP	70

目前,吡啶及甲基吡啶主要是通过醛氨化学法合成。将预热氨与气化后的乙醛混合,通过装有硅酸铝催化剂的流化床反应塔,于 410～430 ℃ 反应,生成的气体经分离,冷凝,将得到的反应液体投入脱水锅,加 2% 固碱,于 92 ℃ 回流脱水 2 h,静置分层,分馏,收集不同馏分得到 2-MP 和 4-MP。由乙醛、甲醛和氨反应,得到 Py 和 3-MP 产物。改变原料的组成,可调节产物的生成比例,因而可以根据市场需求随时调整产物。

1995 年，Ramachandra R R 在 HZSM-5、Pb/ZSM-5 和 W/ZSM-5 上采用乙醛、甲醛和氨合成 Py 与 3-MP，总收率分别为 58.2%、42.8% 和 78.3%。不加甲醛时，在 Pb-Cr-SiO_2-Al_2O_3 催化剂上获得了 2-MP 与 4-MP，总收率为 80.6%。卢冠忠开发的 Co/ZSM-5 系列催化剂，烷基吡啶总收率可达 85%。

醛氨法合成吡啶碱工艺成熟，吡啶和甲基吡啶的比例和种类可根据市场变化及时调整，吡啶碱收率较高。但是，仍存在 3-MP 和 4-MP 分离困难、3-MP 收率不高、流动床工艺操作复杂和催化剂质量要求高等问题。探索或改进其他工艺合成方法仍具有一定的工业价值和经济效益。其他工艺主要存在原材料价格高、难以获得、工艺不成熟和催化剂寿命短等问题，还没有工业化装置。

1.5.2 醇氨法合成吡啶碱研究现状

早在 1986 年，Ven Der Gaag F J 开始使用乙醇与 NH_3 反应，在有氧的条件下以 HZSM-5(Si/Al＝65) 为催化剂合成了吡啶。冯成研究了乙醇和氨反应合成 2-MP 和 4-MP，实验结果表明在 Pb_6-$Fe_{0.5}$-$Co_{0.5}$/HZ5-200 催化剂作用下，乙醇催化氨化反应的适宜条件为：催化剂 30 mL、压力 0.1 MPa、450 ℃、NH_3/C_2H_6O＝6/1、停留时间 19.2 s。此时，乙醇转化率达 100%，2-MP 和 4-MP 的总收率达到 29%。但乙醇与 NH_3 反应的吡啶碱选择性较低（＜20%），产率不高，相比醛氨法的高转化率和高选择性没有竞争优势。Ramachandra R R 通过乙醇、甲醇与 NH_3 反应，在 Pb/ZSM-5 和 W/ZSM-5 催化剂上合成吡啶与甲基吡啶的收率分别是 20%～40% 和 10%～25%。Slobodník M 采用 1.0% ZnZSM-5(Si/Al＝75) 为催化剂，空速为 0.5 h^{-1}、乙醇/甲醛/氨＝1/0.21/1.24 (mol) 和 400 ℃条件下，得到吡啶碱收率为 75% 左右。Nellya G G 采用乙醇/甲醛/氨为原料，获得了 70% 的乙醇转化率，在 200 ℃，2 h^{-1} 条件下获得了 49% 的最好吡啶选择性。

总之，乙醇与氨反应的吡啶碱产物主要是 2-MP 和 4-MP，收率不高。加入甲醛时，吡啶碱收率有所提高，但是 3-MP 收率不高，且 3-MP 和 4-MP 同时存在，导致产品分离困难，甲醛易聚合，水溶液运输不方便和催化剂寿命短，这些缺点制约其工业化发展。提高醇氨法制备吡啶碱收率，减少甲醛使用，加快高吡啶碱选择性催化剂的研究，并提高催化剂寿命是目前的主要研究方向。本书著者晁自胜课题组刘娟娟硕士毕业论文有报道，在本书第 2 章也有详细描述。

1.5.3　丙烯醛合成 3-甲基吡啶方法研究现状

1.5.3.1　固定床法

固定床气相反应制备 3-MP 主要有两种方法：第一种是以纯丙烯醛为原料和氨反应制备 3-MP；另一种是采用丙烯醛与其他有机物为原料和氨反应制备 3-MP。

英国专利 1158365 报道采用丙烯醛、氨气、空气和氮气的混合气体，在温度为 400 ℃和接触时间为 2 s 的条件下反应，总吡啶碱收率最高可达 68%左右。由于原料中空气的存在，使得反应产物主要是吡啶，其中 3-MP 收率最高只有 25%左右，存在 3-MP 收率较低的问题。日本专利 5626546、英国专利 1422601 和美国专利报道以丙烯醛和氨气反应，采用 SiO_2-Al_2O_3、分子筛和 HF/M-Al_2O_3 等催化剂，在 380～450 ℃条件下可以得到 70%左右的吡啶碱收率，其中 3-MP 收率最高可高达 45%左右。采用氟化物负载氧化铝后，吡啶碱收率提高，但存在催化剂积碳、寿命短，失活后丙烯醛聚合堵塞管道等问题。

英国专利 887688 采用丙烯醛与其他醛为原料和氨气在 350～450 ℃反应制备吡啶碱。当采用丙烯醛和乙醛为原料时，得到吡啶碱产物最高收率可达 65%左右，但是含有 2-MP 和 4-MP，对产品质量和分离带来较大困难，同时催化剂寿命不能得到较大的提高。英国专利 896049 报道原料丙烯醛/丙醇 = 14.8/1，氨/碳 = 1.1/1，在 406 ℃反应时，3-MP 收率达到 31.4%，收率不高。英国专利 920526 采用丙烯醛和酮为原料，在 400 ℃反应得到最高 18%左右的 3-MP 收率，产物根据采用酮的不同而变化。英国专利 1192255 和国内山东化学研究所采用丙烯醛/环氧丙烷/氨气反应，得到收率为 57%的 3-MP 和 14%的吡啶，总吡啶碱收率达 71%以上。可见，环氧丙烷为较好的添加剂，不仅可以缓解丙烯醛的聚合问题，同时还能大幅提高 3-MP 收率。但是，存在环氧丙烷价格较高，性质不稳定等问题。

通过加入其他碳源，在一定程度上减少了丙烯醛聚合，但并没有从根本上解决催化剂失活的问题。

1.5.3.2　流动床法

英国专利 1020857 报道采用丙烯醛/水蒸气/氨气 = 1/1/5，在流动床上得到收率为 25%的 Py 和 35%的 3-MP。美国专利 4171445 报道在反应塔-

再生塔双塔装置上合成吡啶碱,采用丙烯醛为原料,得到收率为24.2%的Py和48.5%的3-MP,以丙烯醛和乙醛为原料得到收率为28%的Py和32%的3-MP。加拿大专利1063121采用丙烯醛和丙酮,在流动床上得到收率为30%的3-MP和25%的2-MP。美国专利4147874报道采用丙烯醛分别和乙醛、丙醛为碳源,采用高比表面SiO_2-Al_2O_3为催化剂,能得到60%的3-MP和67%的吡啶碱总收率。

采用流动床可以延长催化剂使用寿命,反应装置可以稳定连续地进行,加入丙醛或环氧丙烷可以提高3-MP收率至60%。但存在反应操作复杂,对催化剂要求较高等问题。

1.5.3.3 液相法

英国专利1240928报道采用丙烯醛和乙酸铵为原料,在酸性条件下可以形成3-MP。在250 mL丙酸溶剂中加入0.38 mol乙酸铵后,缓慢滴加0.1 mol丙烯醛,130 ℃反应得到0.016 5 mol的3-MP,收率达到33%。该法具有反应简单、操作容易、反应温度低和产物单一等优点,但是,吡啶碱总收率不高,由于丙酸和3-MP沸点相近,溶剂分离困难。美国专利4421921报道,在230 ℃、3.2 k·t、3.3 MPa和搅拌条件下,向1.14 L含3.4 mol磷酸氢二铵的水溶液中,连续加入2.05 mol丙烯醛原料,并保温10 min反应,通过二氯甲烷三次萃取提取吡啶碱,得到收率为61.9%的吡啶碱,其中3-MP收率为52.4%。但是存在反应压力高、产物复杂、反应操作和分离提纯困难等问题。

总的来说,采用釜式均相法利用丙烯醛制备3-MP反应温度低,反应时间短,3-MP选择性好,不含4-MP。但是存在分离量大和生产能力小等问题,其中常压液相法收率低,溶剂分离困难,高压液相法操作困难,设备昂贵。

1.5.3.4 丙烯醛合成3-MP技术展望

丙烯醛和氨反应产物主要是3-MP,有望采用该法获得大量高质量的3-MP。丙烯醛制备3-MP方法的优缺点如表1.9所示。

表1.9 丙烯醛制备3-MP方法

制备方法	优点	缺点
液相常压法	温度低、纯度高	收率较低,分离量大
液相高压法	温度低,收率高	设备昂贵,操作困难

续表

制备方法	优点	缺点
气相固定床	操作简单,连续	催化剂易失活,寿命短
气相流动床	收率高,操作连续	装置复杂,操作困难

常压液相法温度低,生成吡啶碱产物中只含 3-MP,但需改进催化剂和反应工艺,进一步提高产物收率。通过选择合适的溶剂来解决产物分离问题,存在一定的工业化可行性。采用气相流动床工艺得到 3-MP 收率最高,但存在操作困难的缺点。而固定床法由于催化剂容易失活,积碳严重的问题,需要进一步开发活性较好、选择性高和寿命较长,同时还需兼具耐磨和再生容易等特点的催化剂。本书著者团队采用液相法和气相法报道了丙烯醛合成 3-MP 的方法,相关成果和技术在第 3 章和第 4 章详细描述。

1.5.4　3-甲基吡啶合成进展

由于丙烯醛存在严重聚合问题,因此需要采用特殊原料和工艺来合成 3-MP。因此,除了传统的甲醛乙醛法和丙烯醛法外,也可采用大量其他原料,如丙烯醇、缩醛和甘油被用来合成 3-MP。

马天奇报道丙烯醇/氨合成 3-MP 的研究。以 Zn_{12}/H-ZSM-5[n(Si)/n(Al)=80]为催化剂,当反应温度为 420 ℃、气相空速为 300 h^{-1} 和丙烯醛/氨物质的量之比为 1:3 时,丙烯醇转化率为 97.8% 和 3-MP 选择性为 37.9%。总体上讲,该路线得到的 3-MP 收率仍然不高。

美国专利 4482717 报道甲缩醛或乙缩醛作为碳源,合成 3-MP。王开明硕士和本书著者团队报道气相丙烯醛二乙缩醛和氨合成 3-MP 的研究。除此之外,还首次报道了气相丙烯醛二甲缩醛和氨合成 3-MP,该路线的优点是不仅彻底地解决丙烯醛聚合问题,而且无 4-MP 生成。但是,缩醛的价格昂贵,挥发性强,还有不愉快的气味。

依据反应器的不同,可细分成气相一步法和多步法以及液相法。在气相一步法中,Lujiang X 等比较不同沸石上甘油/氨合成吡啶碱。结果表明,HZSM-5[n(Si)/n(Al)=25]的催化性能最好。当反应温度为 550 ℃、质量空速为 1 h^{-1} 和甘油/氨物质的量之比为 1:12 时,吡啶碱总收率为 35.6%,其中,3-MP 选择性最高达到 21.5%。经优化纳米级 HZSM-5 催化的吡啶碱总收率达到 42.1%。为了进一步提高催化活性,Wanyu Z 等选择 Cu/HZSM-5(n(Si)/n(Al)=38)为催化剂,当反应温度为 520 ℃、甘油/氨物质的量之比为 1:7 和气相空速为 300 h^{-1} 时,吡啶碱总收率为 42.8%。但是,3-MP 收率均低于 10%。总体上讲,一步法中无论是吡啶碱总收率还是 3-MP 收率均不高,很大程度是甘油脱水成丙烯醛以及丙烯醛和氨合成吡啶碱的反应条件相差较大,很难集成在同一条件下获取高收率的吡啶碱或 3-MP。为了解决这一问题,将它们分别置入不同的反应器中进行,尽量发挥各自反应的最大潜力,能得到高收率吡啶碱或 3-MP,即多步法。例如,Dubois J C 等报道连续的三步反应工艺的甘油/氨合成吡啶碱,即甘油先脱水成丙烯醛,然后脱水产物经部分冷凝,连同加入乙醛和氨一起反应。该工艺主要用于合成吡啶。本著者团队以 HZSM-5-At-acid 为催化剂,一步法吡啶碱总收率约为 32%。基于这一思路,省去冷凝工艺且不添加乙醛,直接将脱水产物和氨反应合成 3-MP。结果表明,在 1 个固定床里填充 HZSM-5-At 催化剂,反应温度为 330 ℃,在第 2 个固定床里填充 ZnO/HZSM-5-At-acid 催化剂,反应温度为 425 ℃,液相空速为 0.45 h^{-1},甘油浓度为 20% 和甘油/氨物质的量之比为 1:5,吡啶碱总收率达到 60% 以上,其中,3-MP 收率为 20%~25%。Yuecheng Z 分别使用 FeP 和 $Cu_{4.6}Pr_{0.3}$/HZSM-5 催化剂采用两步法达到 100% 的甘油转化率,吡啶碱总收率同样达到 60.2%。

总之,该工艺的吡啶碱总收率比较理想,但是 3-MP 收率仍然较低。另外,无论是一步法还是多步法,催化剂寿命均差强人意。在液相中,甘油脱水丙烯醛的反应温度在 250 ℃ 以上,而丙烯醛和氨合成 3-MP 的反应温度相对较低(如 130 ℃)。

由此可见,温度是制约该工艺的主要瓶颈之一。因此,很难采用传统的加热方式获得高收率的 3-MP。微波加热是热量从内到外传递,而传统加热刚好相反。因此,前者具有更高的热量利用率。Bayramoglu D 等采用微波辐射下甘油/氨合成吡啶和 3-MP 的方法,其总收率可达 72%。罗才武等同样报道微波协助甘油/氨合成 3-MP,以乙酸和 TiO_2 为组合催化体系,3-MP 收率高达 71%,且反应条件更温和。由于使用到特殊设备如微波炉,导致生产成本大幅度增加。另外,起催化作用的物质主要是均相催化剂,对它们的回收是一个棘手问题。因此,这些因素使得它很难实现工业化。在反应机理方面,研究者们一致赞同丙烯醛作为该反应的重要中间产物,即甘油首先需要经过脱水反应产生丙烯醛。接着,丙烯醛与氨缩合而成 3-MP。丙烯醛可以通过甘油在超临界或微波条件下,经 TiO_2 作用产生羟基自由基来实现。除丙烯醛之外,还有羟基丙酮、乙醛等多种副产物。它们之中单一组分或多组分与氨合成 3-MP,远远低于丙烯醛和氨合成 3-MP。总体上讲,该路线的应用前景非常明朗,但目前处于起步阶段,开发的余地非常大。

1.6 合成吡啶碱催化剂概述

1.6.1 合成吡啶碱催化剂发展历程

合成吡啶碱催化剂的发展主要经历了三个阶段:非晶型硅铝酸盐;晶型(择形)沸石分子筛;金属离子改性型沸石分子筛,如表 1.10 所示。

晶型(择形)沸石催化剂如 ZSM-5 分子筛,由于它具有独特的酸碱性质、孔径大小和孔道体系,对吡啶碱的形成具有很好的择形选择性。通过过渡金属离子(如 Pb^{2+}、Co^{2+}、Zn^{2+} 和 Tl^+ 等)交换和改性后的 ZSM-5 分子筛制备的催化剂能大幅提高吡啶碱物质的总收率。但是还存在一系列的问题,如催化剂寿命短,易积碳核堵塞管道导致反应难以进行等,在醛氨反应上表现较为突出。

表 1.10 合成吡啶碱催化剂性能比较

阶段	催化剂	性能
早期	无定型硅铝盐	收率低(<50%)、失活快、寿命短
中期	晶型(择形)沸石	收率低(50%~60%)、稳定性差
近期	改性沸石	收率高(85%)、性能稳定、再生性能好

介孔分子筛孔道一维均匀,呈六方有序排列,孔径尺寸可在较宽范围变化,介孔形状多样,孔壁组成和性质可调控,具有很大的表面积($700\ m^2 \cdot g^{-1}$ 以上)和吸附容量,有望延长催化剂寿命,提高吡啶碱选择性,但是稳定性差。

微孔-介孔复合型 ZSM-5 分子筛具有微孔分子筛的微孔结构、稳定性好、酸强度和性质可调等优点。将之用于吡啶碱合成催化剂,又可利用介孔的较大孔径,扩大反应场所,有利于反应中间体的形成和产物脱附,可以提高吡啶碱的收率,延长催化剂寿命。

1.6.2 分子筛 ZSM-5 简介

ZSM-5 分子筛骨架中,硅(铝)氧四面体通过共用氧桥形成五元硅(铝)

环,8 个五元环构成基本结构单元,即 Pentasil 型分子筛。图 1.1 所示为 ZSM-5 分子筛晶体基本结构单元围成的沸石骨架结构的平面图,图 1.2 所示为 ZSM-5 分子筛的立体结构图。由图可知,ZSM-5 分子筛含有两种交叉的十元环孔道,竖直方向的孔道孔径为 0.54 nm×0.56 nm;水平方向的孔道孔径为 0.51 nm×0.55 nm,呈拐角为 150°的"之"字形结构。两种孔道交联处的孔道略大,直径约为 0.9 nm,这可能是 ZSM-5 强酸位的集中处,活性较大。直接合成的 ZSM-5 沸石为钠型,可以用 NH_4^+ 置换 Na^+ 后,再高温脱氨来生成 HZSM-5 分子筛。根据 ZSM-5 分子筛硅铝比的不同,导致骨架中氧电负性的不同,因此与氧相连的 H 质子性差异引起表面 Brösted 酸性强弱的不同,而铝与硅相邻时,B 酸脱水后表现出一定的 Lewis 酸性。

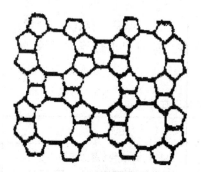

图 1.1　ZSM-5 骨架结构

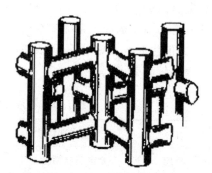

图 1.2　ZSM-5 立体结构图

　　ZSM-5 分子筛自美国 Mobil 公司 20 世纪 70 年代研发和工业生产应用以来,就以其丰富的微孔结构、较高的比表面积、较丰富的酸性和水热稳定性等特点,广泛应用于石油炼制、精细化工、吸附分离和环境保护等领域。但由于其微孔孔径仅为 0.5 nm 左右,大分子物质进入困难,扩散阻力较大,极大地限制了其在催化大分子物质反应中的应用。ZSM-5 分子筛骨架稳定性强,改变硅铝比可以调变表面的酸性,微孔孔道使其具有优异的择形性,而且通过离子交换和化学沉积法负载不同性质的金属元素,经脱硅和脱铝可以改变孔道大小。这些方法可以调节孔径和表面酸性使其具有新的催化活性和孔道结构,广泛应用于石化、精细化工及环境保护等各领域。

1.6.3　分子筛 ZSM-5 改性

　　由于改性沸石具有较好的催化性能,已成为目前研究的热点。ZSM-5

分子筛的改性主要是对其表面性质和结构的改性,主要方法有负载、复合、酸碱处理和水热处理等。

1.6.3.1　负载改性 ZSM-5 分子筛

根据负载方式的不同,主要有浸渍负载和离子交换等方法。

Vasile I P 通过表征 Ga、In 和 Tl 浸渍改性后 HZSM-5 的酸性和结构,发现不同离子可以在 HZSM-5 的不同位置沉积,引起表面酸性能的变化。Zeinhom M E 报道采用浸渍负载法合成 CoZSM-5 催化剂,用于酸性染料的光解反应。Ernst R H E 通过离子交换法制备 FeZSM-5 催化剂,并且考察了骨架 Al 和骨架外 Al 对 N_2O 的分解作用。Silva 通过 Cr 离子在 Y 和 ZSM-5 离子交换法制备不同催化剂,并考察了其对乙酸乙酯的氧化性能。

总之,通过浸渍和离子交换法可以将不同活性金属离子负载进 HZSM-5 孔道或表面,一般离子交换法时活性金属负载于 HZSM-5 表面的阳离子活性位,会减少 H 型活性位,负载量较低。而浸渍负载时,活性金属离子可以位于 HZSM-5 孔道和表面,可以得到较高负载量的催化剂,并可形成具有氧化物种类型的催化剂。

1.6.3.2　复合改性 ZSM-5 分子筛

Tomonori K 报道了均相沉淀法制备 $Cu/ZnO/Al_2O_3$ 和 ZSM-5 的复合催化剂,并考察了二甲醚在催化剂上的催化重整反应。Ho-Jeon C 发现了 ZSM-5 和 SAPO-34 复合催化剂表现出的催化 MTO 反应的性能。Panpa W 考察了 SO_4^{2-} 改性的 TiO_2-ZSM-5 催化剂的光催化性能,通过在 ZSM-5 上复合具有催化功能和结构的成分,使 ZSM-5 和复合组分充分发挥各自的催化优势,提高了反应效能。

1.6.3.3　酸碱处理改性 ZSM-5 分子筛

酸碱处理 ZSM-5 分子筛,特别是强酸强碱一般能使 ZSM-5 分子筛脱硅脱铝,改变 ZSM-5 的表面性质、孔道结构和颗粒大小等,对形成微孔-介孔复合分子筛比较有效。常用的碱主要是 NaOH 和 Na_2CO_3 溶液,而常用的酸有 HCl、H_2SO_4 和 HF 等。在一定的水热条件下,碱主要是用来脱除硅物种,而酸主要用来脱除铝物种,形成介孔孔道。由于分子筛骨架能量较高,硅铝比在 25~100 的 ZSM-5 最利于结构调变,产生介孔孔道的同时还能保持较规整的晶体结构。

宋春敏和 Won Cheol Y 通过表征碱处理后的 HZSM-5 样品发现,随着碱处理量的加大和处理时间的延长，HZSM-5 晶体被溶解，逐步形成 MCM-41 型介孔材料。碱度对 ZSM-5 的溶解和 MCM-41 的形成起着重要作用，并且形成的 MCM-41 的 B 酸强度高于常规合成的 Al-MCM-41 分子筛。Satoshi 在碱溶解 HZSM-5 的同时，加入表面活性剂，形成了微孔-介孔复合 ZSM-5 分子筛。

Kumar S 通过分别使用 HCl、乙酰丙酮和氟硅酸铵处理 HZSM-5 使其脱铝，发现微孔减少，介孔增加，出现骨架外铝和四种类型的表面羟基。并发现酸处理可以提高酸度并产生介孔，降低异构化作用。AhmedK A G 通过 HCl 和 HF 处理 ReZSM-5 催化剂，使分子筛骨架外硅铝沉积在孔道和笼内，可以提高酸中心的数量和强度。张四方发现 H_2SO_4 浸渍 ZSM-5 分子筛后可以提高醇酸的酯化反应。肖容华通过 H_2SO_4 浸渍处理 ZrZSM-5 得到固体超强酸，并且其水热稳定性较好。季山用 H_2SO_4 处理 ZrO_2-ZSM-5 同样得到固体超强酸，表现出较好的酯化脱水性能。

由此可见，碱容易使硅铝骨架大量溶解，形成介孔分子筛，其效果和碱的加入量和时间相关。而 HCl 和 HF 处理一般只发生局部的脱硅脱铝，同时对 ZSM-5 分子筛表面酸性能作用较大。而硫酸主要通过和 ZrO_2 一起作用，在 ZSM-5 结构中产生合适的超强酸催化中心。

1.6.3.4　水热处理改性 ZSM-5 分子筛

水热处理是一种操作简便且常用的沸石改性方法，可以使分子筛发生骨架脱铝，结构局部塌陷，产生介孔结构。在无水时，单纯的高温热处理法也可以使微孔孔壁上的原子发生迁移，部分微孔扩大成介孔。这种方法制备的微孔-介孔分子筛成本低，操作方便，容易实现工业化生产。

Ofei D M 通过水热处理 FCC 和 ZSM-5 催化剂，发现水热处理后可以提高产物收率，改变催化剂选择性，减少结焦。Yiwei 用水热处理 PtSnNa/ZSM-5 催化剂，发现处理时间和温度对催化剂孔体积、孔径、表面酸性和酸强度均有重要影响，还可以对表面负载的 Pt 和 Sn 的分布及 ZSM-5 脱铝产生重要影响。

1.6.3.5　合成吡啶碱用改性 ZSM-5 分子筛

由于合成吡啶碱催化反应一般为酸性催化，因此要求 H 型 ZSM-5 分子筛，即将 NaZSM-5 分子筛用 NH_4^+ 交换，并脱 NH_3 后的 HZSM-5 分子筛。另外，对于沸石分子筛载体的选择要求主要有：约束指数在 1～12 内（最好大于 6）；沸石中硅铝比大于 10（100～150 最佳）；应有进行离子交换的活性中心（三价铝、硼、镓）；不含钾、钠和铵等离子（<0.2%）。

改性沸石主要是将金属离子,特别是过渡金属离子经浸渍或离子交换等方法与载体结合,再经焙烧制得。一般金属离子与载体结合后形成新的活性中心,ZSM-5 催化剂的 B 酸中心能提供 H^+ 与羰基结合形成羟基和 C^+ 中心,而 L 酸中心可以和氨结合,有利于催化剂表面氨的活化,促进了羟胺中间体的形成,羟胺中间体经脱水进一步形成亚胺,亚胺分子之间缩合,再经脱氨形成吡啶。因此,改变 HZSM-5 催化剂表面的酸强度和数量,可以改变中间体形态,促使不同吡啶碱的形成,改变催化剂的选择性。

Hiroshi S 用离子交换法将 Tl、Pb、Co 和 Zn 负载在 ZSM-5 分子筛用于醛氨合成吡啶碱的反应,得到了 81% 的吡啶碱收率。Shinkichi S 进一步报道,认为 ZSM-5 的择形效应有利于吡啶碱的形成,且其内表面提供了比外表面更多的活性中心,加入 Pt 可以提高催化剂的再生性能。Shimizu S 总结了 ZSM-5 在形成吡啶碱反应中的应用,证实了 ZSM-5 类催化剂对形成吡啶碱反应具有较好的效果。

总之,针对不同的实验目的,宜选用不同的方法改性。负载法主要用来加入活性金属物种,提高催化剂的选择性和活性;复合法主要是通过和活性催化物种结合,提高其催化剂某一方面的反应性能,如氧化、还原和脱水等,也可以用来增加催化剂强度和抗磨损等特性,延长催化剂寿命;碱处理和酸处理既可以用来改变 ZSM-5 的表面酸碱性质,又可以对结构产生脱硅和脱铝作用,形成特殊的新的孔道结构,特别是产生介孔。水热处理一般是用来转化 ZSM-5 分子筛表面的 B 酸和 L 酸,或者辅助通入 O_2 或醇等对催化剂进行再生。这些方法都主要是通过后处理的方法对 ZSM-5 某一方面或局部做细微的调整,达到所需的催化目的,要对 ZSM-5 催化性能或结构做大的改变,还可以通过原位合成等方法来设计合成所需结构的改性 ZSM-5 分子筛。

由于 ZSM-5 孔道直径在 $0.5 \sim 0.6$ nm 左右,而吡啶分子直径在 0.67 nm,略大于微孔孔道直径。因此,推测 ZSM-5 微孔有利于小分子物质和氨反应形成活性中间体,然而中间体的成环反应在表面比较有利。可见吡啶产物无法从 ZSM-5 微孔孔道逸出,容易产生积碳,不利于吡啶碱的形成。而乙醇、丙烯醛和氨等分子却可以顺利地进入孔道反应形成亚胺,亚胺容易在孔道内聚合堵塞孔道,导致催化剂失活。因此可以推测加大微孔孔径,缩短孔道长度,促进反应物分子和产物分子在孔道内的扩散,都有可能延长催化剂寿命,提高吡啶碱的收率。

1.6.4 醇氨合成吡啶碱催化剂的发展

目前,醇氨反应主要是使用 HZSM-5 或改性 HZSM-5 为催化剂。Ven Der Gaag F J 在乙醇和氨反应制备吡啶碱反应中,使用硅铝比为 65 的 HZSM-5 催化剂得到了相对较高的吡啶碱选择性,效果好于 Co、Cd 和 Fe 交换的 HZSM-5、HY、丝光沸石和无定形硅铝等其他催化剂。冯成等使用 Pb、Fe 和 Co 负载修饰 HZSM-5(200)分子筛,使用得到 2-MP 和 4-MP 的总收率为 29%。Ramachandra R R 在 PbO 负载量为 20% 的 PbZSM-5 和 W 负载量为 12% 的 WZSM-5 上通入乙醇、甲醛和氨反应,得到收率为 20%～40% 的吡啶和 10%～25% 的甲基吡啶,并发现随着硅铝比的增加,吡啶和甲基吡啶的产物比例也随之增加。Slobodnik M 在改性 HZSM-5 催化剂上使用乙醇、甲醛和氨气相法合成吡啶碱,得到了吡啶、甲基吡啶和二甲基吡啶。Le Febre R A 比较了在 H-Nu-10、HZSM-5 和 H 型丝光沸石催化剂上合成吡啶碱的结果,发现分子筛酸中心有利于乙醇脱水、缩合、环化和芳烃化,而结构缺陷易导致氧化生成乙醛。

总之,由于醇氨制备吡啶碱反应涉及的反应类型较多,主要有脱水、氧化、缩合和环化等反应类型,因此改性 ZSM-5 催化剂需要注意反应气氛、温度和原料配比等对催化性能的影响。

1.6.5 丙烯醛合成吡啶碱催化剂的发展

丙烯醛和氨反应制备 3-MP 过程不涉及氧化和还原反应,因而,不宜使用氧化性或还原性催化剂。涉及的主要反应类型有加成、缩合、脱水(氨)、成环和氢转移等,因而酸性催化剂较为适宜。

英国专利 1240928 报道液相反应中,主要是酸性溶剂提供催化作用,加入一定量的醋酸盐并未改善催化效果。然而酸性又不宜太强,否则会引起丙烯醛聚合,无法得到 3-MP。且酸性太强,会导致难以释放氨,反应无法进行,同时会带来设备腐蚀和污染环境等问题。液相反应宜采用有机酸-铵盐的缓冲溶液,调节并稳定体系 pH,使之为弱酸性。因此,开发新型固体酸催化剂取代液体酸或金属盐催化剂,既能避免或减少腐蚀问题,又能提高产物收率。

丙烯醛气相合成吡啶碱反应使用的催化剂主要有 SiO_2、Al_2O_3、Al_2O_3-SiO_2、TiO_2 和分子筛等,这类催化剂的主要特征是具有一定的酸碱性,且比表面高(300～800 $m^2 \cdot g^{-1}$),有利于缩合和脱水反应的进行。为了进一步提高 3-MP 的选择性,可以加入 Mg、Ca 和 Ba 等增强催化剂活性。另外,通过 F、B 和 P 处理催化剂可以进一步调节并改善催化剂的酸碱性质。在流化床反应中,为了提高催化剂的耐磨性和稳定性,可以适当加入一定量的 Zr 或 Ti 组分。美国专利 3898177、3917542 报道在 HF 处理的 Mg-Al$_2$O$_3$ 催化剂上,可以得到收率为 46.1% 的 3-MP 和 21.9% 的 Py。美国专利 4147874 和 4163854 报道在流动床反应下,使用高比表面积的 Al$_2$O$_3$-SiO$_2$ 催化剂,丙烯醛和丙醛反应得到 60% 的 3-MP 和 67% 的吡啶碱总收率。由此可知,对于丙烯醛气相法制备吡啶碱催化剂,主要是要求其具有较高的比表面积和一定的酸性能。

固定床和流化床法对催化剂的要求不同。流动床要求催化剂具有较好的抗磨损和再生性能,而固定床主要要求催化剂寿命长和再生性能好。由于丙烯醛在微孔 HZSM-5 催化剂上容易积碳,因此,报道较少。加大 HZSM-5 微孔孔径能有望减少催化剂积碳,提高 HZSM-5 分子筛催化性能,增加丙烯醛和氨催化合成 3-MP 反应的选择性和收率。

丙烯醛合成 3-MP 催化剂的要求根据反应工艺的不同会有所不同,根据工艺选择合适的催化剂至关重要。随着固体超强酸分子筛复合催化剂和介孔分子筛催化剂的出现,以及新的催化剂改进技术的应用,此类改性 HZSM-5 分子筛催化剂有望在吡啶碱合成反应中发挥重要作用。

1.7　合成吡啶碱机理

1.7.1　烯氨法合成吡啶碱机理

Akhmerov K M 报道了在磷酸镉催化剂、氨/乙烯为 2/1 和空速为 100 h^{-1} 时,C$_2$H$_4$ 转化率达 65%～80%,得到收率为 56% 的 2-MP 和收率为 31% 的 4-MP。其他产物主要是乙腈,且乙腈收率随温度的变化规律和吡啶收率变化规律刚好相反,证明乙腈和吡啶碱存在竞争反应关系。总结反应机理过程如图 1.3 所示。

由图 1.3 可知,在反应条件下,C$_2$H$_4$ 和 NH$_3$ 可以合成 2-MP 和 4-MP。乙烯和氨同时吸附活化形成烯胺为反应的第一步,烯胺直接脱氢可生成乙腈,其加成反应可形成吡啶碱。由于乙烯的吸附活化较为困难,吡啶碱选择性和收率不高。

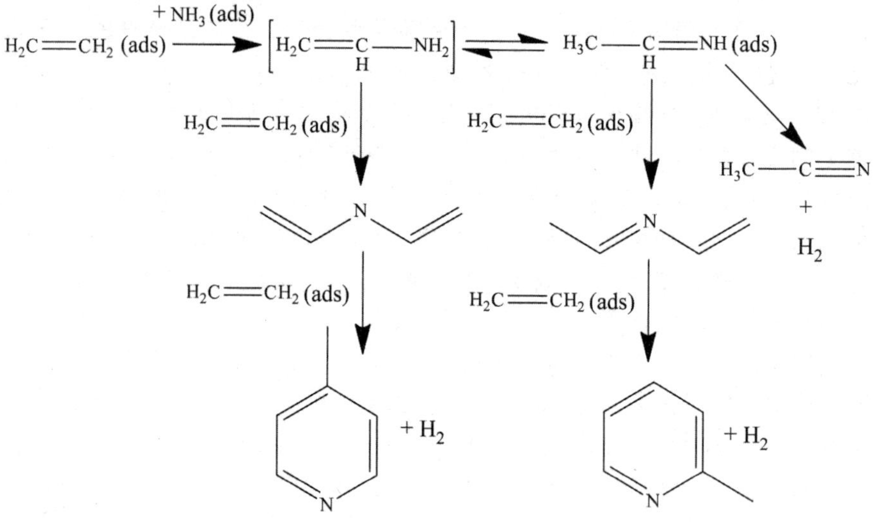

图 1.3　乙烯和氨反应制甲基吡啶碱机理

1.7.2　醛氨法合成吡啶碱机理

Rama R A V 报道丙酮/甲醛/甲醇/氨＝1/1.3/0.9/1.3(mol)、LHSV＝0.5 h^{-1} 和 420 ℃时，在 PbZSM-5 催化剂上得到 50 wt％～60 wt％的丙酮转化率和 30 wt％～47 wt％的 2-MP 收率，还可能存在部分 2,6-二甲基吡啶(2,6-DMP)和少量的 4-MP。进一步的试验证明，甲醛比甲醇活泼，更能提高吡啶碱收率，并推测反应过程如式(1.12)所示，两分子丙酮先经羟醛缩合生成烯酮，烯酮再和甲醛、氨成环缩形成 2,4-DMP，再脱甲基形成 2-MP。

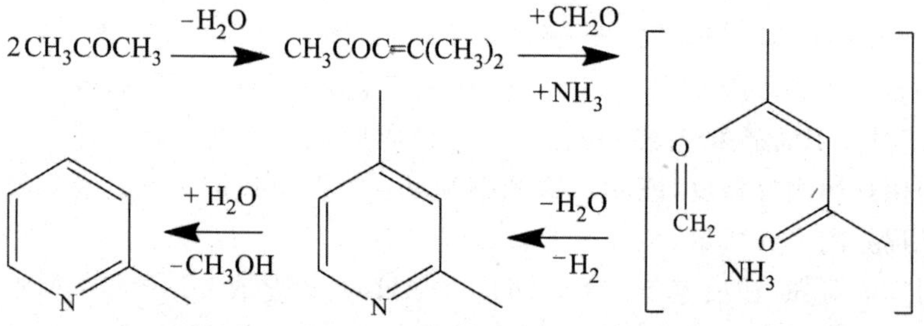

$$(1.12)$$

进一步推测甲基吡啶还可能由式(1.13)形成，由于甲醛量大时易自聚成环醚，加入甲醇可减少其聚合。比较式(1.12)和式(1.13)可知，2-MP 和 4-MP 均可由 2,4-DMP 脱甲基得到，甲基吡啶的形成是由甲醛直接合成还是由二甲基吡啶脱甲基所得,仍存疑问。

$$CH_3COCH_3 + 3CH_2O + NH_3 \longrightarrow 2\text{-}C_6H_7N \text{ 或 } 4\text{-}C_6H_7N + 4H_2O$$

$$(1.13)$$

Kandepi V V 报道了甲醛或乙醛与环酮合成吡啶环的过程,并认为甲醛是先经 H^+ 活化,再和亚胺发生亲核加成后成环,再次证明了甲醛参与形成吡啶环的能力。

Ramachandra R R 报道了丙醇/甲醛/甲醇/氨=1/0.9/0.9/6、LHSV=0.5 h^{-1}、400 ℃时,在 LaZSM-5 催化剂上合成选择性为 73% 的 3,5-MP,其中丙醇转化率为 73%,还存在大量丙醛、少量 2,6-MP、吡啶及甲基吡啶副产物,并推测 3,5-DMP 形成过程如式(1.14)所示。丙醇先氧化成丙醛,再胺化或脱水胺化再脱氢形成丙亚胺,再由两分子丙亚胺和甲醛成环缩合成 3,5-DMP,同时,异丙醇和甲醛可经类似过程得到 2,6-DMP。乙醇和甲醛是否经过同样的路线得到相应的吡啶和甲基吡啶产物,还有待进一步验证。

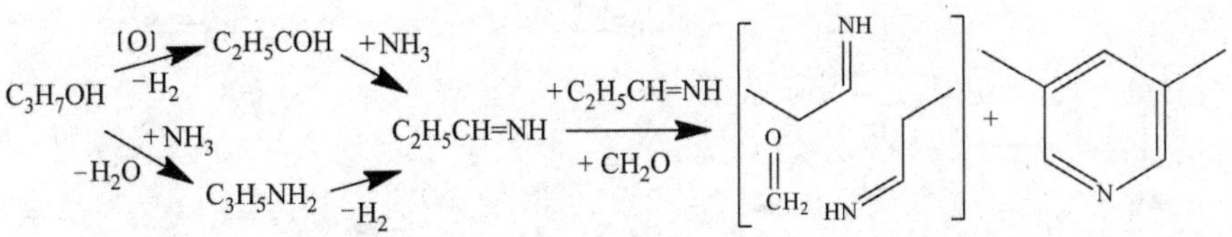

$$(1.14)$$

Tschitschibabin A E 等的研究表明,乙醛与氨气相反应的产物主要是 2-MP 和 4-MP,加入甲醛会生成 Py 和 3-MP,液相反应的主要产物是 2-甲基-5-乙基吡啶(2M-5EP)和 3-乙基-4-甲基吡啶(3E-4MP)。Jie J L 等总结 Chichibabin 醛氨反应合成吡啶碱机理如图 1.4 所示。

先是醛和氨形成烯胺或亚胺,同时醛和醛经羟醛缩合脱水后形成烯醛,烯醛再和亚胺经头尾两个马氏加成成环并脱水形成二氢吡啶,二氢吡啶氧化脱氢形成吡啶碱。图 1.4 机理过程可以方便地解释乙醛和氨低温合成 2M-5EP 的过程,气相反应时改变取代基 R(H 或 CH_3),分别可以得到 2-MP 和 3-MP,通过甲基裂解可以得到吡啶,但是无法得到 4-MP,因此,不适宜用来解释 4-MP 的生成,同样难以解释液相法合成 3E-4MP,可见该过程存在一定的缺陷。

Robert L F 等总结了乙醛和氨低温液相法合成 2M-5EP 和 3E-4MP 规律,认为吡啶碱是由两分子乙醛先羟醛缩合并脱水形成丁烯醛,再胺化脱水形成丁烯亚胺,接着,丁烯亚胺通过式(1.15)中(a)和(b)两种方式二聚,分别形成 2M-5EP 和 3E-4MP。该过程无需脱氢即可完成,反应条件较为温和，可见，烯醛或烯胺是形成吡啶碱的较佳活性中间体。

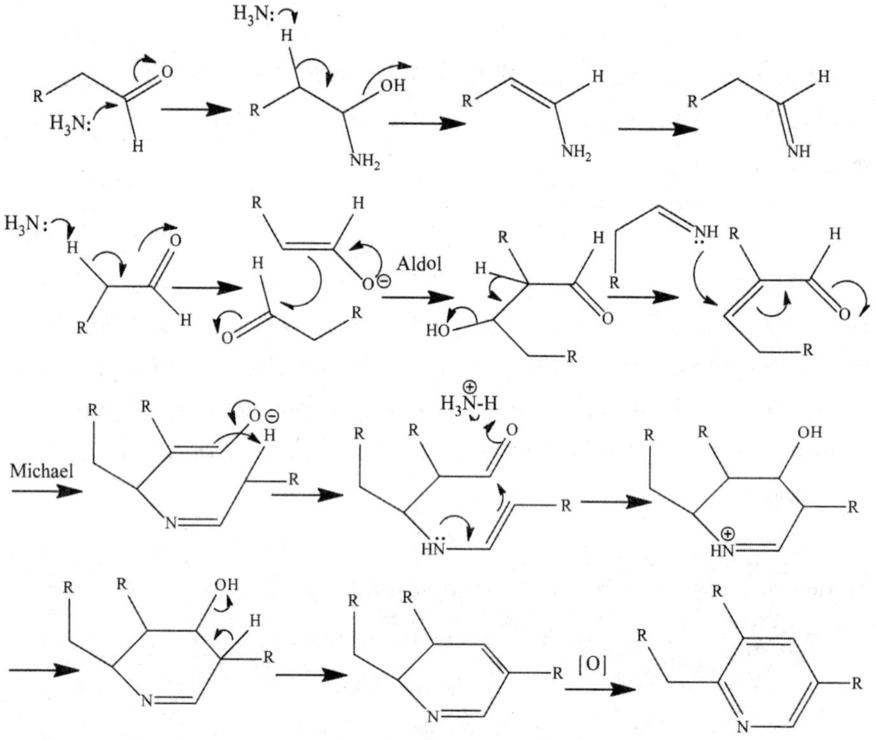

图 1.4　醛氨法合成吡啶碱的 Chichibabin 机理

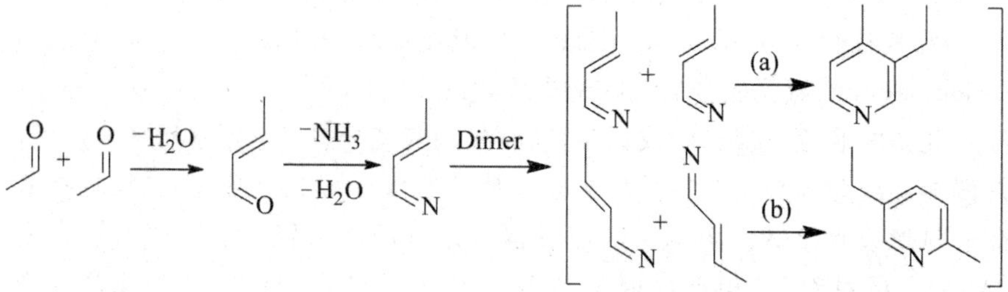

$$(1.15)$$

　　Sagitullin R S 总结了不同方法合成吡啶碱的机理过程，合理地描述了醛氨气相法合成机理中吡啶环的组成规律，与图 1.4 中所示一致。图 1.5 中当 R_1，R_2＝H 时，式（a）和式（b）均生成吡啶，由式（a）和式（b）均生成 3-MP；当 R_1＝CH_3 时，式（a）生成 4-MP 而式（b）生成 2-MP。即乙醛和氨只能形成 2-MP 和 4-MP，而甲醛、乙醛和氨反应可以生成 Py、2-MP 和 4-MP，当使用丙醛和丁醛等其他醛的吡啶碱产物也可以依式（a）和式（b）解释，但仍不足以充分解释 3-MP 的形成。

  Calvin J R 等用[13]C 同位素标记的甲醛和甲醇用于乙/甲醛和氨反应过程，通过分析产物[13]C 的位置和分布，明确了 Py 和 3-MP 分子上碳的来源。认为来自甲醛的碳主要位于吡啶环的 C-4 位，其次是 C-2 位；来自甲醛或甲醇的碳主要位于 3-MP 环的 C-4 与甲基位，少量位于 C-6 位；并进一步分析了 3,5-DMP 分子上的碳来源和合成过程。并推测乙醛与甲醛形成吡啶和甲基吡啶的反应如图 1.5 所示。

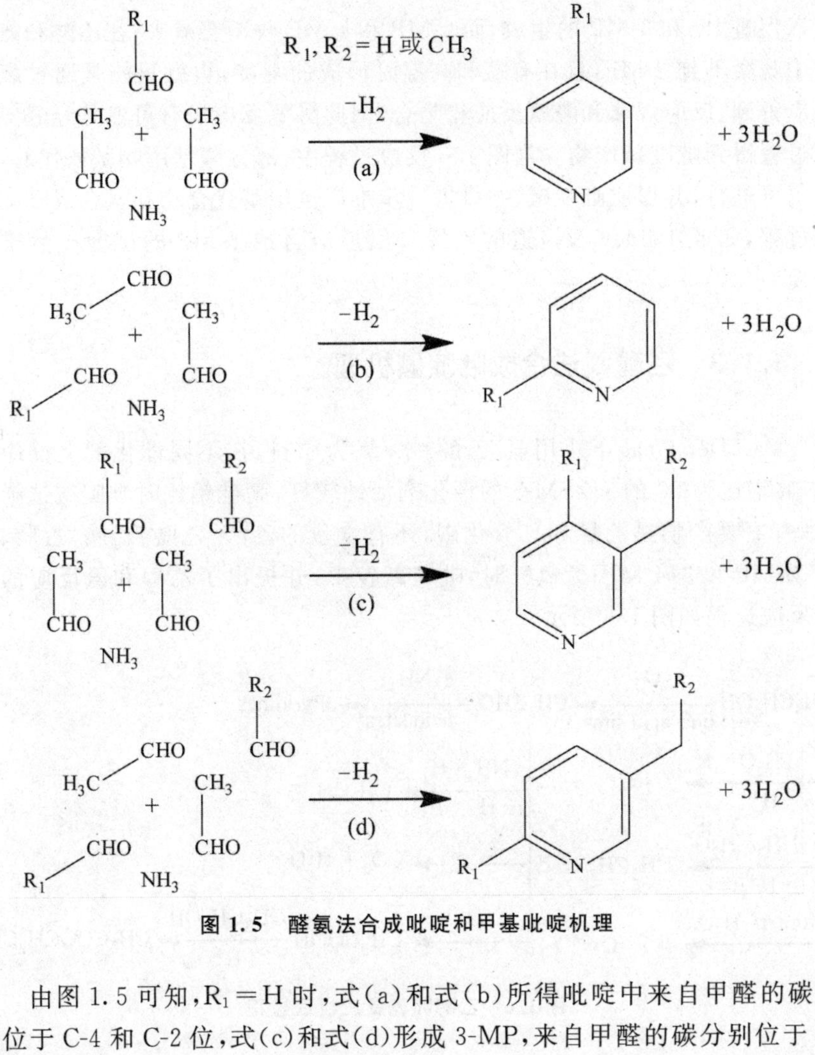

图 1.5　醛氨法合成吡啶和甲基吡啶机理

  由图 1.5 可知，R_1＝H 时，式（a）和式（b）所得吡啶中来自甲醛的碳分别位于 C-4 和 C-2 位，式（c）和式（d）形成 3-MP，来自甲醛的碳分别位于 C-4、C-6 和 C-3 甲基位，和文献报道相吻合；R_1，R_2＝CH_3 时，式（a）和式（b）分别形成 2-MP 和 4-MP，式（c）形成 3E-4MP，式（d）形成 2M-5EP，高温时，式（a）和式（b）容易发生，低温时式（c）和式（d）容易发生；$R_1 = H$，$R_2 = CH_3$ 时，式（c）和式（d）形成 3-EP，在反应中可以部分观察到；$R_1 = CH_3$，$R_2 = H$ 时，式（c）形成 3,4-DMP，式（d）形成 3,6-DMP，由于甲醛比乙醛活泼，更容易成环，因此，该情形难以出现。

上述醛氨合成吡啶过程和 Farberov M I 总结的醛氨反应过程不矛盾，合理地解释了 2-MP 和 4-MP 的形成，同时也能解释 Py 和 3-MP 的形成，醛氨反应产物变化规律也能一目了然。并由此证实 3-MP 由两分子甲醛和两分子乙醛而来，因此，在乙醛和氨反应中观测不到 3-MP；增加甲醛或甲醇可以促进 Py 和 3-MP 的生成，而 2-MP 和 4-MP 收率会减少；在乙醇和氨反应中观察不到 3-MP，且在有氧和高温时形成的吡啶，也就只能是通过裂解反应得到，反应规律和醛氨反应相吻合，因此醇氨反应极有可能是经醛氨反应过程得到吡啶碱产物。当图 1.5 反应过程中，部分醛基用酮基替代时，反应仍可进行，并形成吡啶碱，并可进一步推广至羰基化合物和氨合成吡啶碱的过程，因此 Baldev S 报道的乙醛和氨反应合成 3-MP 的试验显然难以实现。

1.7.3 乙醇氨法合成吡啶碱机理

Van Der Gaag F J 用氨/乙醇/水/氧为原料，在不同催化剂上反应发现，硅铝比为 60 的 HZSM-5 的催化剂活性较好；高硅铝比时吡啶碱选择性较好；主要产物是乙烯和二氧化碳，还有少量的乙醛、乙醚、乙胺、乙腈、吡啶、2-MP 和 3/4-MP；无氧气时，吡啶碱较少；并提出了乙醇和氨反应的可能反应过程如图 1.6 所示。

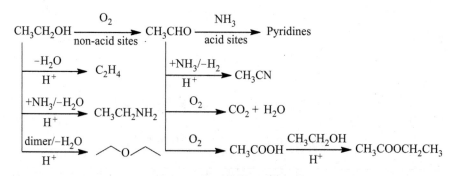

图 1.6　乙醇和氨反应机理过程

从图 1.6 可知，Van Der Gaag F J 等认为吡啶是由乙醇先氧化成乙醛，然后经醛氨反应得到。在反应过程中存在酸催化和非酸催化两种活性中心,酸中心有利于加氨和脱水的反应,而非酸中心有利于氧化脱氢反应。该反应氧和水含量较大,氨量不足和乙醇空速较低,因此容易导致过度氧化、反应产物中吡啶碱含量偏低和催化剂容易失活等问题。当硅铝比较大时,催化活性较低、吡啶碱选择性高和催化剂寿命长,升温促进转化率提高,但吡啶碱选择性降低,吡啶选择性升高。但该反应对吡啶碱的成分变化、中间体和副产物进一步衍化、催化机理着墨不多,也没有区分 3-MP 和 4-MP。因此,还需进一步地详细探讨反应物、催化剂和产物变化,以便设计更合理的工艺和催化剂,促进反应吡啶碱收率的提高。

为了提高乙醇和氨反应吡啶碱的收率,Kulkarni S J、Slobodník M 和 Nellya G. G. 等向乙醇和氨反应体系中加入部分甲醛。在 Kulkarni S J 的研究中,以乙醇/甲醛/氨＝1/0.8/1.5 (mol) 为原料,在 Pb-HZSM-5(Si/Al＝150)催化剂上,乙醇转化率为 73%,甲醛转化率为 100%,吡啶收率达到 40%,2-MP、3-MP 和二甲基吡啶收率分别为 5%、19% 和 10%(以乙醇为基准)。同时发现,乙醇在催化剂上主要形成脂肪烃和芳烃;加入部分水后乙醇转化率降低,主要产物为乙醛和脂肪烃;而加入甲醛水溶液时,乙醇转化率进一步降低,乙醛增多而脂肪烃减少;而存在氨时,碳氢化合物急剧减少;温度升高,乙醇转化率提高,但是吡啶和甲基吡啶的比例基本不变;随着液时空速的增加,乙醇转化率下降,吡啶和甲基吡啶收率降低,但催化剂稳定性和寿命延长。Slobodník M 等以乙醇/甲醛/氨＝1/0.21/1.25(mol)为原料,Zn-HZSM-5(Si/Al＝75)活性较高,吡啶碱收率达到 75%(以甲醛为基准)。并且发现:随着 Zn-HZSM-5-5 催化剂硅铝比由 22 增加到 140,吡啶碱收率先增加后减小;随着 Zn 负载量的增加,吡啶收率先增加后减小,同时催化剂寿命急剧下降;负载量为 3% 时,催化剂焙烧时间延长,寿命也增加;负载 Zn 时产物收率高于负载 W 和 Cd,Co 的催化性能最差;催化剂焙烧温度越高,酸性越低,吡啶收率略增,推测总酸量对催化剂收率提高影响不大。产物收率随催化剂硅铝比和负载量的变化结果和本书试验基本保持一致。Nellya G G 等研究了 H-Beta、H-ZSM-12 和 H-ZSM-5 催化剂上乙醇活性,其中 H-Beta 催化剂效果较好,获得 70% 左右转化率。

Kulkarni S J 描述乙醇、甲醛和氨制备 Py 和 2-MP 的形成过程如式 1.16 所示。

Kulkarni S J 认为,乙醇可以先脱水胺化成乙胺,再脱氢形成乙胺;也可以先脱氢形成乙醛,再与氨反应脱水形成乙亚胺;然而两分子乙亚胺与甲醛缩合成环状烯亚胺,再脱氢形成吡啶;也可以三分子乙亚胺缩合成环状烯亚胺,再脱氢形成 2-MP。但是该过程缺乏理论支持,也没有描述 3-MP 和二甲基吡啶的形成,特别是乙亚胺成环时的相对位置,即反应中间物种碳在吡啶环中的相对位置。

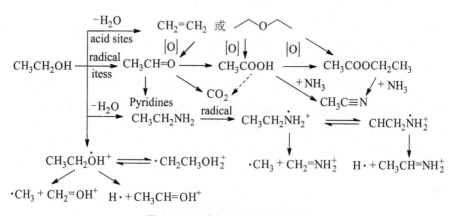

$$(1.16)$$

Le Febre R A 在 Nu-10、HZSM-5 和丝光沸石等催化剂上通过乙醇、氨和氧反应，考察了催化剂表面性质、不同分子筛结构、不同氨源、氧和原料等对反应的影响，推测乙醇与氨反应过程如图 1.7 所示。

图 1.7　乙醇与氨反应过程机理

根据图 1.7 所示，乙醇可以脱水形成乙烯、乙醚和乙胺；氧化脱氢形成乙醛、乙酸和乙酸乙酯，继而深度氧化成二氧化碳，乙醛与氨反应可以形成吡啶碱；乙酸和乙酸乙酯与氨反应成乙腈；乙胺和乙醇可以经自由基反应裂解脱成甲基和甲醛；乙胺可以经自由基反应裂解形成甲基和甲亚胺。吡啶和甲基吡啶在催化剂表明的形成过程如下：首先，乙醛和甲醛与吸附在分子筛上的氨反应脱水形成乙亚胺和甲亚胺；接着，亚胺再进一步分别与乙醛和甲醛缩合形成共轭烯亚胺；然后再与甲醛和乙醛缩合并脱氢形成吡啶和甲基吡啶。

上述机理表明：催化剂酸性较强、氧和有机氨源等能有效提高反应吡啶碱收率；强酸中心容易使乙醇脱氢形成乙醛；强氧化物中心会促使乙醇氧化成乙醛和二氧化碳；无氧时乙醚和乙烯产物较多，氧可以促进反应物的氧化,NH_3 通过与醛反应先形成亚胺;乙腈是由乙酸与氨反应脱水得到。然而,文献没有解释 3-MP 的形成,乙腈的形成结论略显武断,特别是由亚胺形成吡啶碱的细节仍不清晰,反应机理缺乏动力学理论支持。判断乙烯、乙醛和乙胺对反应产物的影响还需进一步探讨,不同催化中心的催化过程还不够详细,这些疑问都将在第 5 章 5.1 部分进一步的探讨。

1.7.4　丙烯醛法合成吡啶碱机理

丙烯醛液相法合成的吡啶碱产物主要是 3-MP,而气相法产物是 Py 和 3-MP。在甲醛/乙醛法合成吡啶碱的过程中,当甲醛过量时,主要产物也是 Py 和 3-MP,因此,推测甲醛和乙醛可能先缩合成丙烯醛,再由丙烯醛反应生成 Py 和 3-MP,但无进一步的实验支持此种说法。丙烯醛合成吡啶碱机理是否和一般的醛氨合成吡啶碱机理一致,还需进一步的机理和实验验证。

王彩彬等认为由 $HO-AlO_{4-i}F_i$ 形成的强 B 酸为催化活性中心,且反应活性随一定范围内表面酸度的增加而增加。Ivanova A S 认为弱的 Lewis 酸中心有利于 3-MP 的形成,而强 Lewis 酸中心会导致吡啶和聚合物产生,积碳增加。而 Zenkovets G A 认为 3-MP 是强弱两种 Lewis 酸中心共同作用产生的。因此,形成 3-甲基吡啶的催化作用机理有待进一步的研究。本书第 5 章 5.2 和 5.3 部分内容将对此过程进行详细讨论。

1.8　小　　结

总之,吡啶和甲基吡啶的合成方法和工艺的开发,需要新的反应原料,催化剂和工艺方面的新突破,随着研究的深入和人们的不断探索,一定能开发出有工业应用前景的绿色生物质能源为原料的吡啶和甲基吡啶的合成新工艺。

第 2 章　醇氨法制备吡啶及甲基吡啶

2.1　引　言

乙醇可由生物质发酵而大量获得,具有可再生和环保的特点,使其在化工方面的开发与利用得到重视。乙醇价格为 0.5 万 $\cdot$ t^{-1},而理论上每吨乙醇可生产 0.67 t 甲基吡啶碱,折合均价 3 万 $\cdot$ t^{-1},忽略氨成本,反应吡啶碱收率只需达到 25% 就可平衡原料成本。因此,开发生物质乙醇制吡啶碱工艺,既能提高生物乙醇的利用价值,还可以满足我国吡啶碱的需求,具有较大的经济和社会效益。

Ven Der Gaag F J 和冯成等使用乙醇与 NH_3 反应,在 HZSM-5 催化剂上合成了吡啶碱,但是选择性较低(<30%)。Ramachandra R R 和 Slobodnik M 通过乙醇、甲醇与 NH_3 反应在改性 ZSM-5 上得到 75% 收率的吡啶碱。实践证明,HZSM-5 是合成吡啶碱的较好催化剂,其独具特色的酸性质和微孔结构对于乙醇和 NH_3 的活化具有较好的催化效果。介孔 HZSM-5 分子筛继承了 HZSM-5 的微孔结构和酸性质,还由于其介孔结构,吡啶碱分子可以自由进出介孔孔道,为吡啶碱的形成提供了新的场所,预计对吡啶碱的形成能起到较好的催化作用。

总的来说,利用生物质乙醇与氨反应合成吡啶碱,不仅有利于乙醇杂环化反应的研究和发展,同时也是合成吡啶碱的一个新途径。随着生物质乙醇化工的兴起和发展,该方法不仅具有较大的应用前景和经济价值,也是实现生物质资源转化为化工资源和实现社会可持续发展的重要途径。

2.2　试验准备和操作

2.2.1　实验装置

反应装置泵件、阀门和电子元器件等为市场购置,加热套为自行设计加工。钢瓶气体通过减压阀、开关阀、稳压阀、稳流阀和针型阀来调节和控制进入反应管的气体，用转子流量计来指示气体流速。可以通过几路并联的方式通入几路不同的气体，不同气体可以通过缓冲瓶达到气体混合均匀的目的，主要气体是空气与氮气或者空气与氨气的混合气体。液体原料通过恒流泵以一定的流速连续通入反应管，原料主要是将乙醇和氨水的混合液，或者乙醇和甲醇的混合液体。反应管为石英玻璃管，规格为 350 mm×10 mm×1 mm。通过不锈钢的接头密封并与进料管和出料管相连，催化剂填在加热套中部，上下各填大于 0.9 mm 的石英颗粒，用石英毛隔离各层，底层用钢丝网作支撑。反应放入一个铜制或铝制的热套内，加热套通过埋入其内部的加热棒和热电偶提供热量并维持一定温度，加热套外部通过包裹硅酸盐棉布保温。加热棒和热电偶连接在程序控温仪上，设定升温速率并维持体系温度恒定。出料口接入玻璃接收瓶内，冰水浴使产物冷却。待进料一段时间，反应稳定以后，每隔一定时间取样称量，并检测接收的液体成分。尾气连接在皂沫流量计上以检测尾气流速，并间歇抽取气体样品检测尾气成分。

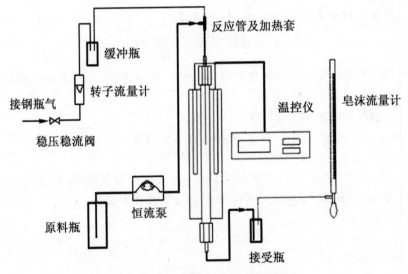

图 2.1　乙醇与氨制吡啶碱反应装置

2.2.2　反应操作步骤

反应时，首先断开进液端，从顶部通入设定流速的气体并升温至 450 ℃恒温 2 h 左右，等催化剂活化稳定后，调节温度到反应温度，同时设定进料流速进料，反应 2 h 左右待床层润湿后倒掉接收瓶中的液体，重新装上接收反应产物。此时称好原料瓶重量 M_0 并计时 T_0，测量进气流速 V_0 和尾气气体流速 V_t，并用 100 μL 气体针取气体样品，用 TCD 检测尾气组成，反应 1 h 后，称重产物 W_t 检测，然后更换温度点，如此反复，直到所有温度点均测量完毕后，计时 T 并称好原料瓶的重量 M_T。

取气体样经 TCD 检测后得到各组分的峰面积，利用相对摩尔校正因子 f_M 计算气相组分的摩尔百分含量：

$$N_i = \frac{f_{Mi} \cdot A_i}{\sum(f_{Mi} \cdot A_i)} \tag{2.1}$$

则气体的总碳流速（mmol·h⁻¹）为

$$H_t = \sum \frac{60 \cdot V_t \cdot X_i \cdot N_i}{22.4} \tag{2.2}$$

其中，f_{mi} 为组分 i 的相对质量校正因子，f_{Mi} 为组分 i 相对摩尔校正因子，S_{mi} 为组分 i 的相对质量响应值，S_{Mi} 为组分 i 的相对摩尔响应值，R_{Ti} 为组分 i 的停留时间，X_i 为组分 i 的碳原子数，V_t 为气体 i 组分的碳数尾气流速（mL·min⁻¹）。

液体进料碳流速 I_T（mmol·h⁻¹）计算：

$$I_T = \frac{M_0 - M_T}{T} \cdot \frac{2\,000 Y_i}{46.07} \tag{2.3}$$

其中，M_0 和 M_T 分别为原料瓶初始质量和 T 时刻的质量；Y_i 为原料液体乙醇质量浓度。

总出料碳流速 G_t（mmol·h⁻¹）计算：

$$G_t = \frac{1\,000}{t} \sum \frac{W_t \cdot C_i \cdot X_i}{M_i} \tag{2.4}$$

其中，W_t 为 t 时间内反应产物的质量，C_i 为色谱测得样品组分 i 的绝对质量浓度，X_i 为组分 i 的碳原子数，M_i 为组分 i 的分子质量。

碳平衡：

$$Y_C = (G_t + H_t)/I_T \cdot 100\% \tag{2.5}$$

转化率 R：

$$R = 1 - \frac{G_{t(C2)}}{I_{T(C2)}} = 1 - \frac{W_t \cdot C_{(C2)}}{\dfrac{M_0 - M_T}{T} \cdot t \cdot Y_{(C2)}} \tag{2.6}$$

选择性：

$$S_{(i)} = \frac{G_{t(i)}}{I_T - G_{t(C2)}} \tag{2.7}$$

其中，$C_{(C2)}$ 为出料液相的醇的质量浓度，$Y_{(C2)}$ 为进料原料醇的质量浓度，$G_{t(C2)}$ 为出口碳流速（mmol·h⁻¹），$I_{T(C2)}$ 为进口碳流速（mmol·h⁻¹），$G_{t(i)}$ 为产物

i 的出口碳流数($\text{mmol} \cdot \text{h}^{-1}$)。

收率：

$$Y_i = \frac{W_i \cdot C_i \cdot X_i}{M_i} \cdot \frac{1}{I_T} \cdot 100\% \tag{2.8}$$

同样可以根据气体的流速和组分含量计算气体组分的选择性和收率等，产生的气体一般不计收率。

采用乙醇和氨水反应时，计算以乙醇为基准，以摩尔量为计算依据。采用乙醇、甲醇和氨反应时，转化率以乙醇为基准，产物收率以乙醇和甲醇总的摩尔碳数为基准。

2.3 催化剂制备及表征

2.3.1 催化剂的制备方法

2.3.1.1 催化剂的不同制备方法

(1)浸渍法：首先称取一定量的 HZSM-5(简记 HZ5)催化剂原粉放入烧杯中，后加入一定体积配制好的金属盐溶液，放入水浴锅中，加热至 90 ℃左右，搅拌 2 h 停止，放入 120 ℃烘箱中干燥 12 h，取出后冷却，得到催化剂 J-M-HZSM-5；研磨后放入磁坩埚中，再在马弗炉中加热 550 ℃，恒温 4 h，冷却得到的催化剂(简记为 J-MZ5)；后压片，过筛至 0.3~0.9 mm，装样备用。

(2)离子交换法：首先称取一定量的 HZSM-5 分子筛催化剂原粉放入烧杯中，后加入一定体积配制好的金属溶液，放入水浴锅中，加热至 90 ℃左右，搅拌 2 h；再过滤洗涤，放入 120 ℃烘箱中干燥 12 h，取出后冷却，研磨后放入磁坩埚中，再在马弗炉中加热 550 ℃，恒温 4 h，冷却得到催化剂；后压片，过筛至 0.3~0.9 mm，装样催化剂 L-M-HZSM-5(简记为 L-MZ5)；可多次重复上述步骤得到不同交换次数的催化剂 L-MZ5-n。

(3)NaOH/HZ5 分子筛制备：将 HZSM-5(Si/Al＝75)在 550 ℃焙烧 4 h；然后，将 10 g 的 HZ5-75 加入 100 mL N mol/L 的 NaOH 溶液，然后在 70 ℃下搅拌 2 h；趁热过滤，用去离子水洗涤，直到 pH＝7，烘干；然后用过量 NH_4^+ 交换，并高温焙烧脱去 NH_3，得到 NaOH/HZ5-75 催化剂。

2.3.1.2 浸渍法制备的 J-MZ5 催化剂

取 Si/Al 为 40 的 HZSM-5 分子筛 10.0 g，分别加入 0.2 $\text{mol} \cdot \text{L}^{-1}$ 的

$Zn(NO)_2$ 溶液 40 mL、80 mL、150 mL、230 mL 依方法(1)制得 Zn 负载量分别为 50、100、200、300 (mg Zn·g^{-1} HZ5) 即 0.76、1.5、3.1 和 4.6 mmol Zn·g^{-1} 的 J-ZnZ5-40 催化剂(记为 J-X-ZnZ5-40,X 为负载量)。

取 Si/Al＝40 的 HZSM-5 分子筛 5.0 g 分别加入 0.1 mol·L^{-1} 的 $Zn(NO_3)_2$、$Pb(NO_3)_2$、$Mn(NO_3)_2$、Na_2MoO_4、$Cr(NO_3)_3$、$V(NO_3)_3$ 溶液等 25 mL,稀释至 50 mL 后加热、烘干、焙烧制得不同活性金属的 J-MZ5-40(简记为 J-M-40)催化剂。也可采用两种以上的金属离子一起浸渍,形成双金属负载的 J-M$_1$-M$_2$-Y 催化剂。

取不同 Si/Al＝Y 的 HZ5 分子筛,金属离子摩尔数和 HZ5 质量的比值为 2 mmol Zn·g^{-1} HZ5 配置,根据方法(1)的浸渍条件制备不同的 J-ZnZ5-Y 催化剂。

2.3.1.3　离子交换法制备的 L-ZnZ5 催化剂

不同硅铝比 L-ZnZ5 催化剂的制备:取不同硅铝比的 HZ5 分子筛各 10.0 g,分别加入 0.2 mol·L^{-1} $Zn(NO_3)_2$ 溶液 200 mL;依方法(2)制得离子交换 L-ZnZ5 催化剂。

不同硅铝比 L-ZnZ5-3 催化剂的制备:取 Si/Al 为 25、75 和 360 的 HZ5 分子筛各 10.0 g,分别加入 0.2 mol·L^{-1} $Zn(NO_3)_2$ 溶液 200 mL;依方法(2)制得一次离子交换的 L-ZnZ5 催化剂;再重复上述步骤两次,制得离子交换次数为三次的 L-ZnZ5-25-3、L-ZnZ5-75-3 和 L-ZnZ5-360-3 催化剂。

不同交换次数的 L-ZnZ5-n(n 为离子交换次数,简写为 L-Zn-n)催化剂的制备:取 Si/Al 为 40 的 HZ5 分子筛两份各 15.0 g,分别加入 0.1 mol·L^{-1} $Zn(NO_3)_2$ 溶液 300 mL,依方法(2)制得离子交换催化剂为 L-Zn-40-1;再取 L-Zn-40-1 10.0 g,分别加入 200 mL 0.1 mol·L^{-1} $Zn(NO_3)_2$ 溶液,依方法(2)制得离子交换催化剂为 L-Zn-40-2;然后取 L-Zn-40-2 催化剂 5.0 g,分别加入 100 mL 0.1 mol·L^{-1} $Zn(NO_3)_2$ 溶液,依方法(2)制得离子交换催化剂为 L-Zn-40-3。

2.3.1.4　不同 NaOH/HZ5 载体制备 Zn-NaOH/HZ5 催化剂

催化剂 Zn-NaOH/HZ5 的制备:先用方法(3)分别采用 0.1、0.5 和 1.0 mol·L^{-1} 浓度的 NaOH 溶液处理的 HZ5-75,制得不同 NaOH/HZ5 分子筛,分别记为 0.1-OH/HZ5-75、0.5-OH/HZ5-75 和 1.0-OH/HZ5-75,简记 N-OH-75;在 NaOH/HZ5 分子筛载体上依据 2.3.1.2 所述,采用方法(1)用浸渍法制备负载量为 10 mg Zn·g^{-1} NaOH/HZ5 的 J-Zn-N-OH/HZ5-75 催化剂,简记 J-N-OH,其中 N 为 NaOH 溶液浓度。

2.3.2　催化剂的 XRD 表征

表征不同硅铝比 HZ5 和 L-ZnZ5 催化剂的 XRD 图如图 2.2 所示。

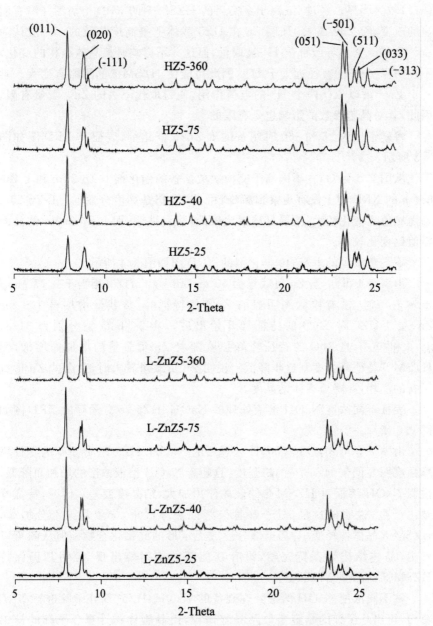

图 2.2　不同硅铝比 HZ5 和 L-ZnZ5 催化剂的 XRD 图

由于 Si—O 键能量较大,因此其键长较 Al—O 键短,因此,HZSM-5 分子筛晶胞参数随着硅铝比的增加而减小,而稳定性和结晶度增加,同时酸性减弱。由图 2.2 可知,不同硅铝比的 HZSM-5 晶型基本保持一致,各特征峰清晰可见,晶体结晶度较好,主要特征峰有晶面(011)、(020)、(051)和(511)较为明显。经过 Zn 离子交换后的 HZSM-5 的 XRD 衍射图并没有明显的改变,无 ZnO 的峰,证明 Zn 在 HZ5 载体上是高度分散的。一般认为 Zn^{2+} 的加入必然导致部分 H^+ 被取代,但这并不影响骨架晶体结构的变化,不过由于 Zn^{2+} 的直径远大于 H^+,因此可能使 HZSM-5 晶胞略有变大。且一个 Zn^{2+} 可以取代两个 H^+ 的电荷作用,使得取代上去的 Zn^{2+} 数量有限,因此,其对晶胞参数的影响也是有限的。

将硅铝比为 25 和 360 时制备的 L-ZnZ5 催化剂,表征其 XRD 图如图 2.3 所示。

从图 2.3 可知,在不同离子交换次数制备的催化剂 L-Zn-25-n 和 L-Zn-360-n 的 XRD 图上没有观察到新峰,可见 Zn 仍是高度分散的。L-Zn-25-n 晶面峰值比变化较大,主要是硅铝比较低,稳定性差,而 L-Zn-360-n 的晶面峰值比变化较小。

不同负载量的 J-Zn-40 催化剂的 XRD 图如图 2.4 所示。

由图 2.4 可知,当 Zn 负载量为 50 mg Zn·g^{-1} HZ5(相当于 0.77 mmol Zn·g^{-1})时,没有检测到明显的 ZnO 的特征峰;负载量增加至 100 mg Zn·g^{-1} HZ5 时,ZnO 的特征峰开始出现。其 2-Theta 值分别为 31.8、34.5 和 36.3,且 ZnO 的特征峰峰强度随着 Zn 负载量的增加而增加,而 HZSM-5 特征峰强度则逐步降低。说明 Zn 负载量较大时,富余的 Zn 形成了新的晶相,并降低载体结晶度。

表征不同浓度 NaOH 溶液处理的 NaOH/HZ5-75 分子筛的 XRD 图如图 2.5 所示。

由图 2.5 可知,经过 NaOH 处理后的 NaOH/HZ5-75 分子筛的特征峰峰强度明显低于 HZ5-75 的峰强度,且随着 NaOH 溶液浓度的增加而降低,说明 NaOH 溶液对 HZSM-5 的破坏作用加大,结晶度变差。同时,特征峰宽化严重,说明碱过量,分子筛骨架溶蚀破坏严重,导致骨架部分坍塌,HZSM-5 晶体粒径变小,甚至部分形成无定形的硅铝化合物。但从图可以看出,晶体结构还保持完整,没有其他新的衍射峰出现,说明其仍保持 HZSM-5 的晶型结构不变。

将不同浓度 NaOH 溶液处理制备的 NaOH/HZ5-75 分子筛进行 XRD 精扫,得出分子筛的晶胞参数及晶胞体积,由晶胞体积计算分子筛的硅铝比,如表 2.1 所示,其中分子筛晶胞体积(V)与硅铝比(Si/Al)的关联拟合经验公式如下：

$$R = -0.219\,412 \cdot V + 1\,242.32 \qquad (2.9)$$

其中，R 为硅铝比，V 为晶胞体积。

　　由表 2.1 中数据可知，随着 NaOH 溶液浓度的增加，分子筛 Si/Al 逐渐降低，晶胞体积增加。可见，NaOH 处理的作用主要使 Si 溶解，从骨架中脱离形成盐。因而，随着 NaOH 浓度的增加，骨架 Si 脱除的越多，而对 Al 的溶解较少，使得骨架硅铝比降低，晶胞体积增加。

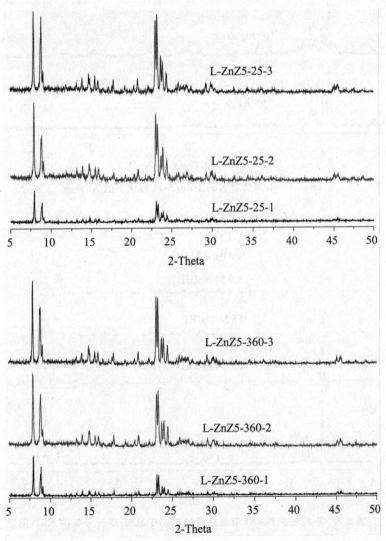

图 2.3　不同离子交换次数制备的 L-ZnZ5-25 和 L-ZnZ5-360 催化剂的 XRD 图

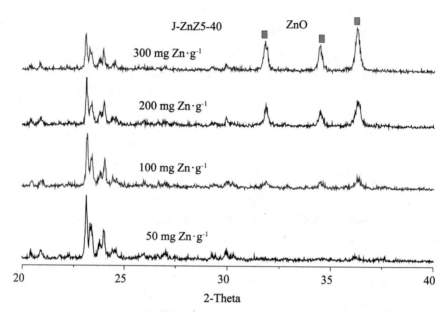

图 2.4　不同负载量的 J-ZnZ5-40 催化剂的 XRD 图

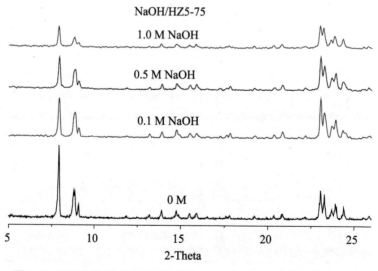

图 2.5　不同浓度 NaOH 溶液处理的 NaOH/HZ5-75 分子筛的 XRD 图

表 2.1 分子筛 NaOH/HZ5-75 的晶胞参数和晶胞体积

N/(mol · L^{-1})	晶胞参数			晶胞体积 V/Å^3	Si/Al
	a/Å	b/Å	c/Å		
0	19.814 8	20.007 9	13.328 3	5 284.02	82
0.1	19.877 1	20.084 5	13.391 8	5 346.31	69
0.5	19.948 2	20.149 7	13.411 0	5 390.56	58
1.0	20.096 1	20.231 6	13.469 9	5 476.57	40

2.3.3 催化剂的 FT-IR 表征

一般来说,ZSM-5 分子筛的红外光谱由以下几个区域组成:表面 H—X 的振动峰在 4 000～3 000 cm^{-1},主要是～3 740 cm^{-1} 的硅羟基峰,～3 600 cm^{-1} 的铝羟基峰和～3 250 cm^{-1} 的桥式羟基峰,～1 600 cm^{-1} 为晶格水和羟基引起的峰。1 250～920 cm^{-1} 为分子筛骨架 T—O(T 为 Si 或 Al)的反对称伸缩振动区,820～650 cm^{-1} 为骨架 T—O 对称伸缩振动区,650～500 cm^{-1} 为骨架 O—T—O 双环振动区,500～420 cm^{-1} 为四面体骨架 T—O 弯曲区。

表征不同硅铝比的 HZ5 和 J-ZnZ5 催化剂的 FT-IR 图如图 2.6 所示。

由于 Si—O 键键能比 Al—O 键强,其振动峰频率高于 Al—O 键,因此随着 Si/Al 的增加,骨架振动峰频率向高频移动,Si—O 峰峰强度增加,而 Al—O 峰强降低,因此重点讨论骨架振动峰。在图 2.6 的 HZSM-5 和 J-ZnZ5 催化剂的 FT-IR 图中,1 623 cm^{-1} 峰是 ZSM-5 分子筛的羟基振动峰,1 228 cm^{-1} 峰是分子筛骨架内四面体的反对称伸缩振动峰,1 078 cm^{-1} 峰是分子筛外部键合的反对称伸缩振动峰,797 和 670 cm^{-1} 峰分别为骨架内四面体和外部键合的对称性伸缩振动峰,549 cm^{-1} 峰是内四面体的双环振动峰,449 cm^{-1} 峰是内四面体的变形振动峰,各峰归属明确。

图中 933 cm^{-1} 峰为杂原子引起的晶格缺陷位或非骨架表面原子产生的不对称伸缩振动峰。ZSM-5 硅铝比越高,键力常数加大,波数增大,但由于增加数值太小,难以观察。硅铝比较大时,少量铝加入骨架,导致局部存在明显的晶体缺陷,产生较强的不对称伸缩振动,933 cm^{-1} 峰强度较大。硅铝比较低时,骨架结构加大,杂原子对骨架影响减少,933 cm^{-1} 峰不明显。浸渍法制备的 J-ZnZ5 催化剂 933 cm^{-1} 峰变化不明显,主要是负载 ZnO 较多,降低了杂原子对骨架结构缺陷的影响。

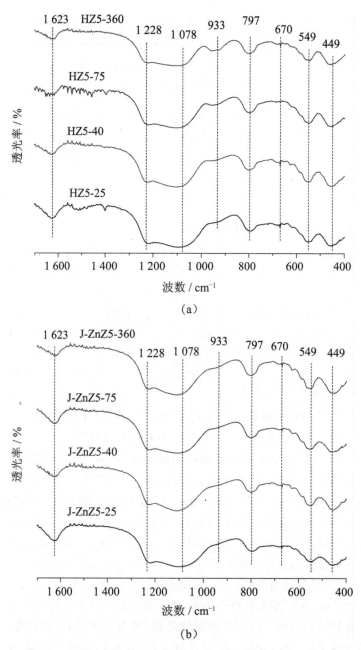

图 2.6 不同硅铝比的(a)HZ5 和(b)J-ZnZ5 催化剂的 FT-IR 图

比较不同硅铝比的 HZ5 和 J-ZnZ5 催化剂的 FT-IR 图可以发现,负载活性金属前后 ZSM-5 骨架振动变化不大,没有发现 ZnO 的振动峰,说明 ZnO 高度分散在分子筛孔道或者表面,对分子筛骨架作用较小,和 XRD 表征结果一致。

表征不同浓度 NaOH 溶液制备的 NaOH/HZ5-75 催化剂的 FT-IR 图如图 2.7 所示。

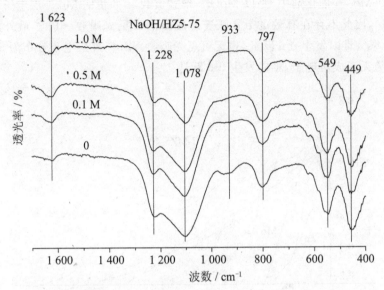

图 2.7 不同浓度 NaOH 溶液处理的 NaOH/HZ5-75 分子筛的 FT-IR 图

由图 2.7 可知，不同浓度 NaOH 溶液制备的 NaOH/HZ5-75 分子筛的特征峰和 HZ5-75 比较，1 250～980 cm^{-1} 处骨架峰位置和强度无明显变化。和 HZ5-75 分子筛比较而言，NaOH 溶液浓度为 0.1 mol · L^{-1} 和 0.5 mol · L^{-1} 时，骨架峰向高频移动，峰强略微增加，而 NaOH 溶液浓度为 0.1 mol · L^{-1} 时，骨架峰和强度变化不大，随着 NaOH 的加入虽然骨架 Si 和 Al 部分脱除（主要是 Si），但是 Si—O 和 Al—O 以无定形化合物形式存在，由于减少了骨架 Al 的效应，使得 Si—O 键能增加，振动频率也增加。而 NaOH 进一步增多时，虽然 Si 脱除得更多，但骨架 Al 也大量脱除，并与脱除的 Si 又形成新的硅铝氧化合物，振动频率增加就没那么明显。从 930～960 cm^{-1} 处的肩峰变化可知，随着 NaOH 溶液浓度的增加，吸收峰逐渐减弱，主要是骨架 Si 的大量脱除，导致硅铝比减小，骨架 Si—OH 减少，吸收峰减弱，和不同硅铝比变化趋势一致，也进一步印证了 NaOH 对 HZSM-5 骨架的脱硅作用。

2.3.4 催化剂的 UV-Vis 表征

表征不同金属离子制备的 J-M-40 催化剂的 UV-Vis 图如图 2.8 所示。

由图 2.8 可知,过渡金属离子负载后,在 250 nm 左右均出现较强的吸收峰,存在 d-s 点子跃迁。其中 J-Mo-40、J-Pb-40 和 J-Zn-40 催化剂的吸收峰在波长大于 400 nm 时消失,即只在紫外区产生吸收,而无可见光吸收峰。J-Mo-40 催化剂中,是以 MoO_4^{2-} 形式负载,+6 价的 Mo 外层电子组态为 $4p^6$,因此不存在有效的 d-d 跃迁形成新的可见光吸收。Pb^{2+} 最外层电子为 $6s^2$,难以发生 d-d 跃迁,也无可见光吸收。Zn^{2+} 外层电子分布为 $3d^{10}$,d 轨道无未成对电子,难以发生 d-d 跃迁。

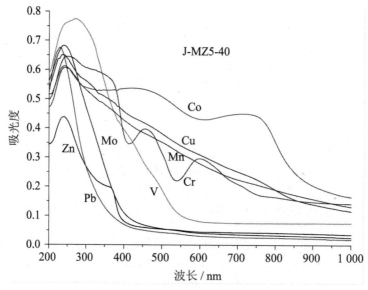

图 2.8　催化剂 J-MZ5-40 的漫反射 UV-Vis 图

J-V-40 催化剂中,由于 V 的最外层电子分布为 $3d^5 4s^1$,有 +2、+3 和 +4 三种化合价,因此 V^{3+} 的 3d 电子可以产生较强的 3d-3d 和 3d-4s 跃迁,形成强的可见光吸收和紫外吸收。同时,Cr、Mn、Co 和 Cu 等负载的催化剂吸收区域覆盖了紫外和可见两个光区,其中催化剂 J-Mn-40 和 J-Cu-40 在可见光区的吸收呈连续下降趋势,而 J-Cr-40 和 J-Co-40 在可见光区均出现两个明显的吸收峰。Cr^{3+}、Mn^{5+}、Co^{2+} 和 Cu^{2+} 相应离子最外层电子分布分别为 $3d^3$、$3d^5$、$3d^7$ 和 $3d^9$ 四种组态,均可产生 3d-3d 跃迁,形成紫外吸收。

由于离子可以是交换在分子筛骨架活性位上,也可以进入孔道分解形成相应氧化物,由于化学环境不同,因此导致 d 轨道能级的裂分,形成 3 个低能级的 t_{2g} 轨道和 2 个高能级的 e_g 轨道,从而产生 d-d 轨道跃迁,形成不同的可见光吸收。催化剂 J-Mn-40 和 J-Cu-40 在可见光区存在吸收连续,无明显的吸收峰。由分析可知,Mn^{2+} 处于 d5 组态,5 个电子中 3 个分布于 t_{2g} 轨道,2 个分布于 e_g 轨道,处于能量较低的半充满状态,由于电子从 t_{2g} 轨道向 e_g 轨道跃迁时,只能进入电子自旋成对轨道,为自旋禁阻跃迁,导致其跃迁能量较高,难以发生或强度很弱,观察不到明显的吸收峰。J-Cu-40 催化剂中 Cu^{2+} 主要发生 t_{2g} 自旋成对轨道向 e_g 自旋成对轨道的跃迁,吸收峰不明显。

而催化剂 J-Cr-40 和 J-Co-40 在可见光区的吸收连续,但分别出现两个明显的吸收峰。分析可知,Cr^{3+} 处于 d^3 组态,3 个电子均分布于 t_{2g} 轨道,能发生单电子从 t_{2g} 轨道到 e_g 轨道的 d-d 跃迁。由于存在两个 e_g 轨道,两个电子先后跃迁时,存在电子排斥能,导致能量不一致,因此出现 450 nm 和 600 nm 左右两种可见光吸收,分别与 Weckhuysen 报道 Cr^{3+} 或者 Cr_2O_3 的 $^4A_{2g} \rightarrow ^4T_{1g}(F)$ 跃迁和 $^4A_{2g} \rightarrow ^4T_{2g}$ 跃迁相对应。Co^{2+} 处于 d^7 组态,电子排布应为 5 个在 t_{2g} 轨道(其中有两对电子自旋)与 2 个在 e_g 轨道,存在电子从 t_{2g} 自旋成对轨道向 e_g 自旋成对轨道的 d-d 跃迁。此种跃迁虽为自旋跃迁,但是由于 e_g 轨道电子排斥能较 t_{2g} 轨道低,且跃迁是成对轨道向自旋成对轨道的跃迁,并不禁阻。因此,和 J-Cr-40 一样,J-Co-40 催化剂轨道低,容易发生,也产生 460 nm 和 750 nm 两种较强的可见光吸收峰,分别为 Co^{2+} 和 Co_3O_4 的 d-d 跃迁峰。

2.3.5　催化剂的物理吸脱附表征

表征不同方法制备的 ZnZ5-75 催化剂吸脱附和微孔孔径分布图如图 2.9 所示。

由图 2.9 可知,催化剂 L-Zn-75 和 J-Zn-75 的氮气吸脱附曲线形状和分子筛 HZ5-75 的基本相同,吸附和脱附曲线基本重叠,为 Langmuir 等温线,符合微孔分子筛的吸附模式,说明不同方法负载后的 ZnZ5-75 催化剂仍然为微孔结构。从孔径分布图上也只观测到微孔,孔径均为 0.55 nm 左右。

表征 NaOH/HZ5-75 催化剂的吸脱附和微孔孔径分布图如图 2.10 所示。

从图 2.10 可知,在 $P/P_0 < 0.3$ 时,不同浓度 NaOH 溶液处理的 NaOH/HZ5-75 分子筛的吸脱附曲线和 HZ5-75 分子筛的 Langmuir 等温吸脱附模型相吻合,说明碱处理后,分子筛仍保持着大量的微孔。从微孔分布图可知,微孔孔径主要集中在 5.8~6.2 nm。而 $0.3 < P/P_0 < 1.0$ 时,碱处理制备的 NaOH/HZ5-75 分子筛的吸脱附曲线出现迟滞回环,表明分子筛出现了部分介孔。且 0.5-OH-75 分子筛的吸脱附曲线迟滞回环较大,介

孔较多。

NaOH/HZ5-75 分子筛的介孔孔径分布如图 2.11 所示。

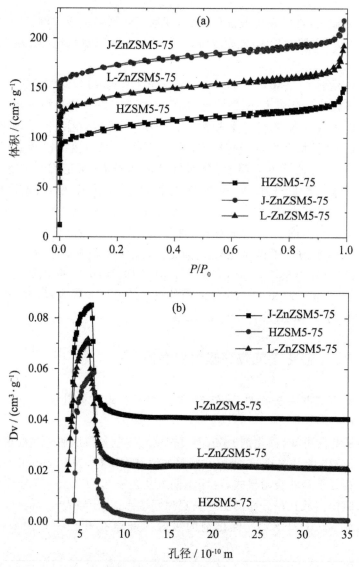

图 2.9　不同方法制备的 ZnZ5-75 催化剂的吸脱附和微孔孔径分布图

从图 2.11 可知,分子筛 NaOH/HZ5-75 在 1.7 nm 和 3.8 nm 处出现了孔径集中的孔,其中 1.7 nm 孔处介于微孔和介孔之间,3.8 nm 孔为介孔,且当 NaOH 溶液浓度为 0.5 mol·L^{-1}时,在 4～9 nm 范围内还存在数量较多的介孔。

催化剂孔比表面积(S_{BET})、外表面积(S_{ext})、微孔面积(S_{mic})、总孔体积(V_{total})、微孔体积(V_{mic})和介孔体积(V_{mes})等孔参数计算结果如表 2.2 所示。

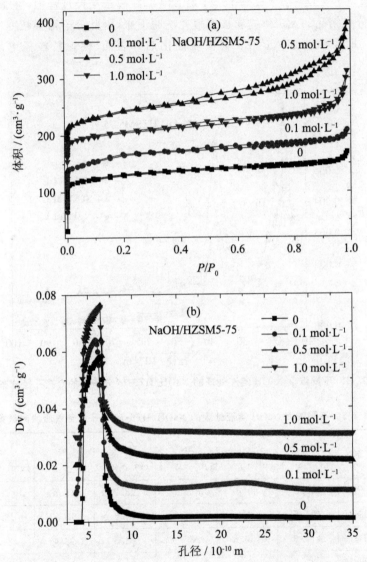

图 2.10　不同 NaOH 浓度处理的 NaOH/HZ5-75 分子筛的吸脱附和微孔孔径分布图

由表 2.2 可知,不同催化剂制备方法比较,催化剂孔参数中 V_{total}、S_{BET}、S_{mic} 和 V_{mic} 由大到小排列依次是 HZ5-75＞L-ZnZ5-75＞J-ZnZ5-75。说明负载 Zn 后,HZSM-5 的微孔被部分填充,导致 V_{mic} 和 S_{mic} 减小,由于微孔分子

筛微孔对总的孔体积和比表面积贡献较大,因此,V_{total} 和 S_{BET} 也减小。另外,由于 J-ZnZ5-75 中进入孔道内的 Zn 盐较多,从而导致微孔被填充的较多,V_{mic}、S_{mic}、V_{total} 和 S_{BET} 也就更小,而 L-ZnZ5-75 的略大。S_{ext} 由大到小排列依次是 L-ZnZ5-75>HZ5-75>J-ZnZ5-75,在离子交换过程中,可能 HZ5-75 部分未结晶的无定形物质被溶解并洗脱下来,因此分子筛颗粒变小,S_{ext} 增加。而浸渍法加入的 Zn 会覆盖催化剂外表面,使颗粒粒径增加,S_{ext} 减少。

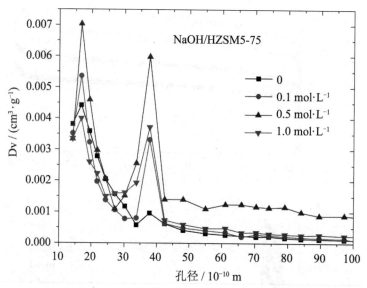

图 2.11 不同浓度 NaOH 溶液处理的 NaOH/HZ5-75 分子筛的介孔孔径分布图

表 2.2 不同浓度 NaOH 溶液处理的 NaOH/HZ5-75 分子筛氮气吸脱附数据

催化剂	S_{BET} / ($m^2 \cdot g^{-1}$)	S_{ext} / ($m^2 \cdot g^{-1}$)	S_{mic} / ($m^2 \cdot g^{-1}$)	V_{total} / ($cm^3 \cdot g^{-1}$)	V_{mic} / ($cm^3 \cdot g^{-1}$)	V_{mes} / ($cm^3 \cdot g^{-1}$)
HZ5-75	401.2	50.6	350.6	23.2	15.8	7.4
0.1-OH-75	404.5	63.9	340.6	24.6	15.7	8.9
0.5-OH-75	417.6	130.6	287.0	42.8	13.4	29.4
1.0-OH-75	336.8	88.5	248.3	31.3	10.8	20.5
J-0.5-75	385.8	278.1	107.7	35.8	11.1	24.7
L-ZnZ5-75	373.1	58.4	314.6	20.6	13.5	7.1
J-ZnZ5-75	347.3	46.4	270.9	19.5	11.7	7.8

由表 2.2 可知，随着 NaOH 溶液浓度增加，分子筛 V_{mic} 逐渐减小，说明 NaOH 可以使微孔减少。当 NaOH 溶液浓度增加至 0.5 mol·L^{-1} 时，V_{mes}、V_{total}、S_{ext} 和 S_{BET} 逐步增加，说明在此过程中，微孔变成了介孔，从结构来说应是微孔孔壁的溶蚀，使相邻微孔合为体积更大的微孔或介孔，同时，孔径基本为微孔孔径的 3 倍和 6 倍左右。另外，V_{mic} 略为减小而 S_{mic} 大幅度减小，也证明这一点。但是 V_{mes} 和 V_{total} 大幅增加，而 V_{mic} 略为减小，而 S_{ext} 增加幅度只是略大于 S_{mic} 减小幅度，同时 S_{BET} 略为增加。说明在 NaOH 作用下分子筛颗粒粒径大幅度减小，并可能形成大量堆积孔，导致 V_{total} 和 S_{ext} 大幅增加。当 NaOH 溶液浓度较低时，对分子筛的腐蚀作用有限，各项参数变化不大。而当 NaOH 溶液浓度由 0.5 mol·L^{-1} 增加至 1.0 mol·L^{-1} 时，V_{mes} 和 V_{total} 反而减小，说明 NaOH 溶液浓度过大，会加大对骨架 Al 和 Si 腐蚀溶解，导致结构坍塌加剧，介孔和微孔一起减少，和 Hiroshi 和 Youming 报道一致。因此，通过 NaOH 处理的 HZSM-5 分子筛是一种有效的制备介孔 HZSM-5 型分子筛的有效方法。

2.3.6　催化剂的 NH$_3$-TPD 表征

表征分子筛 0.5-OH-75 和催化剂 J-0.5-75 的 NH$_3$-TPD 如图 2.12 所示。

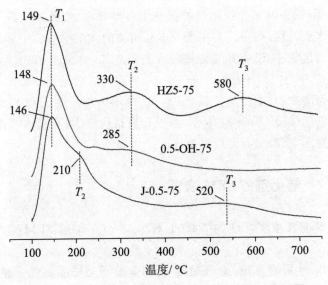

图 2.12　催化剂 0.5-OH-75 和 J-0.5-75 的 NH$_3$-TPD 图

根据 NH$_3$-TPD 数据将计算催化剂的脱附温度和酸量数据如表 2.3

所示。

由图 2.12 和表 2.3 可知,不同催化剂均在 150 ℃ 左右出现 NH_3 脱附峰,此脱附峰温度低,为分子筛的外表面非质子羟基或氧化物脱附峰,T_1 峰为弱酸中心。分子筛 HZSM-75 的 NH_3-TPD 曲线还存在 330 ℃ 与 580 ℃ 的两个脱附峰,$T_2 = 330$ ℃ 处脱附峰为分子筛上的表面硅羟基(B 酸)和阳离子交换位(H^+ 酸)等中强酸中心,$T_3 = 580$ ℃ 处脱附峰为结构内 B 酸和 Lewis 酸等强酸中心。而碱处理后形成的 0.5-OH-75 催化剂上 T_1 和 T_2 峰向低温偏移,说明酸中心,尤其是强酸中心变弱。T_3 峰消失,说明碱会先和强酸中心反应,使强酸中心的 Al 先溶解并脱离骨架,而弱酸中心和中强酸中心酸量保持不变,说明 NaOH 对其破坏较小。

表 2.3　催化剂的 NH_3-TPD 测试数据

催化剂	脱附温度 T_m/℃ 和相应酸量 A_{Tm}/(mmol·g^{-1})						
	T_1	A_{T1}	T_2	A_{T2}	T_3	A_{T3}	A_T
HZ5-75	149	0.39	330	0.29	580	0.20	0.88
0.5-OH-75	146	0.39	285	0.27			0.66
J-0.5-75	146	0.48	210	0.26	520	0.18	0.92

负载 Zn 后 J-0.5-75 催化剂的弱酸中心显著增加,经过负载 Zn 后,分子筛经过水热处理,产生了新的与 ZnO_2 相关的弱酸中心。中强酸中心减少且向低温区偏移,说明其酸性减弱。主要是 Zn 与表面 H^+ 交换所致,由于一个 Zn^{2+} 中心可以平衡两个 H^+ 中心,从而导致酸量较少。出现大量酸性偏弱的强酸中心,主要是负载 Zn 后,使得催化剂大量 ZnO 与 Si 物种经焙烧形成新的偏弱 Lewis 酸中心,由于孔道结构变大,孔道内吸附的 NH_3 相对容易脱附,强酸中心向低温偏移。

2.3.7　催化剂的 SEM 表征

不同 NaOH 浓度处理的 NaOH/HZ5-75 分子筛的 SEM 图表征如图 2.13 所示。

由图 2.13 可以看出:处理前的 ZSM-5 分子筛样品晶形完整,均匀性差,表面光滑;经碱处理后的 0.1-OH-75 分子筛变化不大,只有表面略显粗糙,部分颗粒变小;分子筛 0.5-OH-75 晶体晶形规整,颗粒变均匀,非晶型物质较少,并出现晶粒和晶粒相互嵌套;而 1.0-OH-75 分子筛样品晶粒腐蚀严重,颗粒变细甚至仅剩晶粒残片。可见,碱对分子筛的腐蚀与其浓度关系较大,浓度低时,主要腐蚀分子筛表面或者颗粒间无定形高活性物种;随着碱浓度增加,分子筛脱硅脱铝严重,导致骨架溶解,颗粒变细或直接形成非晶型物质,更严重时导致结构坍塌。此现象与物理吸附数据和 Hiroshi 报道的结论一致。

（a）HZ5-75　　　　　　　　　（b）0.1-OH-75

（c）0.5-OH-75　　　　　　　　（d）1.0-OH-75

图 2.13　不同 NaOH 浓度处理的 NaOH/HZ5-75 分子筛的 SEM 图

2.4　反应性能考察

2.4.1　反应工艺考察

2.4.1.1　反应温度考察

采用三次离子交换的 L-Zn-75-3 为催化剂,原料为 C_2H_6O/NH_3($C_2/N=2/1$,mol),NH_3 由质量分数为 25% 的氨水提供,其中催化剂质量为 3.0 g，体积为 1.8 mL，乙醇进料流速为 3.6 mL·h^{-1}，液时空速（WHSV）为 1.5 h^{-1}，反应时间为 1 h（无特殊说明，其他反应均与此相同）。采用校正归一法计算液相主要产物的相对质量浓度（部分含量较少物质未列出），如表 2.4 所示。

表 2.4　不同反应温度下 L-Zn-75-3 催化剂反应性能结果

温度/ ℃	含量/%							
	C$_2$H$_4$O	C$_2$H$_6$O	C$_2$H$_3$N	C$_4$H$_9$N	C$_4$H$_{10}$O	Py	2-MP	4-MP
260	0.09	99.6	0.13	0.01	0.04	0	0.07	0.01
290	0.15	98.48	0.10	0.28	0.03	0	0.66	0.17
320	1.38	93.00	0.16	1.12	0.32	0.07	1.45	1.48
350	3.36	81.65	1.20	2.64	0.68	0.23	3.09	4.57
380	13.16	69.48	2.15	2.18	0.49	0.17	3.71	6.11
410	17.10	51.4	4.66	2.87	0.62	0.89	6.62	10.10
440	32.20	17.00	17.20	0.09	1.61	0.02	11.50	11.10

由表 2.4 所知，乙醇和 NH$_3$ 反应的主要液相产物有乙醛、乙腈、2-MP 和 4-MP，还有少量的乙基氮丙啶（C$_4$H$_9$N）、丁醇（C$_4$H$_{10}$O）、吡啶和丙基吡啶（C$_8$H$_{11}$N）。由于乙胺（C$_2$H$_7$N）和乙醇在 GC-Ms 色谱柱上难以区分，因此统一作乙醇计算。从碳原子数来看，含两个碳的 C2 物质主要有乙醛、乙醇和乙腈，还有少量的 C$_2$H$_7$N 和乙烯（C$_2$H$_4$），含四个碳的 C4 物质主要有 C$_4$H$_9$N 和 C$_4$H$_{10}$O，还有微量的乙酸（C$_2$H$_4$O$_2$）、乙酸乙酯（C$_4$H$_8$O$_2$）、丁醛（C$_4$H$_8$O）、二乙胺（C$_4$H$_{11}$N）和丁腈（C$_4$H$_7$N）等，含五个碳的 C5 物质主要有吡啶和环丁基腈（C$_5$H$_7$N），含六个碳的 C6 物质主要有 2-MP 和 4-MP，微量的三乙胺（C$_6$H$_{15}$N）和 2-甲基环戊酮（C$_6$H$_8$O），高温下，还会有 C$_7$H$_9$N 和 C$_8$H$_{11}$N 烷基吡啶碱类物质。

随着温度的升高，液相产物中乙醇含量逐渐减少，转化率增加。同时，C$_2$H$_4$O、C$_2$H$_3$N、C$_4$H$_{10}$O、2-MP 和 4-MP 等主要产物增加，而次要产物 C$_4$H$_9$N、Py 和 C$_8$H$_{11}$N 在低于 410 ℃ 时，逐步增加，而升到 440 ℃ 时，含量反而更低。可能是由于温度升高，反应活性增加，此类中间体或副产物减少，产物颜色也加深。低温时，吡啶碱产物较少，为无色；随着温度升高，吡啶碱产物含量增加，产物呈现淡黄色。吡啶在 320 ℃ 开始出现，随着温度的升高逐渐增加，在 410 ℃ 达到最高，说明存在裂解反应，不利于产物收率提高和催化剂寿命延长。因此，催化剂活性筛选时，温度应在 320 ℃ 以上，低于此温度,乙醇转化率过低。在 410 ℃ 和 440 ℃ 时,发现出现明显的气相产物,进一步检测发现有乙烯(C_2H_4)和二氧化碳(CO_2),可能会降低目的产物收率,因此应避免反应温度过高,降低吡啶碱选择性。同时,由于高温下,气相产物增加,需要考虑液相产物的碳平衡,确定吡啶碱的实际收率。

在主要反应产物中,温度低于 350 ℃ 时,C_2H_4O、C_2H_3N、$C_4H_{10}O$、2-MP 和 4-MP 含量相差不大,均低于 5%。温度为 350 ℃ 时,含量也只在 2%～5%。温度升至 380 ℃,乙醇转化率提高 10%,产物乙醛增加 4 倍,可见此时主要发生乙醇部分脱氢生成乙醛的反应。温度升至 410 ℃,乙醇转化率提高 20%,主要产物 C_2H_3N、2-MP 和 4-MP 含量各提高约 1 倍,2-MP 和 4-MP 含量共提高约 7%,乙醛含量提高 4%,其他副产物含量提高不到 2%。可见此时,大量产物没有进入液相,而是进入了气相,和气相产物突然增加相吻合,且检测有乙烯,与 Vander Gaag F J 报道一致。因此,推测此阶段主要发生乙醇脱水生成 C_2H_4 的反应,同时,伴随有部分吡啶碱和乙腈生成。温度再升至 440 ℃,乙醇含量急剧减少,而乙腈含量增加 4 倍,2-MP 和 4-MP 含量增加 6%。可见,此时乙醇与 NH_3 脱水和脱氢生成 C_2H_4 和乙腈,且 CO 和 CO_2 开始增多。

综上所述,温度低于 350 ℃ 时,乙醇反应活性较差,产物收率低;温度在 380 ℃ 以上,乙醇反应活性急剧增加,主要发生脱氢反应生成乙醛;温度在 410 ℃ 以上,乙醇脱水生成乙醛反应急剧增加,吡啶碱收率增加且趋于稳定,鉴于此时乙醛含量增加不明显,推测 2-MP 和 4-MP 是由乙醛和 NH_3 反应得到;温度到 440 ℃,乙醇与 NH_3 生成乙腈反应开始急剧增加;更高的温度下,乙醇裂解反应加剧,CO 和 CO_2 产物增加,导致产物总收率下降。因此,适宜的反应温度区间为 380～440 ℃,和 Ramachandra R R 报道的活化温度接近。

2.4.1.2 液时空速考察

取离子交换法制备的 L-Zn-75-3 催化剂 3.0 g,原料为 $C_2/N = 2/1$(mol),改变原料进料流速,调整乙醇的液时空速,收集不同温度下液相产物,用气相色谱检测液相产物的组成,计算液相主要产物的含量如表 2.5 所示。

由表 2.5 数据可知,随着进料流速的增加,乙醇的 WHSV 也增加,同一温度下乙醇的含量增加,即反应转化率降低,主要是随着 WHSV 的增加,停留时间较短,导致大量乙醇来不及转化就离开催化床。为了保持较高的乙醇转化率,提高吡啶碱产物含量,应保持 WHSV 在 $1.0～2.5~h^{-1}$($L = 0.2～0.5$)为宜。而低 WHSV 下,催化剂强酸中心反应加剧,导致裂解反应发生,因此催化剂容易积碳,活性降低。高 WHSV 时,同时随着 WHSV 的降低,反应温度的增加,反应产物都有明显的增加。

表 2.5　不同进料流速时 L-Zn-75-3 催化剂反应性能结果

L 值	WHSV /h^{-1}	温度/ ℃	含量/%					
			C_2H_4O	C_2H_6O	C_2H_3N	Py	2-MP	4-MP
0.2	1.0	380	12.81	64.66	1.97	0.49	3.68	8.87
		410	12.41	45.55	10.92	2.07	12.40	9.15
		440	22.60	12.21	25.76	3.09	18.02	13.10
0.3	1.5	380	17.74	54.46	4.04	1.15	6.9	8.82
		410	30.27	20.55	12.67	2.49	13.92	11.77
		440	20.66	19.9	16.19	3.23	15.02	15.32
0.4	2.0	380	9.69	79.84	1.44	0	2.17	2.42
		410	19.93	47.98	7.27	0.93	7.67	6.73
		440	31.32	8.45	22.45	3.06	16.22	11.46
0.5	2.5	380	9.69	79.84	1.44	0	2.17	2.42
		410	13.98	57.03	8.49	1.26	8.12	6.25
		440	31.11	8.39	22.39	3.04	16.11	11.38
1.0	5.0	380	3.09	92.45	0.75	0	0.58	0.54
		410	9.27	78.11	2.19	0.21	2.35	1.85
		440	15.51	60.99	5.77	0.62	6.02	4.13

由此可知,太低的 WHSV 会使进料不稳,且催化剂失活较快,导致结果偏差较大。太高的 WHSV 使乙醇停留时间较短,乙醇转化率降低。流速 $L=0.2\sim0.5$,即 WHSV$=1.0\sim2.5$ h^{-1},温度为 410 ℃时,乙醇转化率可达 50%以上,同时吡啶总含量超过 10%,为比较适宜的反应条件。

2.4.1.3　原料配比考察

催化剂为三次离子交换的 L-Zn-75-3,催化剂质量为 3.0 g,进料流速为 $L=0.3$,以氨水为氨源,进料乙醇的 WHSV$=1.5$ h^{-1}左右,改变进料组成,其中氧气以气体形式通入固定床反应,其中采用校正归一法计算液相主要产物的含量,反应结果如表 2.6 所示。

　　由表 2.6 可知，减少 C_2/N 的比例，增加 NH_3 的量，相同温度下乙醇含量下降，转化率明显提高，且相应的乙腈、2-MP 和 4-MP 含量增加，说明增加 NH_3 可以提高乙醇转化率，促进目的产物的生成。Slobodník M 认为氨和乙醇的比例为 6 时，反应效果较好，过量的氨会和催化剂酸中心结合，Vander Gaag F J 均选择氨水为氨源，增加氨的同时会导致乙醇含量降低，水含量增加，对转化率提高不利，因此选择醇氨计量比 3/1 左右或氨略微过量。

表 2.6　不同进料组成时 L-Zn-75-3 催化剂反应性能结果

原料/ (mol·mol^{-1})	温度/ ℃	含量/%						
		C_2H_4O	C_2H_6O	C_2H_3N	C_4H_9N	Py	2-MP	4-MP
$C_2/N=2/1$	380	17.74	54.46	4.04	3.05	1.15	6.9	8.82
	410	30.27	20.55	12.67	0.61	2.49	13.92	11.77
	440	20.66	19.90	16.19	0.44	3.23	15.02	15.32
$C_2/N=3/1$	380	4.15	83.63	1.31	4.86	0.26	2.02	1.89
	410	7.41	65.35	4.27	4.78	0.74	4.05	7.03
	440	20.28	36.81	13.32	1.42	2.46	11.54	7.07
$C_2/N/O_2$ $=3/1/0.4$	380	7.54	82.52	1.39	0.85	1.82	2.27	1.96
	410	10.46	62.57	3.7	0.83	4.05	7.68	6.24
	440	19.73	50.95	9.86	0.83	3.19	6.28	4.83
$C_2/N/O_2$ $=3/1/4$	380	8.15	79.55	1.51	0.43	4.16	2.85	1.78
	410	17.82	52.61	8.48	0.72	10.23	4.19	2.48
	440	18.69	39.63	18.95	0.26	13.14	3.71	2.21

　　为了促进吡啶碱的生成，加强脱氢反应，向原料中通入不同量的氧气反应。比较 410 ℃反应发现，通入少量氧气时，乙醇转化率变化不大，会促进乙醛和吡啶碱的生成，特别是吡啶。但是乙腈含量变化不大，说明少量氧气只能促进部分氧化反应进行，对深度氧化脱氢作用不大。过量的氧气使乙醇转化率增加，乙醛、乙腈和吡啶含量增加，而 2-MP 和 4-MP 含量减少，说明氧气使氧化反应产物增加，符合反应机理过程。在 410 ℃时，$C_2/N/O_2=$ 3/1/4 和 $C_2/N/O_2=3/1/0.4$ 比较，总的吡啶碱含量相差不大，说明吡啶含量的增加，是由合成 2-MP 和 4-MP 的中间产物经氧化得来的，导致生成 2-MP 和 4-MP 含量减少。和无氧气反应条件相比，2-MP 和 4-MP 含量相差

不大,但吡啶明显增加。继续升高温度,乙醇转化率增加,但吡啶碱含量增加有限,主要是乙醛和乙腈产物增加。因此,判断通入氧气对 2-MP 和 4-MP 收率提高有限,但是能显著提高乙醇转化率和吡啶收率。另外,少量的氧还可以增加单位时间产物收率,同时,也有利于催化剂上积碳的氧化,延长催化剂寿命。

提高 NH₃ 与醇的比例,可以提高乙醇转化率,促进吡啶碱的生成,对反应有利,但同时也会促进乙腈的产生。在反应中加入氧气能提高乙醇转化率,低温时促进吡啶碱的生成,高温或氧气过量会导致 hii5 催化剂活性下降。同时,大量吡啶的出现,同时伴随 2-MP 和 4-MP 的减少。因此,选择合适的 NH₃ 与醇的比例、氧与醇的比例和反应温度可以提高产物收率和产物选择性。

2.4.2 离子交换法制备催化剂反应性能考察

2.4.2.1 不同离子交换次数对催化剂反应性能的影响

取离子交换次数为 n 的 L-Zn-25-n 催化剂 1.0 g,进料流速 $L=0.2$,原料组成为 $C_2/N=3/1$,WHSV=3.5 h⁻¹,改变催化剂制备时的离子交换次数,采用校正归一法计算液相主要产物的含量,反应结果如表 2.7 所示。

表 2.7 不同离子交换次数 L-Zn-25 催化剂反应性能结果

催化剂	温度/℃	含量/%						
		C₂H₄O	C₂H₆O	C₂H₃N	C₄H₉N	Py	2-MP	4-MP
L-Zn-25-1	380	1.06	98.94	0	0	0	0	0
	410	1.90	96.03	0.21	0.23	0	0.08	0.12
	440	2.49	92.14	1.56	0.81	0.38	0.08	0.61
L-Zn-25-2	380	2.74	95.52	0.27		0.03	0	0
	410	4.92	92.57	0.33		0.08	0.08	0.06
	440	10.96	76.36	3.06		0.10	3.98	1.78
L-Zn-25-3	380	3.13	90.09	0.97	2.00	0	0.59	1.52
	410	2.64	79.04	1.10	3.79	0.41	1.65	4.53
	440	1.93	74.00	1.25	2.94	1.44	3.71	7.20

由表 2.7 中数据可知,随着离子交换次数的增加,相同反应温度下乙醇含量降低,转化率提高,即所得催化剂催化效果提高,催化剂活性由大到小为 L-Zn-25-3＞L-Zn-25-2＞L-Zn-25-1。但由于 WHSV 较大,乙醇转化率低,目的产物含量增加并不明显。乙醇和 NH_3 反应制备吡啶碱的反应为酸性催化和氧化脱氢反应。催化剂经过多次离子交换后,Zn 交换度增加,Zn 的含量也同时增加,不仅增加了活性位的个数,同时也增强了其氧化性能,有利于吡啶碱的成环反应进行。因此,增加离子交换次数,有利于提高催化剂活性,提高产物收率。而 Vander Gaag F 发现交换金属离子后吡啶碱收率变低,可能是由于文献中氧含量较大,氧化反应剧烈,导致活性金属离子的催化作用被掩盖的缘故。同时文献认为 HZSM-5 催化剂好于 Na 型 ZSM-5,说明 HZSM-5 催化剂起到较好的催化作用,特别是乙醇脱水反应。

2.4.2.2　硅铝比对 L-Zn-3 催化剂反应性能的影响

取离子交换法制备的 Si/Al＝Y 的 L-Zn-Y-3 催化剂各 3.0 g,进料流速 L＝0.2,原料组成为 C_2/N＝3/1,WHSV＝1.0 h^{-1},反应结果如表 2.8 所示。

表 2.8　不同硅铝比 L-Zn-Y-3 催化剂反应性能结果

Si/Al	温度/℃	含量/%						
		C_2H_4O	C_2H_6O	C_2H_3N	$C_4H_{10}O$	Py	2-MP	4-MP
25	380	3.13	90.09	0.97	2.00	0	0.59	1.52
	410	2.64	79.04	1.10	3.79	0.41	1.65	4.53
	440	1.93	74.00	1.25	2.94	1.44	3.71	7.20
75	380	12.51	63.11	1.93	4.16	0.59	3.58	8.66
	410	12.10	44.40	10.65	2.94	2.62	12.05	8.92
	440	21.22	11.46	24.19	2.52	3.76	16.86	12.3
360	380	1.16	98.84	0	0	0	0	0
	410	1.88	95.50	1.07	0.24	0	0	0
	440	2.22	85.86	1.57	2.65	0	1.94	4.01

由表 2.8 所知,硅铝比较高或较低时,催化剂活性较低,乙醇转化率低。从乙醛、乙腈、2-MP 和 4-MP 等含量来说,催化剂反应活性由高到低排列为 L-Zn-75-3＞L-Zn-25-3＞L-Zn-360-3。

一般来说，L-Zn-Y-3 类型的分子筛催化剂，随着硅铝比的降低，分子筛酸性增强，催化剂活性提高。但是，经过离子交换后的 L-Zn-Y-3 催化剂 H^+ 活性基本被 Zn^+ 取代，分子筛 B 酸酸性要减弱，但 Lewis 酸酸性变化不大。随着硅铝比的降低，Lewis 酸酸性增强要明显。对于醇氨反应来说，醇和 NH_3 需要同时活化，吡啶碱反应才能顺利进行，醇和 NH_3 相比较而言，乙醇可以在 H^+ 酸位脱水形成 C_2H_4 或者 C_2H_7N，乙醇和 C_2H_7N 在 ZnO_2 或强酸位上可以脱 H_2，分别形成乙醛和乙腈，同时，NH_3 的活化位也在强酸位。硅铝比过低时，酸性太强，NH_3 吸附在强酸位时会导致脱附困难，占据了强酸位，导致乙醇的脱 H_2 反应难以进行。因此，醇氨合成吡啶碱的反应，分子筛载体硅铝比过低和过高均对反应不利，合适的硅铝比在 75 左右。

2.4.3 浸渍法制备催化剂反应性能考察

2.4.3.1 硅铝比对 J-Zn-Y 催化剂反应性能的影响

取浸渍法制备的 Si/Al＝Y 的 J-Zn-Y 催化剂各 1.5 g，其中 Zn 的负载量为 2 mmol Zn/g HZ5，原料为乙醇/甲醇/NH_3（C_2/C_1/N/O_2）＝1/1/1/1（mol），流速为 $L＝0.2$，醇（$C_2＋C_1$）的 WHSV＝2.5 h^{-1}，反应结果如表 2.9 所示。

表 2.9 不同硅铝比 J-Zn-Y 催化剂反应性能结果

Si/Al	温度/℃	含量/%								
		CH_4O	C_2H_4O	C_2H_6O	C_2H_3N	C_3H_5N	Py	2-MP	3-MP	4-MP
25	380	50.99	0.39	33.02	1.85	0.14	7.31	2.21	0.62	0.26
	410	52.54	0.53	22.48	3.93	0.25	11.50	2.04	1.16	2.49
	440	44.16	1.08	10.48	16.09	0.84	21.59	1.45	2.33	1.57
75	380	69.5	1.19	5.70	5.22	0.18	8.49	3.41	0.68	2.54
	410	50.06	1.34	17.24	9.99	0.05	13.88	2.71	0.14	2.93
	440	31.53	1.49	4.65	27.70	2.46	22.10	2.30	3.33	1.88
100	380	51.02	0.32	37.51	2.08	0.10	1.82	1.36	0.08	1.49
	410	51.58	0.41	31.65	4.31	0.22	3.93	1.31	0.17	1.65
	440	53.54	0.69	19.45	11.18	0.78	5.67	1.57	0.61	1.72

Si/Al	温度/℃	含量/%								
		CH_4O	C_2H_4O	C_2H_6O	C_2H_3N	C_3H_5N	Py	2-MP	3-MP	4-MP
360	380	55.05	0.60	27.89	4.27	0.26	3.42	1.92	0.19	1.95
	410	51.05	0.66	25.63	7.70	0.61	5.18	1.82	0.35	1.53
	440	53.51	0.69	19.44	11.17	0.78	5.66	1.57	0.61	1.72

由表 2.9 可知,加入甲醇和氧气,促进了乙醇的转化,其转化率基本可达 99% 左右,而甲醇剩余 10%～50%,说明乙醇比甲醇活泼。反应产物中吡啶含量得到极大的提高,且出现了部分丙腈(C_3H_5N),3-MP 含量可达 4% 左右,说明这些产物的产生和甲醇物种关系较大。

随着硅铝比的降低,J-Zn-Y 催化剂活性明显提高,吡啶碱含量提高说明,硅铝比较低时,催化剂酸性较强,对反应起促进作用;而硅铝比较高,腈类产物增多,催化剂活性由高到低排列为:J-Zn-25＞J-Zn-75＞J-Zn-100＞J-Zn-360。然而,和离子交换法不同,浸渍法存在大量的 ZnO 物种,因此,氧化脱氢反应可以在 ZnO 物种上进行,不必依赖催化剂的强酸中心,导致强酸中心被 NH_3 吸附后再生困难。因此,制备浸渍法 J-ZnZSM-5 时,载体硅铝比越低,催化剂活性越好。

比较 J-Zn-25 和 J-Zn-75 催化剂反应效果,发现 J-Zn-25 在 470 ℃时催化活性较好,吡啶碱总含量达 35.32%,其中吡啶含量为 27.42%。不考虑气相产物时,以乙醇为基准,总吡啶碱选择性达到 60.20%,其中 Py 选择性为 49.12% 左右,3-MP 为 7.32%,2-MP 和 4-MP 选择性相差不大,分别为 3.86% 和 3.33%,另一个主要产物乙腈选择性可达 32.26%。但是随着温度的变化,J-Zn-25 催化剂中吡啶碱含量变化较大,温度升至 500 ℃时,吡啶碱含量急剧下降 10%,而 J-Zn-75 催化剂在 440～500 ℃反应温度区间,吡啶碱含量比较稳定,保持在 30% 左右。说明,J-Zn-25 催化剂水热稳定性较差,容易失活,其在 440 ℃、470 ℃、500 ℃ 的吡啶碱反应选择性分别为 58.12%、60.20% 和 39.29%,而 J-Zn-75 催化剂反应吡啶碱选择性分别为 47.42%、37.03% 和 39.75%。更进一步说明 J-Zn-25 催化剂具有活性强、选择性高和稳定性差的特点,而相应的 J-Zn-75 催化剂稳定性要好,寿命长。

综上所述,加入甲醇和氧气,可以提高乙醇转化率和液相产物中吡啶碱含量,冯成和 Slobodník M 报道加入 0.8 倍乙醇摩尔量的甲醛也可以提高产物收率和吡啶选择性。降低 J-Zn-Y 催化剂硅铝比可以有效提高催化剂活性,但是催化剂稳定性变差,寿命变短;而硅铝比较高时,催化剂活性下降,腈类产物将增加。

2.4.3.2 负载量对 J-X-Zn-40 催化剂反应性能的影响

取 1.5 g 不同 Zn 负载量的 J-X-Zn-40 为催化剂,原料为 $C_2/N/O_2 =$ 3/1/3.6 (mol),进料流速 $L=0.1$,WHSV$=1.0$ h^{-1},忽略气相产物的相关选择性,反应乙醇摩尔转化率(R)和各液相产物的摩尔选择性计算如表 2.10 所示。

表 2.10 催化剂 J-X-Zn-40 反应转化率和选择性结果

催化剂	温度/℃	R/%	选择性/%						
			C_2H_4O	C_2H_3N	Py	2-MP	3-MP	4-MP	Pys
HZ5-40	380	7.33	5.20	38.10	0.00	0.00	0.00	0.00	0.00
	410	12.61	1.50	16.12	0.00	0.79	0.00	0.49	1.29
	440	16.44	1.17	12.36	0.00	0.72	0.00	1.23	1.95
J-0.76-Zn-40	380	8.87	26.11	2.49	0.00	10.83	0.00	16.53	27.36
	410	37.05	24.46	7.30	0.00	25.69	0.00	14.99	40.69
	440	50.31	17.66	11.49	0.00	15.24	0.00	13.42	28.66
J-1.5-Zn-40	380	15.99	9.21	36.04	30.66	14.25	0.00	9.80	54.70
	410	43.45	8.28	28.33	39.72	16.18	0.19	7.31	63.41
	440	73.64	7.40	34.18	31.31	15.49	0.93	10.70	58.43
J-3.1-Zn-40	380	8.32	14.61	9.28	29.24	26.63	0.00	20.19	76.07
	410	27.94	24.32	12.33	31.95	19.24	0.36	11.80	63.35
	440	31.94	8.38	33.32	3.34	31.82	1.07	22.11	58.33
J-4.6-Zn-40	380	15.38	13.42	24.57	36.93	15.87	0.00	9.15	61.95
	410	47.33	1.10	17.34	49.76	19.97	0.85	10.97	81.56
	440	78.51	6.09	16.58	54.08	14.07	1.21	7.97	77.34

由表 2.10 可知,转化率随着负载量的增加先升高后降低再升高,说明催化剂活性存在两个较佳点,前者可能主要和脱水反应相关,后者和脱氢氧化相关。进一步证实催化剂 J-4.6-Zn-40 不仅活化温度低,对吡啶和吡啶碱的相对选择性也高,吡啶碱的选择性在 410 ℃时高达 81.56%,而此时转化率达到 47.33%。温度在 440 ℃时,吡啶碱的选择性仍可达 77.34%,而转

化率可以提高到 78.51％。随着 Zn 负载量的提高,吡啶碱选择性增加,而乙腈的选择性下降。随着温度的升高,吡啶碱选择性一般是先升后降,而乙腈选择性是先降后升或逐步升高。可见,乙腈和吡啶碱的产生存在一定的竞争关系,乙腈为脱氢或氧化过度反应的产物,而吡啶碱脱氢反应相对较弱,推测两者可能由同一中间体(乙亚胺或乙烯胺)脱氢而来。催化剂 J-1.5-Zn-40 的吡啶碱选择性在高温时基本保持在 55％以上,负载量的进一步增加,主要促进了乙醛的转化和乙腈的减少,对提高吡啶碱选择性有利,但同时可能导致气态产物增多,总收率降低。

2.4.3.3　单金属负载制备的 J-M-40 催化剂反应性能考察

取 1.5 g 负载量为 2 mmol mol · g^{-1} HZ5 的 J-X-40 为催化剂,原料为 $C_2/N/O_2=3/1/3.6$ (mol),WHSV$=2.0\ h^{-1}$,计算液相主要产物结果如表 2.11 所示。

表 2.11　单金属负载 J-M-40 催化剂反应性能结果

催化剂	温度/℃	含量/%							$S_{Pys}/S_{C_2H_3N}$
		C_2H_6O	C_2H_3N	Py	2-MP	3-MP	4-MP	Pys	
J-V-40	380	36.85	28.95	17.54	5.44	0.22	4.66	27.86	1.18
	410	24.37	35.36	19.86	5.45	0.92	6.14	32.37	1.10
	440	6.61	44.93	24.82	5.80	0.44	6.44	37.50	1.08
J-Cr-40	380	90.89	1.02	3.04	1.19	0.20	1.19	5.62	5.83
	410	69.95	8.84	16.08	1.08	0.37	0.67	18.20	3.56
	440	6.65	44.81	25.37	5.95	0.45	6.40	38.17	1.11
J-Mg-40	380	34.70	3.12	3.67	1.04	0.21	1.10	6.02	2.30
	410	27.49	4.78	9.64	1.28	0.45	0.12	11.49	3.94
	440	23.50	5.16	13.86	1.20	0.52	1.20	16.78	5.25
J-Ni-40	380	36.32	1.52	5.02	0.93	0.16	0.59	6.70	6.46
	410	28.63	5.33	10.8	0.86	0.24	0.48	12.38	3.96
	440	9.57	16.17	24.02	0.53	0.36	0.37	25.28	2.90
J-Co-40	380	86.45	2.73	6.39	1.28	0.14	1.02	8.83	4.57
	410	72.05	10.33	13.89	1.45	0.25	0.74	16.33	2.63
	440	33.46	30.96	27.24	1.21	0.86	2.14	31.45	1.72

催化剂	温度/℃	含量/%							$S_{Pys}/S_{C_2H_3N}$
		C_2H_6O	C_2H_3N	Py	2-MP	3-MP	4-MP	Pys	
J-Cu-40	380	53.58	27.20	3.86	3.43	0	5.39	12.68	0.28
	410	43.03	34.74	4.99	3.39	0	6.02	14.40	0.28
	440	22.76	54.76	7.27	3.45	0.20	5.40	16.32	0.26
J-Fe-40	380	76.57	6.19	6.87	4.21	0.30	4.29	15.67	0.57
	410	60.25	13.42	10.14	2.42	0.35	3.95	16.86	1.16
	440	30.17	22.93	13.61	10.31	6.51	8.94	39.37	4.08

从表 2.11 中数据可知，催化剂 J-V-40、J-Mg-40 和 J-Ni-40 低温活性较好，在 380 ℃时乙醇含量就降至 40%以下，至 440 ℃时乙醇含量低于 10%，但以 J-V-40 反应活性较佳，而 J-Cr-40、J-Co-40、J-Fe-40 和 J-Cu-40 低温活性较差。催化剂 J-V-40 和 J-Cr-40 在 440 ℃时，乙醇含量低于 7%，吡啶碱含量达 38%左右，高温反应效果较佳，但是同时乙腈含量也较大。而低温时，吡啶碱选择性较好的催化剂是 J-Ni-40 和 J-Cr-40，高温时 J-Mg-40 和 J-Fe-40 吡啶碱选择性要好，其中吡啶碱和乙腈的摩尔选择性之比达 4 以上。

随着温度的升高，不同催化剂反应吡啶碱和乙腈的摩尔选择性之比表现出不同的变化趋势：催化剂 J-Cr-40、J-Ni-40 和 J-Co-40 逐渐下降；催化剂 J-Mg-40 和 J-Fe-40 逐渐上升；催化剂 J-V-40 和 J-Cu-40 基本保持不变，前者比值接近 1 左右，后者为 0.28 左右；由于各催化剂所处活性阶段和反应条件的不同，导致趋势不同，不过从总的趋势来说比值是逐渐下降的。温度升高更加有利于脱氢反应进行，特别是高温时，脱氢严重对生成乙腈有利。但是由于吡啶碱的形成也需要部分脱氢，因此升温对吡啶碱的形成也有利，由此判断吡啶碱和乙腈的形成存在竞争关系。这些不同的变化趋势，也进一步反映了不同催化剂对醇/氨法合成吡啶碱的催化剂本质的区别。总的来说，催化剂 J-Cr-40、J-Co-40、J-Mg-40 和 J-Ni-40 的吡啶碱选择性较好，催化剂 J-V-40、J-Mg-40 和 J-Ni-40 活性较好，因此 J-Mg-40 和 J-Ni-40 催化剂可能表现出较好的综合催化性能。

2.4.3.4 双金属制备的 J-M-Zn-75 催化剂反应性能考察

取浸渍法制备的 J-M-ZnZ5-75 催化剂 1.0 g，其中活性金属 Zn 的负载量为 100 mg · g^{-1} HZ5(1.5 mmol · g^{-1} HZ5)，助剂 M 的负载量均为

2 mg·g⁻¹ HZ5，在液时空速 WHSV＝2.0 h⁻¹，反应原料为 $C_2/C_1/N/O_2＝$ 2/1/3/0.8(mol)，以空气为氧源，采用内标法计算原料转化率和液相主要产物收率结果如表 2.12 所示。

由表 2.12 中乙醇在 380 ℃时反应转化率可知，催化剂活性由大到小排列为：J-V-Zn-75＞J-Mo-Zn-75＞J-Fe-Zn-75＞J-Li-Zn-75＞J-Co-Zn-75＞J-Cr-Zn-75，和单金属负载的 J-M-40 催化剂活性结果基本一致。其中 V 和 Mo 助剂表现的活性较好，可能是基于其氧化态较多，催化剂氧化性能增强的缘故。比较催化剂 J-V-Zn-75 和 J-Mo-Zn-75 反应乙醇转化率和产物收率可知，反应前后碳平衡较差，大量气体产生，导致吡啶产物收率较低，应是催化剂氧化性强，乙醇被过度氧化的原因。

总吡啶碱收率由大到小依次为：J-Li-Zn-75＞J-Cr-Zn-75＞J-Co-Zn-75＞J-Fe-Zn-75＞J-V-Zn-75＞J-Mo-Zn-75，和单金属负载数据相比，大体表现出金属活性高反而收率低的趋势。强氧化性催化剂导致 hg 反应。直接生成多余的 CO 及 CO_2，降低了有效产物收率，对工业生产极为不利。而低活性催化剂，可以有效避免乙醇深度氧化，有利于部分氧化和成环反应进行，形成合适中间体转化为吡啶碱。同时，随着温度的升高，加入 V 和 Mo 的催化剂产物收率逐步降低，而其他低活性催化剂产物收率先升高后降低。因此，可以进一步降低反应温度，以提高高活性催化剂的产物收率，而低活性催化剂适宜在 410 ℃附近相对较高的温度区间反应。

表 2.12 双金属负载 J-M-Zn-75 催化剂反应性能结果

催化剂	温度/℃	R/%	收率/%						
			C_2H_3N	Py	2-MP	3-MP	4-MP	Pys	Others
J-Fe-Zn-75	380	79.35	1.01	11.63	0.91	2.47	1.07	16.08	1.16
	410	85.93	3.47	14.34	0.87	3.66	0.91	19.75	1.34
	440	97.61	7.98	9.68	0.38	1.64	0.59	12.28	0.87
J-Co-Zn-75	380	64.32	1.24	14.61	2.04	2.86	2.31	21.82	1.09
	410	87.44	2.61	20.89	1.40	2.86	1.77	26.92	1.82
	440	98.76	7.18	12.11	0.47	1.04	0.59	14.21	0.77
J-Cr-Zn-75	380	52.65	1.22	17.77	5.05	2.20	4.18	29.20	1.35
	410	75.66	3.00	21.58	3.93	3.31	3.27	32.09	1.87
	440	84.18	8.15	16.97	1.16	0.79	1.05	20.02	1.09

催化剂	温度/ ℃	R/ %	收率/%						
			C_2H_3N	Py	2-MP	3-MP	4-MP	Pys	Others
J-Mo-Zn-75	380	82.35	1.32	11.18	0.94	2.47	1.12	14.59	0.18
	410	99.30	1.25	6.96	0.42	1.01	1.35	8.39	0.36
	440	100	2.73	5.38	0.54	0.67	0.49	7.08	0
J-V-Zn-75	380	95.78	1.64	12.79	0.83	4.38	1.04	19.04	0.24
	410	99.73	4.51	9.60	0.56	0.37	0.49	11.02	0.15
	440	100	7.16	5.27	0.15	0.19	0.17	5.78	0
J-Li-Zn-75	380	69.71	2.39	17.29	5.20	5.59	3.31	31.39	1.87
	410	79.02	11.89	30.31	2.05	4.50	4.16	41.02	3.05
	440	92.77	15.06	21.38	0.93	1.06	1.07	24.44	2.14

综合比较可知,双金属负载时催化效果好于单金属负载,氧化活性较高的催化剂效果较差,碱金属负载催化效果较好,即 J-Li-Zn-75 催化效果较好,吡啶碱收率达 41%。而冯成在同时负载 Fe、Co 和 Pb 的催化剂上得到了较好的催化效果,同样支持多金属和低氧化活性的金属负载催化剂。

2.4.3.5 反应时间对产物的影响

取 1.5 g 金属 M 负载量为 2 mmol·g^{-1} HZ5 的 J-X-40 为催化剂,原料组成为 $C_2/N/O_2 = 3/1/0.4$,以空气为氧源,WHSV = 2.0 h^{-1},反应温度为 470 ℃,每隔 4 h 取一次样分析。采用校正归一法计算液相主要产物的反应结果如表 2.13 所示。

由表 2.13 可知,随着反应时间的延长,乙醇转化率逐渐降低,20 h 内乙醇含量明显增加,吡啶碱收率明显降低,说明催化剂活性和催化性能下降。随着反应转化率降低,液相中乙腈和吡啶碱含量也逐步降低,但是吡啶碱含量下降得更明显,说明在相对高活性时,吡啶碱选择性要略高,乙腈选择性变低。进一步说明反应温度不宜过高,应维持反应温度在 380~440 ℃之间。

表 2.13　不同反应时间催化剂 J-X-40 反应性能结果

催化剂	时间/h	含量/%						
		C_2H_6O	C_2H_3N	Py	2-MP	3-MP	4-MP	Pys
J-Mo-40	4	64.46	5.12	6.14	6.26	0.22	4.64	17.26
	8	76.45	4.35	3.91	4.25	0.25	3.07	11.48
	16	78.44	3.42	3.16	3.18	0	2.57	8.91
	20	82.59	3.45	2.70	2.07	0	0.51	5.28

2.4.4　催化剂 J-Zn-N-NaOH /HZ5-75 反应性能考察

2.4.4.1　不同的 NaOH 溶液浓度对 J-N-OH 催化剂反应性能的影响

采用 1.0 g J-Zn-N-NaOH/HZ5-75 催化剂，活性金属 Zn 的负载量为 100 mg·g^{-1} NaOH/Z5，载体为不同浓度 NaOH 溶液处理的 NaOH/HZ5-75 分子筛，醇的液时空速 WHSV=2.0 h^{-1}，原料摩尔比为 $C_2/C_1/N/O_2$=2/1/3/0.8，反应结果如表 2.14 所示。

表 2.14　不同的 NaOH 浓度处理的 J-N-OH 催化剂反应性能结果

催化剂	温度/℃	R/%	收率/%					
			C_2H_3N	Py	2-MP	3-MP	4-MP	Pys
J-0.1-OH	380	72.63	2.11	17.41	6.23	5.37	3.97	31.98
	410	84.23	8.38	31.42	2.02	2.34	2.01	37.76
	440	93.07	15.87	25.38	0.93	1.02	1.12	28.44
J-0.5-OH	380	74.18	2.49	27.57	2.57	4.57	2.17	36.92
	410	86.23	10.70	41.65	3.22	4.25	2.15	50.27
	440	96.05	18.51	33.32	0.51	1.49	0.62	35.94
J-1.0-OH	380	74.33	2.28	22.79	1.60	4.30	2.09	30.78
	410	84.21	9.54	28.75	1.11	3.27	1.37	34.50
	440	93.09	19.42	20.17	0.32	0.69	0.64	21.83

由前面的 XRD、SEM、微孔和介孔孔径分布图表征可知，催化剂 J-0.5-OH 载体上存在较大的微孔和大量的介孔，其孔径主要在 1.7 nm 和

3.8 nm，而 HZSM-5 的微孔孔径只有 0.5～0.6 nm。然而，吡啶的分子直径为 0.67 nm，大于微孔孔径而小于介孔孔径，因此，吡啶无法在微孔HZSM-5 分子筛孔道内形成，却可以在介孔孔道内形成。NaOH/HZ5-75微孔-介孔分子筛的吡啶碱收率达 50% 左右，其吡啶碱选择性和收率较高，说明较大的微孔和介孔孔道有利于反应物分子的成环反应，也有利于产物分子的扩散，减少积碳，延长催化剂寿命。其他催化剂由于相关孔道较小，因此产物收率和选择性较低。目前无介孔分子筛用于醇氨制备吡啶碱的报道，但 Fang J 报道将碱处理后的分子筛催化剂用于乙醛和甲醛合成吡啶碱反应，证实碱处理形成的介孔分子筛降低表面强酸性质，降低了催化剂结焦失活速率，延长了其寿命。

2.4.4.2 不同醇氨比对 J-0.5-OH 催化剂反应性能的影响

取 1.0 g 制备的 J-0.5-OH 催化剂，醇的液时空速 $WHSV = 2.0\ h^{-1}$，反应原料摩尔比为 $C_2/C_1/O_2 = 2/1/0.8$，改变总醇和 NH_3 的比例（简写为 $(C_2+C_1)/N$）反应，采用内标法计算原料转化率和液相主要产物收率结果如表 2.15 所示。

表 2.15　不同醇氨比时 J-0.5-OH 催化剂反应性能结果

(C_2+C_1) /N	温度/ ℃	R/ %	收率/%					
			C_2H_3N	Py	2-MP	3-MP	4-MP	Pys
3/1	380	57.46	1.98	12.92	1.69	2.12	2.04	20.79
	410	80.49	5.86	20.61	2.13	2.02	2.43	27.19
	440	88.91	5.27	19.48	2.64	3.62	2.19	20.93
3/2	380	59.07	3.25	23.93	1.45	3.30	1.96	30.64
	410	84.76	10.95	31.09	1.09	3.58	1.53	37.29
	440	93.52	18.55	25.01	1.57	4.27	2.28	33.13
3/3	380	72.73	3.23	27.57	2.23	4.57	2.17	36.92
	410	86.01	10.50	41.65	3.22	4.25	2.15	50.27
	440	95.98	15.21	36.78	0.79	2.77	0.98	41.32
3/4	380	74.54	3.80	30.17	3.09	3.75	3.51	40.52
	410	89.79	13.95	35.41	2.26	2.66	2.06	42.39
	440	99.28	20.05	28.91	1.17	1.30	1.09	31.86

续表

(C_2+C_1)/N	温度/℃	R/%	收率/%					
			C_2H_3N	Py	2-MP	3-MP	4-MP	Pys
3/5	380	78.07	4.26	22.36	2.16	1.92	2.37	28.81
	410	94.85	14.15	30.18	1.69	2.10	1.04	35.73
	440	98.44	22.39	22.88	1.13	1.02	1.43	26.46

由表 2.15 可知,随着醇氨比的减小,反应转化率逐步升高,但是幅度不大,而吡啶碱收率先升高后降低,当 (C_2+C_1)/N＝3/3 时,得到最高吡啶碱收率为 50.27％,其中吡啶为 41.65％,而乙醇与 NH_3 反应生成吡啶碱的化学计量比为 3/1,可见反应需 NH_3 过量 2 倍,产物收率才达最高,说明醇氨反应的第一步反应是乙醇和 NH_3 生成乙胺,通过乙胺的进一步反应才得到乙腈和吡啶碱。醇氨比为 3/3,刚好达到第一步的化学计量比,需确保反应 NH_3 始终过量,以便维持较高的醇转化率和产物收率。随着醇氨比的降低,增加 NH_3 的量可以提高反应选择性和吡啶碱收率,由于形成甲基吡啶碱反应中实际醇氨比为 3/1,合成乙腈反应中乙醇和氨的比值为 1。因此,进一步地降低醇氨比,增加 NH_3 的量会使反应平衡向不利于形成吡啶碱的方向发展,吡啶碱收率开始下降。

由于醇氨脱水和脱氢形成乙腈反应中,NH_3 始终作为反应物,其量的增加能促进反应向生成乙腈的方向发展,同时观察到乙腈收率随着醇氨比的减小而增加,理论和实验结果比较吻合。可见醇氨比越小,乙腈收率越高,当 (C_2+C_1)/N＝3/5 时,乙腈最高收率达到 22.39％。醇氨比一定时,温度越高,有利于脱氢反应发生,乙腈收率也就越高。

2.4.4.3　不同甲醇/乙醇对 J-0.5-OH 催化剂反应性能的影响

取 1.0 g 的 J-0.5-OH 催化剂,醇的液时空速 WHSV＝2.0 h^{-1},反应原料摩尔比为 (C_2+C_1)/N/O_2＝3/3/0.8,改变甲醇与乙醇的比例(简写为 (C_1/C_2) 反应),采用内标法计算原料转化率和液相主要产物收率结果如表 2.16 所示。

由表 2.16 可知,随着 C_1/C_2 的增加,醇的转化率变化较小,从 2.4.3.1 可知甲醇的活泼性较乙醇差,增加甲醇可以促进乙醇的转化,但总醇的转化率基本不变。同时,C_2H_3N、2-MP 和 4-MP 收率降低,3-MP 收率逐步升高,而吡啶和总吡啶碱收率先升高后降低。化学平衡说明这三类产物的反应物种不同,甲醇更多地参与了 Py 和 3-MP(更多的是 3-MP)的形成,

C_2H_3N、2-MP 和 4-MP 主要是由乙醇与 NH_3 反应得到。随着 C_1/C_2 的增加,促进了乙醇的转化,使其更多地转化为 Py、2-MP 和 4-MP,然而由于甲醇活泼性差,导致 2-MP 和 4-MP 收率反而降低;而吡啶可以由两分子乙醇和一分子甲醇而来,因此,甲醇作为反应物其收率提高;同理,3-MP 可由两分子乙醇和分子两甲醇而来,其收率提高,因此总的吡啶碱收率也提高。随着 C_1/C_2 的继续增加,乙醇已完全转化,无法继续形成更多的 Py、2-MP 和 4-MP,因此 Py、2-MP 和 4-MP 收率降低;而形成 3-MP 时,C_1/C_2 的化学计量比为 2/2,因此 C_1/C_2 增至 2/1,能提高 3-MP 收率,但升高幅度变缓慢。

表 2.16　不同甲醇/乙醇时 J-0.5-OH 催化剂反应性能结果

C_1/C_2	温度/℃	R/%	收率/%					
			C_2H_3N	Py	2-MP	3-MP	4-MP	Pys
2/1	380	71.58	1.49	20.85	0.28	8.85	0.47	30.45
	410	84.19	6.24	27.57	0.93	11.50	0.22	40.12
	440	95.97	11.54	23.17	0.58	8.93	0.18	32.86
1/1	380	69.27	1.64	25.28	1.91	9.81	1.24	37.43
	410	88.59	8.17	30.45	0.75	9.44	0.78	41.47
	440	97.69	13.13	26.18	0.51	5.25	0.32	32.26
1/2	380	72.73	3.23	26.57	2.23	4.57	2.17	35.92
	410	86.01	10.5	41.65	3.22	4.25	2.15	50.27
	440	95.98	15.21	36.78	0.79	2.77	0.98	41.32
1/3	380	74.38	3.14	23.68	3.81	1.77	3.09	32.29
	410	90.77	14.03	38.48	2.01	1.56	1.94	44.02
	440	98.19	18.06	28.31	0.84	1.06	0.46	30.67
0	380	65.61	4.35	11.9	5.26	0.18	4.83	22.47
	410	85.75	16.98	14.81	2.59	0.24	2.63	20.26
	440	95.59	20.82	10.97	2.61	0.13	2.44	16.17

当 C_1/C_2＝1/2 时,吡啶和吡啶碱收率达到最高,分别为 41.65% 和 50.27%,而 C_1/C_2＝2/1 时,3-MP 收率最高达到 11.50%,此时 2-MP 和 4-MP 收率均小于 0.5%。加入甲醇有利于 Py 和 3-MP 的生成。因此,反应类似于乙醛/甲醛法,C_1/C_2＝2/1 可能为形成吡啶反应的计量比,而形成

3-MP 的反应计量比为 $C_1/C_2 = 2/2$。

2.4.5　反应气体产物分析

对表 2.11 所述反应尾气用 TCD 进行检测分析,结果如表 2.17 所示。

表 2.17　催化剂 J-M-40 反应气相 TCD 检测结果

催化剂	温度/℃	流速/$(mmol \cdot h^{-1})$	含量/%						
			N_2	O_2	CO	CH_4	CO_2	C_2H_4	C_2H_6
J-V-40, $C_2/N/O_2$ =3/1/1.8	410	23.07	0.00	0.25	45.62	2.38	7.04	42.37	2.35
	440	27.58	0.00	0.00	45.5	3.95	4.78	43.02	2.74
	470	31.93	2.82	0.00	51.85	5.44	5.08	32.8	2.02
J-Cr-40, $C_2/N/O_2$ =3/1/5.4	410	56.86	2.39	61.5	11.42	0.26	6.66	17.77	0.00
	440	55.10	3.00	47.20	18.6	0.8	9.60	20.8	0.00
	470	56.06	4.58	13.83	38.19	2.88	16.58	23.93	0.00
J-Mg-40, $C_2/N/O_2$ =3/1/3.6	380	22.96	2.15	95.38	1.68	0.00	0.41	0.37	0.00
	410	37.82	21.64	10.48	10.55	1.29	35.00	21.04	0.00
	440	46.82	4.23	45.42	13.95	0.87	11.61	23.93	0.00
	470	62.29	17.84	3.36	7.81	1.06	41.58	28.36	0.00
J-Co-40, $C_2/N/O_2$ =3/1/3.6	380	9.622	60.25	33.41	0.02	0.20	3.32	2.81	0.00
	410	19.469	11.10	6.48	21.92	1.29	12.49	46.71	0.00
	440	24.131	4.24	0.34	26.80	1.14	12.97	54.51	0.00
	470	24.624	2.68	0.12	36.41	2.19	9.02	49.58	0.00
J-Cu-40, $C_2/N/O_2$ =3/1/3.6	380	10.597	13.20	0.00	16.39	4.37	43.44	22.60	0.00
	410	17.526	13.47	0.00	14.50	4.38	41.77	25.89	0.00
	440	20.724	12.76	0.00	12.10	4.16	38.18	32.81	0.00
	470	22.520	5.67	0.00	35.27	5.74	23.49	29.83	0.00

由表 2.17 数据可知,约 50% 左右的乙醇转化为气态产物,这是吡啶碱收率较低的主要原因。气相产物主要是 CO、CO_2 和 C_2H_4,少量 CH_4 和 C_2H_6。说明在有氧气存在时,乙醇主要是被氧化成 CO 和 CO_2 以及脱水生成 C_2H_4。根据反应计算,生成 CO 和 H_2O 时,乙醇/O_2=1/2;生成 CO_2 和

H_2O 时,乙醇/O_2=1/3。反应原料配比下 O_2 量不足,只能发生部分氧化反应。因此,乙醇和 O_2 的比例控制在 6/3~6/8 为宜,以免过度氧化。

随着温度的升高,尾气流速增加,气相产物增多,其中主要是 CO、CO_2 和 CH_4,说明高温时主要发生裂解反应,生成 C1 物种。而 C_2H_4 含量是先上升后下降,说明乙醇脱水反应是吸热反应,升高温度对反应有利,但是过高温度使乙醇分解,C_2H_4 选择性下降,含量降低。在相同反应条件下,J-Co-40 催化剂氧化性较弱。而 J-V-40 氧化性较强,O_2 较少时,产生大量 CO 和 C_2H_4。

2.4.6 碳平衡计算

表 2.16 中反应原料组成为 C_1/C_2/N/O_2=1/2/3/0.8(mol)时,检测液相产物和气相产物的组成,计算反应碳平衡,结果如表 2.18 所示。

表 2.18 催化剂 J-0.5-OH 反应碳平衡计算结果

温度/℃	收率/%			选择性/%		
	380	410	440	380	410	440
$R(\%)$	74.21	86.23	96.05	74.21	86.23	96.05
C_2H_4O	6.26	1.07	0.08	8.44	1.24	0.08
C_2H_3N	2.49	10.7	18.51	3.36	12.41	19.27
$C_2H_4O_2$	1.46	0.35	0	1.97	0.41	0
C_2H_7N	2.74	0.31	0	3.69	0.36	0
Py	27.57	41.65	33.32	37.15	48.30	34.69
2-MP	2.23	3.22	0.51	3.00	3.73	0.53
3-MP	4.57	4.25	1.49	6.16	4.93	1.55
4-MP	2.17	2.15	0.62	2.92	2.49	0.65
C-N-C	3.61	2.87	2.37	4.86	3.33	2.47
APs	3.12	4.52	5.41	4.20	5.24	5.63
C_2H_4	11.08	7.23	5.19	14.93	8.38	5.40
CO	0.15	0.29	1.04	0.20	0.34	1.08
CO_2	0.87	1.78	13.15	1.17	2.06	13.69

续表

温度/℃	收率/%			选择性/%		
	380	410	440	380	410	440
Others	2.97	3.32	5.50	1.98	0.37	0
C%	96.54%	95.60%	90.65%			

注:C-N-C 代表其他非吡啶含 N 物质,APs 代表其他烷基吡啶碱,C%为碳平衡。

由表 2.18 中数据可知,碳平衡基本保持在 90%以上,随着温度的升高,裂解反应增多,积碳增加,碳平衡略有降低。误差来源主要在高温下,催化剂活性高,气相产物增加,同时气流不稳定所致,进料流速的波动也会对碳平衡产生一定的影响。从产物收率和选择性可知,醇氨反应的主要产物为乙腈、吡啶碱和 C_2H_4。低温时还会有少量的乙醛和 C_2H_7N,而高温时烷基吡啶碱、CO 和 CO_2 会增多。

2.5 小　结

综上所述,得到如下结论:

(1)乙醇和氨在 HZSM-5 分子筛类催化剂上反应可以得到吡啶碱类化合物,主要是 2-MP 和 4-MP,且二者收率相差不大,其他主要产物有乙醛、乙腈和乙烯;副产物有乙胺、丁醇和甲基氮丙啶等中间产物;可能伴随有 CO 和 CO_2 等气体。

(2)反应温度为 410 ℃、醇的液时空速为 2.1 h^{-1}、反应原料摩尔比为乙醇/甲醇/氨/氧气=2/1/3/0.8(mol)的反应条件,使用活性金属 Zn 负载量为 1.5 mmol·g^{-1}、硅铝比为 75 的 HZSM-5 分子筛、NaOH 处理量为 5 mmol·g^{-1} HZSM-5 制备的介孔-微孔分子筛为载体、浸渍法制备的催化剂反应效果最好,反应醇转化率达到 86%,其中乙醇转化率为 100%,乙腈收率为 10%左右,吡啶碱收率达到 50%,其中吡啶达 42%,其他吡啶各约 3%左右,乙烯收率约 7%左右,其他主要是烷基吡啶和 CO_2 等。

(3)合适的液时空速为 1~5 h^{-1},温度为 380~440 ℃,醇氨比为 3/2~3/4,乙醇和氧气比为 6/3~6/8,甲醇和乙醇比例为 1/3~1/1;适宜的操作工艺参数可以有效提高乙醇转化率和吡啶碱选择性,延长催化剂使用寿命。

(4)加入甲醇可以有效提高乙醇的转化率,同时提高吡啶碱的收率;并证实甲醇直接参与了吡啶和 3-MP 的合成,而乙腈、2-MP 和 4-MP 的合成与甲醇无关,合成过程与醛氨过程类似。

(5)碱处理的 HZSM-5 分子筛能产生 3～4 nm 左右的介孔,形成微孔-介孔复合型分子筛,主要是基于碱对 HZSM-5 分子筛骨架的脱硅作用,导致部分微孔孔壁被腐蚀而使相邻微孔被打穿形成介孔;碱可以降低表面强酸性,提高产物收率。

(6)催化剂离子交换次数、载体硅铝比、活性金属种类和负载量等主要影响催化剂活性和选择性;不同的活性中心,影响不同的反应类型和途径,对产物分布和选择性具有重要影响。

第3章 丙烯醛与氨液相合成3-甲基吡啶

3.1 引 言

甘油制丙烯醛技术为甘油的利用提供了新的途径,随着技术的成熟和进步,丙烯醛成本降低,丙烯醛制备 3-MP 技术成为一条具有重要经济价值和社会价值的技术路线。随着现代农业和医药业的发展,我国对 3-MP 的需求量越来越大。用丙烯醛制备 3-MP 具有转化率高、选择性好、吡啶碱产物单一、无 4-MP 和分离容易等优点,因此,大力发展丙烯醛制备 3-MP 技术,实现其工业化应用具有较大的现实意义。

和气相法相比,丙烯醛与铵盐液相合成 3-MP 主要有以下优点:反应温度低、装置和操作简单、吡啶碱产物只有 3-MP、无裂解和催化剂寿命长等。液相法也存在以下弊端:产物收率不高、酸溶剂腐蚀设备、产量不高和溶剂回收困难等,这些因素制约着其工业化应用。目前,丙烯醛市场价格为 1.2 万·t^{-1},而 3-MP 价格为 4.2 万·t^{-1},忽略其他成本时,推算丙烯醛液相法合成 3-MP 时,产物收率达到 35% 即可收回原料成本,经济效益可观。

通过进一步的技术开发,主要是提高液相法的产物收率,改善溶剂的腐蚀性,降低成本是丙烯醛液相法制备 3-MP 的发展方向。在已有报道中,丙烯醛液相法合成 3-MP 主要有常压液相法和高压液相法。美国专利 1240928 报道压力为 3～4 MPa 左右,在密封的反应釜中,用无机铵盐水溶液为氨源,200～300 ℃反应,连续通入丙烯醛可以得到吡啶碱,最高可以得到收率为 50% 左右的 3-MP 和 10% 左右的其他吡啶碱。专利 4421921 报道在三口烧瓶回流装置中,丙酸为溶剂,乙酸铵为氨源,在 125 ℃回流状态下,将丙烯醛滴加进入反应釜内进行反应,3-MP 收率为 35% 左右。由于高压法操作复杂,安全性和效率不高等原因,用常压液相法制备 3-MP 较为可行。

提高丙烯醛液相法制备 3-MP 收率,主要是要解决丙烯醛聚合、催化剂、氨源和溶剂的选择等问题。由于丙烯醛在光照、酸性和碱性条件均可聚合,而氨呈碱性,因此,在碱性条件下减少聚合反应,提高反应选择性成为解决问题的关键。在丙烯醛和氨气相反应中固体酸催化剂是一种较好的催化剂,因此在丙烯醛液相法合成 3-MP 的反应过程采用固体酸作为催化剂。然而,由于反应溶剂为有机酸,已具有一定的酸性,因此更多的考虑使用固体超强酸催化剂,用以提高反应选择性和收率。

3.2 试验准备和操作

3.2.1 反应装置

丙烯醛常压法液相釜式反应合成 3-MP 采用装置如图 3.1 所示。采用具有回流装置的三口烧瓶作为反应釜,自来水通过蛇形冷凝管冷却挥发气体,保证溶剂处于回流状态,不会发生损失。通过注射泵使准备好的丙烯醛直接进入反应釜液面以下,可以使丙烯醛和氨接触充分,提高反应速率。三口烧瓶采用加热套加热,提高反应温度。

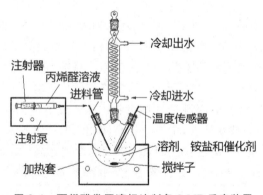

图 3.1 丙烯醛常压液相法制备 3-MP 反应装置

3.2.2 反应操作步骤

首先将称量好的溶剂、氨源和催化剂加入三口烧瓶,开始搅拌升温。等达到设定温度后,开始连续通入一定浓度的丙烯醛(AN)溶液,称量进料前后丙烯醛溶液质量,得到进料丙烯醛的纯质量为 M_{AN}。进料完毕后,继续反应一段时间,停止,降至室温后开始称取反应产物重量,得到产物总质量为 M_Y,取样检测。

3.2.3　产物收率计算

采用内标法检测反应液的质量,根据气相色谱检测峰面积 A_i 和标样峰面积 A_s 与浓度 C_s,3-MP 相对 2-MP 的校正因子为 f,由公式 $M_i = f \times M_s \times A_i / A_s$ 可得所取样品中的 3-MP 的质量,其浓度 $C_i = M_i / M_F \times 100\%$ (其中 M_F 为所取分析样品的质量),由此可得反应后产物中 3-MP 质量 $M_{3\text{-MP}} = M_Y \times C_i$,而 3-MP 的理论质量 $M_L = M_{AN} \times 0.995 \times 93.13 / (56.06 \times 2)$,计算 3-MP 收率 $Y = M_{3\text{-MP}} / M_L \times 100\%$。

3-MP 相对 2-MP 的校正因子为 f 由实际测量得到:

首先,配置质量浓度为 $C_{2\text{-MP}}$ 的 2-MP 标样和质量浓度为 $C_{3\text{-MP}}$ 的 3-MP 标样。

其次,取 0.5 mL 2-MP 标样,质量为 $m_{2\text{-MP}}$;0.5 mL 3-MP 标样,质量为 $m_{3\text{-MP}}$,混合均匀。

然后,取 0.2 μL 进样检测测得 2-MP 和 3-MP 峰面积分别为 $A_{2\text{-MP}}$ 和 $A_{3\text{-MP}}$。

最后,根据公式 $f = m_{3\text{-MP}} \times C_{3\text{-MP}} \times A_{2\text{-M}} / (m_{2\text{-MP}} \times C_{2\text{-MP}} \times A_{3\text{-MP}})$ 得到 3-MP 相对 2-MP 的校正因子,重复四次求得校正因子 f 为 1.022 1。

3.3　催化剂的制备及表征

3.3.1　催化剂的制备

3.3.1.1　催化剂 FeZSM-5 制备

(1)在 500 mL 烧瓶中加入 200 mL 0.2 mol·L^{-1} 的 Fe(NO$_3$)$_3$ 溶液和 20 g 的 HZSM-5(Si/Al=75)载体,100 ℃ 条件下搅拌,回流 6 h。

(2)冷却至室温后抽滤洗涤,之后将滤饼放入烘箱中烘干。

(3)550 ℃ 焙烧 4 h 得 FeZSM-5(FeZ5)催化剂,其中 Fe 的负载率为 11.2%。

3.3.1.2　催化剂 ZrO$_2$-FeZSM-5 制备

(1)在搅拌条件下,将 200 mL 2.5%(体积)的氨水缓慢滴加到 200 mL

$0.15 \text{ mol} \cdot \text{L}^{-1}$ 的氧氯化锆溶液中，氨水滴加完毕后，继续搅拌 2 h，然后静置并陈化 24 h，分离得到沉淀物。

（2）将沉淀物洗涤后，重新分散于少量去离子水中，加入适量稀硫酸溶液，使体系 pH＝2，得到氢氧化锆透明溶胶。向该溶胶中加入 15 g 上述 3.3.1.1 制得的 FeZ5 载体，充分搅拌均匀分散后，干燥，然后 550 ℃ 焙烧 4 h，即得到 FeZSM-5 含量为 25 wt％ 的 ZrO_2-FeZSM-5（ZrO_2-FeZ5）催化剂。

3.3.1.3 催化剂 SO_4^{2-}/ZrO_2-FeZSM-5 制备

将 0.5 M 的硫酸浸渍负载于 ZrO_2-FeZ5 载体 2 h，负载液体积/载体重量为 15 mL · g^{-1}。经过滤后，干燥，再在 550 ℃ 温度下焙烧 4 h，得到 SO_4^{2-}/ZrO_2-FeZSM-5（SO_4^{2-}/ZrO_2-FeZ5）催化剂。

改变各组分的含量和浓硫酸浸渍量可以制备不同的 SO_4^{2-}/ZrO_2-FeZ5 催化剂。

在制备 SO_4^{2-}/ZrO_2-FeZ5 过程中，直接以 FeZ5 或 HZSM-5 为载体，则可得到 ZrO_2-HZ5，SO_4^{2-}/HZ5 和 SO_4^{2-}/ZrO_2-HZ5 催化剂。如图 3.2 所示。

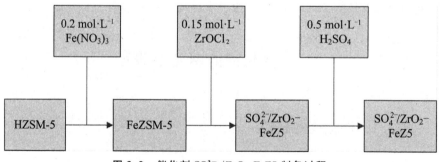

图 3.2　催化剂 SO_4^{2-}/ZrO_2-FeZ5 制备过程

3.3.2　其他催化剂的制备

3.3.2.1 催化剂 SO_4^{2-}/ZrO_2-WO_3 制备

将 3.3.1.2 得到的氢氧化锆透明胶体与 WO_3 粉末充分搅拌均匀分散后，干燥，并在 600 ℃ 焙烧 4 h，得到 ZrO_2 含量为 54 wt％ 的 ZrO_2-WO_3 载体。然后将 0.5 mol · L^{-1} 的硫酸浸渍负载于 ZrO_2-WO_3 载体 2 h，负载液

体积/载体重量为 15 mL·g^{-1}。过滤干燥,再在 600 ℃温度下焙烧 4 h,即得到 SO$_4^{2-}$/ZrO$_2$ WO$_3$ 固体超强酸催化剂。

3.3.2.2　SO$_4^{2-}$/TiO$_2$-HZSM-5 系列催化剂

将无定形 TiO$_2$ 粉末和 HZSM-5 分子筛(重量比为 2∶1)均匀混合得到 TiO$_2$-HZSM-5 载体,然后将 0.5 M 的硫酸浸渍负载于 TiO$_2$-HZSM-5 载体 2 h,负载液体积/载体重量为 15 mL·g^{-1}。过滤、干燥,再在 550 ℃焙烧 4 h,即得到 SO$_4^{2-}$/TiO$_2$-HZSM-5(SO$_4^{2-}$/TiO$_2$-HZ5)催化剂。

3.3.2.3　硅钨酸/大孔硅胶系列催化剂制备

在 100 mL 0.2 M 硅钨酸溶液中加入一定量的大孔硅胶,浸渍一定时间,抽滤、洗涤、干燥,550 ℃焙烧 4 h,则得到硅钨酸/大孔硅胶催化剂(H-Si-W-O)。

3.3.3　催化剂的 XRD 表征

表征不同步骤制备的 SO$_4^{2-}$/ZrO$_2$-HZ5 催化剂,其 XRD 图如图 3.3 所示。

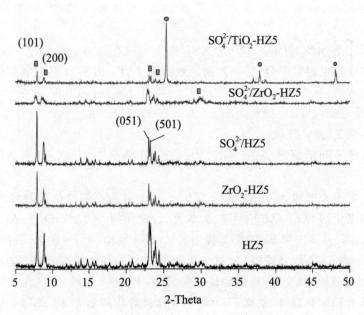

图 3.3　催化剂 SO$_4^{2-}$/ZrO$_2$-HZ5 的 XRD 图

从图 3.3 可知,在催化剂制备过程中 HZSM-5 晶相基本保持不变,并没有改变晶体晶型,进一步负载 ZrO_2 和 H_2SO_4 处理 HZSM-5 催化剂也没有新的峰出现,可见 Zr 在载体上是均匀分布的。季山制备 SO_4^{2-}/ZrZSM-5 催化剂也发现分子筛晶体结构无较大变化,保持了分子筛载体的晶型。Corma A 报道了 $m-ZrO_2$、$c-ZrO_2$ 和 $t-ZrO_2$ 的特征峰 2-Theta 值位于 $30°$ 和 $50°$附近,然而我们在 HZSM-5 上也可观察到此类峰,难以和 ZrO_2 的特征峰区分。同时由于焙烧温度较低,也难以形成高结晶的 ZrO_2,因此判断 Zr 物种主要是以无定型的形态高度分散在催化剂表面和孔道内。

催化剂 ZrO_2-HZ5 和 HZSM-5 相比,峰强略有降低,可能是 ZrO_2 负载后,HZSM-5 成分减少,结晶度变差。催化剂 SO_4^{2-}/HZSM-5 峰强增加,特别是在晶面(051)处的峰强度增加明显,主要是由于 H_2SO_4 处理时,溶解了部分 HZSM-5 载体的杂质,并可能重结晶,使得其相对结晶度有所提高。而催化剂 SO_4^{2-}/ZrO_2-HZ5 的特征峰宽化严重,峰强明显下降说明催化剂结晶度变差,无定型物质增多,骨架坍塌严重。主要是 Zr 进入孔道,使得晶面间距变大,因此在 H_2SO_4 处理时,骨架容易被腐蚀。而 2-Theta 值在 $7.9°$ 和 $8.8°$峰附近峰强明显减弱,2-Theta 值为 $30°$ 左右的峰强减弱,可见腐蚀主要发生在晶体表面突出和能量较高的位置,并使得晶体颗粒变小规整。由 HZSM-5 结构可知,2-Theta 值低的峰位置处晶面间距加大,意味着 ZrO_2 使微孔孔道加大,骨架稳定性变差,更容易被腐蚀。

催化剂 SO_4^{2-}/TiO_2-HZ5 的 XRD 图上可以看到明显的 TiO_2 峰,同时,HZSM-5 峰也因为 TiO_2 的加入而导致峰强变弱。由于 Zr 是以氧氯化锆的形式加入的,从而能在 HZSM-5 孔道内均匀分散,而不出现 Zr 的特征峰。而 Ti 是直接以 TiO_2 的形式加入,无法在 HZSM-5 孔道内均匀分布,因此能观察到 Ti 的特征峰。

表征不同步骤制备的 SO_4^{2-}/ZrO_2-FeZ5 催化剂,其 XRD 图如图 3.4 所示。

从图 3.4 可知,催化剂 SO_4^{2-}/ZrO_2-FeZ5 各特征峰峰位置和峰强变化规律和催化剂 SO_4^{2-}/ZrO_2-HZ5 基本类似,催化剂 SO_4^{2-}/ZrO_2-FeZ5、ZrO_2-FeZ5、SO_4^{2-}/FeZ5 和 FeZ5 都是典型的 ZSM-5 结构,无 Fe 和 Zr 的特征峰,加入 Zr 使 FeZ5 峰强减弱,而 H_2SO_4 处理又使其峰强增加,负载 Zr 后再用 H_2SO_4 处理时,峰变宽,峰强明显减弱,结晶度变差,说明 Zr 负载后降低了 ZSM-5 骨架的稳定性,使得 H_2SO_4 对骨架破坏作用加大,使 ZSM-5 结构部分坍塌。

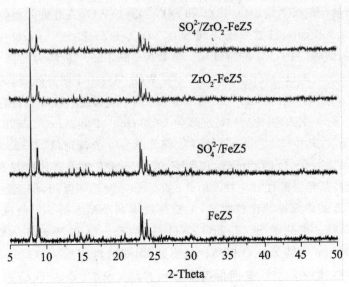

图 3.4　催化剂 SO_4^{2-}/ZrO_2-FeZ5 的 XRD 图

3.3.4　催化剂的 FT-IR 表征

表征不同固体超强酸催化剂的 FT-IR 图如图 3.5 所示。

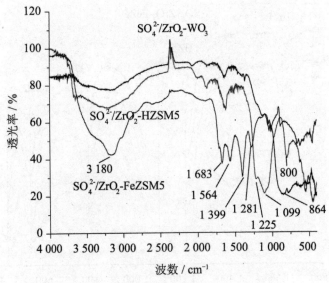

图 3.5　不同固体超强酸催化剂的 FT-IR 图

在波数为 3 180 cm^{-1} 处,可以见到催化剂 SO_4^{2-}/ZrO_2-FeZ5 的桥式羟

基峰，而催化剂 SO_4^{2-}/ZrO_2-HZ5 和 SO_4^{2-}/ZrO_2-WO$_3$ 在此处的吸收峰不明显。在 2 300 cm^{-1} 波数处催化剂 SO_4^{2-}/ZrO_2-HZ5 和 SO_4^{2-}/ZrO_2-WO$_3$ 表现出来的倒峰应是 CO_2 的特征峰。波数为 1 683 cm^{-1} 的峰为晶格水的峰，催化剂 SO_4^{2-}/ZrO_2-HZ5 和 SO_4^{2-}/ZrO_2-WO$_3$ 只有一个明显的峰，而催化剂 SO_4^{2-}/ZrO_2-FeZ5 在 1 400～1 800 cm^{-1} 有两个明显的吸收峰。肖容华报道了 SO_4^{2-}/ZrO_2-HZ5 催化剂的特征峰为 1 626 cm^{-1}、1 399 cm^{-1}、1 322 cm^{-1} 和 1 046 cm^{-1}，其中 1 399 cm^{-1} 处吸收峰为 S＝O 的特征峰，1 322 cm^{-1} 和 1 046 cm^{-1} 为 S—O 的特征峰，说明 Fe 负载后能有效提高其担载 S＝O 的能力，提高其超强酸性能。在 920～1 250 cm^{-1} 振动峰区间，催化剂 SO_4^{2-}/ZrO_2-HZ5 的骨架振动比较明显，主要是载体 HZSM-5 的 Si—O 或 Al—O 骨架振动峰。催化剂 SO_4^{2-}/ZrO_2-WO$_3$ 只有 Zr—O 和 W—O 的峰，位于 800～900 cm^{-1}，其 Zr—O 振动比较明显，而催化剂 SO_4^{2-}/ZrO_2-FeZ5 存在 O—Fe 峰，使得 Zr—O 峰向低波数方向移动。SO_4^{2-}/ZrO_2-FeZ5 催化剂的 Zr—O 峰振动不明显，可能是由于 Zr 物种分散进分子筛孔道内，表面的 Zr—O 物种较少，而主要的 T—O 振动主要是 Si—O—Al 分子筛骨架类型振动，也会掩盖少量的 Zr—O 振动峰，进一步说明 Zr 可能进入 HZSM-5 骨架内部。

为了进一步考察催化剂 SO_4^{2-}/ZrO_2-FeZ5 各组成部分的作用，根据不同步骤制备新的催化剂，表征各催化剂的 FT-IR 图如图 3.6 所示。

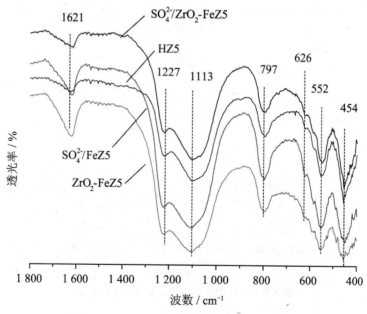

图 3.6 催化剂 SO_4^{2-}/ZrO_2-FeZ5 的 FT-IR 图

由图 3.6 可知,各催化剂基本保持 HZSM-5 的 IR 图趋势不变,可见,在催化剂制备过程中,HZSM-5 结构保持稳定,确保催化剂具有合适的孔道和反应场所。催化剂 SO_4^{2-}/ZrO_2-FeZ5 的 S—O 和 Zr—O 等特征峰表现不明显,可能是催化剂加入量不足。各催化剂和 HZSM-5 相比,在 1 621 cm^{-1} 处出现明显的振动峰,可能是 Fe 加入后引起的羟基振动加强。

观察 1 113 cm^{-1} 和 1 227 cm^{-1} 振动峰可知,催化剂 ZrO_2-FeZ5 和 SO_4^{2-}/FeZ5 比较,骨架峰增强,主要是加入 Zr 和 Fe 后,二者进入 HZSM-5 骨架并占据一定的骨架位,提高骨架振动峰强度。进一步 H_2SO_4 处理后,硅铝骨架振动明显减弱,证明 H_2SO_4 对分子筛骨架存在一定的腐蚀作用。加入 Zr 后骨架振动减弱更为明显,且骨架振动峰强度低于 HZSM-5,说明 Zr 使 ZSM-5 骨架稳定性变差,骨架腐蚀和坍塌严重,在 T—O 的低波数 797 cm^{-1}、626 cm^{-1}、552 cm^{-1} 和 454 cm^{-1} 峰上,可以观察到同样现象,和 XRD 结果相吻合。

3.3.5 催化剂的物理吸附表征

将 N_2 多点 BET 吸附试验表征催化剂的表面积数据作图,如图 3.7 所示。

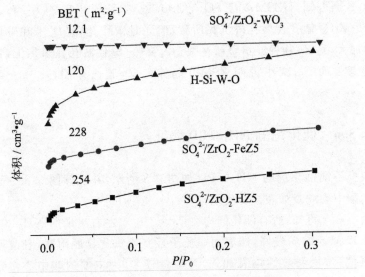

图 3.7 不同催化剂的 BET 氮气吸附图

由图 3.7 可知,压力较低时,除 ZrO_2-WO$_3$ 外,样品均存在一定的吸附变化量，说明均存在一定的孔道结构，而 ZrO_2-WO_3 的吸附曲线比较直，进一步证明催化剂 ZrO_2-WO_3 无合适的孔道结构，颗粒较大，比表面积只有 12.1 $m^2 \cdot g^{-1}$。硅钨酸(H-Si-W-O)样品在低压时其样品吸附量增加较快，进一步说明硅钨酸/大孔硅胶的孔径较 SO_4^{2-}/ZrO_2-FeZ5 和 SO_4^{2-}/ZrO_2-HZ5 大，其比表面积较小，在 120 $m^2 \cdot g^{-1}$ 左右。HZSM-5 为载体的复合固体超强酸比表面积较大，均在 200 $m^2 \cdot g^{-1}$ 以上，主要是 HZSM-5 的微孔道结构能提供足够的表面积，而 SO_4^{2-}/ZrO_2-HZ5 催化剂相比 SO_4^{2-}/ZrO_2-FeZ5 的比表面积略有降低，说明部分 Fe 进入 HZSM-5 的孔道，使得 HZSM-5 微孔被部分填充，孔体积和孔内表面积减少，比表面积由 254 $m^2 \cdot g^{-1}$ 降至 228 $m^2 \cdot g^{-1}$。

表征催化剂的 N_2 吸脱附数据如表 3.1 所示。

表 3.1　不同催化剂的 N_2 吸脱附数据

催化剂	S_{BET}/ ($m^2 \cdot g^{-1}$)	S_{ext}/ ($m^2 \cdot g^{-1}$)	S_{mic}/ ($m^2 \cdot g^{-1}$)	V_{total}/ ($cm^3 \cdot g^{-1}$)	V_{mic}/ ($cm^3 \cdot g^{-1}$)	D_{mic}/ Å	D_{mes}/ Å
HZSM-5	389	73.4	216	0.24	0.132	0.52	2.46
SO_4^{2-}/ZrO_2-HZ5	242	36.6	188	0.15	0.083	0.56	2.68

由数据可知，HZSM-5 经 SO_4^{2-}/ZrO_2 改性后，V_{mic}、V_{total}、S_{mic} 和 S_{BET} 减小，应是 ZrO_2 微孔在微孔内沉积所致，但同时微孔孔径(D_{mic})和平均孔径(D_{ave})加大，是 Zr 物种经焙烧后在微孔内膨胀，导致微孔孔道加大，骨架稳定性变差。而 S_{ext} 减小说明 ZSM-5 晶体经 Zr 胶体作用，使分子筛颗粒增大。

3.3.6　催化剂的 NH_3-TPD 表征

表征不同催化剂的 NH_3-TPD 如图 3.8 所示，并计算图 3.8 中不同催化剂的酸中心酸量如表 3.2 所示。

由图 3.8 可知，所有催化剂均在 $T_1 = 220\ ℃$ 左右出现的 NH_3 脱附峰，此为 HZSM-5 的弱酸峰，即表面非质子羟基或氧化物脱附峰，且改性后向高温区偏移，说明酸性略有加强，且酸量较大，为主要的酸中心。分子筛 HZSM-5 在 $T_2 = 345\ ℃$ 出现的 NH_3 脱附峰为表面 B 酸和质子酸等中强酸中心，而 $T_3 = 442\ ℃$ 的 NH_3 脱附峰为结构内 B 酸和 L 酸强酸中心。而催化剂 ZrO_2-FeZ5、SO_4^{2-}/FeZ5 和 SO_4^{2-}/ZrO_2-FeZ5 不仅有较大的弱酸峰，还存在较多的强酸峰,说明其酸性较 HZSM-5 明显增加,特别是强酸酸性。催化剂 ZrO$_2$-FeZ5 上出现 T_2＝397 ℃的脱附峰,介于 HZSM-5 的 T_2 和 T_3 之间,说明峰可能为两者耦合而成,同时数量减少。T_4＝540 ℃ 和 T_5＝650 ℃ 的脱附峰应为 Zr 与骨架硅铝形成的强酸中心,强酸中心数量不多,Zr 的加入使其略有增加。催化剂 SO$_4^{2-}$/FeZ5 同样存在 T_4 和 T_5 等强酸中心,但其强度较弱,酸中心数量也少。同时还存在 T_2 和 T_3 强酸中心,说明硫酸对 L 酸中心的作用较小,同时,使 B 酸和 L 酸分离。但是强酸中心数量反而减少,说明其并不能增加强酸中心数量,只是与 ZSM-5 作用,使原强酸中心酸性加强,但是较 Zr 形成的 T_4 酸中心弱。SO$_4^{2-}$/ZrO$_2$-FeZ5 存在 T_1、T_2、T_4 和 T_5 等酸中心,其中 T_1 酸性加强,数量减少;T_4 酸性减弱,数量大增;而 T_2 和 T_5 酸性增加,且数量增加。说明其酸性加强且数量增加,有较多的强酸中心。出现 T_5＝682 ℃的脱附峰,主要是 SO$_4^{2-}$/ZrO$_2$ 物种形成的超强酸酸位所致,强度增加,更高温度下的峰可能是硫酸物种分解所致。Shuyong X 和 Benaïssa M 报道 SO$_4^{2-}$/ZrO$_2$ 物种上存在 250 ℃、500 ℃ 和 650 ℃三个 NH$_3$ 脱附峰,证实存在超强酸中心,且超强酸中心主要由 SO$_4^{2-}$/ZrO$_2$ 提供,由 S＝O 强烈吸引 Zr 原子电荷,造成缺电子的 Zr 阳离子表面活性位,产生超强酸中心。Hamouda L B 进一步发现一定范围内,增加 S/Zr 的比例,超强酸酸强度和酸中心数目均增加。

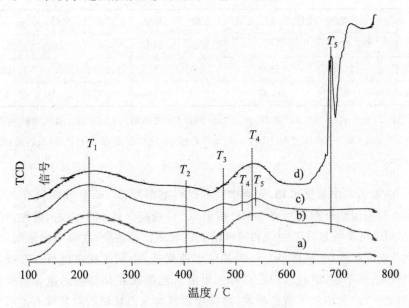

图 3.8　不同催化剂的 NH$_3$-TPD 图
(a)HZ5;(b)ZrO$_2$-FeZ5;(c)SO$_4^{2-}$/FeZ5;(d)SO$_4^{2-}$/ZrO$_2$-FeZ5

表 3.2　不同催化剂的 NH_3 脱附温度及其对应酸量

催化剂	脱附温度 T_m/℃ 及其对应酸量 A_{Tm}/($\mu mol \cdot g^{-1}$)									
	A_T	T_1	A_{T1}	T_2	A_{T2}	T_3	A_{T3}	T_4	A_{T4}	T_5	A_{T5}
HZ5	236	220	164	345	34	442	38				
ZrO_2-FeZ5	258	217	125	397	18			540	83	652	31
SO_4^{2-}/FeZ5	189	218	135	344	18	479	10	515	6	537	20
SO_4^{2-}/ZrO_2-FeZ5	344	229	120	345	32			533	107	684	86

3.4　以丙酸作为溶剂的液相反应工艺考察

3.4.1　溶剂考察

根据试验操作步骤,将不同类型的溶剂反应结果如表 3.3 所示。

表 3.3　不同溶剂下 3-MP 收率数据

溶剂	乙酰胺	四乙二醇二甲醚	乙酸	丙酸	丁酸	戊酸	己酸
沸点/℃	222	163	125	144	185	205	275
质量/g	96.0	355.6	96.0	118.5	142.4	163.4	191.9
收率/%	18.14	20.23	42.78	54.63	33.03	39.53	45.57

注:反应条件:1.60 mol 溶剂,0.05 mol 丙烯醛(丙烯醛/丙酸=1/5 的丙烯醛溶液,以 22.0 mL·h^{-1} 的流速进料 1 h),0.20 mol 乙酸铵,反应设定温度 140 ℃,进料后保温 40 min。

由表 3.3 中数据可知,采用中性和碱性溶剂所得 3-MP 收率只有 20% 左右,而采用酸性溶剂所得 3-MP 高于 30%,最高可达 55% 左右,酸性溶剂下 3-MP 收率明显高于中性和碱性溶剂下收率。经观察,在强碱性溶剂(如氨水)或强酸性(硫酸溶液)下,丙烯醛迅速聚合,不利于反应进行。在碱性和中性条件下(乙酰胺或四乙二醇二甲醚),乙酸铵在加热时迅速分解成乙酸和氨气,或者脱水形成乙酰胺,这样导致在加入丙烯醛的时候没有足够的氨反应而无法形成 3-MP。在弱有机酸性溶剂下(乙酸至己酸),丙酸为溶剂时收率高,主要是其沸点为 140 ℃,和 3-MP 沸点相近,3-MP 较多的进入气相,促进了液相中的反应平衡,使得 3-MP 收率提高。同时,丙烯醛与挥发的丙酸和氨在气相中反应,使得丙烯醛制备 3-MP 反应在气相和液相中同时进行,3-MP 收率较高。

3.4.2　溶剂量考察

将不同溶剂丙酸用量下(0.4 mol,0.8 mol,1.2 mol,1.6 mol,2.0 mol)反应 3-MP 收率结果如图 3.9 所示。

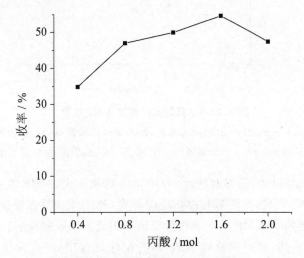

图 3.9　不同丙酸量下 3-MP 收率

反应条件:丙酸为溶剂,0.05 mol 丙烯醛(丙烯醛/丙酸＝1/5 的丙烯醛溶液,以 22.0 mL·h^{-1} 的流速进料 1 h),0.20 mol 乙酸铵,反应设定温度 140 ℃,进料后保温 40 min

由图 3.9 可见,随着丙酸用量的增加,3-MP 收率先增后减,在丙酸用量达到 1.6 mol 时,3-MP 收率达到最高为 54.63%。高温下,随着乙酸铵的溶解和氨的分解,反应相中酸性减弱。随着酸用量的增加,反应相中丙酸体积增加,丙烯醛浓度降低,丙烯醛发生聚合反应的机会较少,因而产物收率提高。而丙酸量进一步提高,丙烯醛浓度进一步降低,丙烯醛转化率下降,难以形成 3-MP。因此,要提高吡啶碱收率,就要控制好丙酸的量,确保丙烯醛达到一定的浓度而不致聚合;又不太稀,使其转化率降低。

3.4.3　保温时间考察

不同保温时间(0 min,20 min,40 min,60 min,80 min)得到 3-MP 收率

如图 3.10 所示。

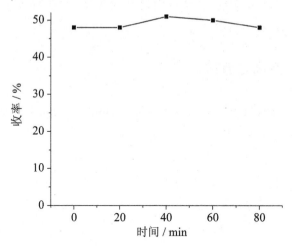

图 3.10　不同保温时间的 3-MP 收率

反应条件：1.6 mol(118 g)丙酸为溶剂，0.05 mol 丙烯醛(丙烯醛/丙酸＝1/5 的丙烯醛溶液，以 22.0 mL·h⁻¹ 的流速进料 1 h)，0.20 mol 乙酸铵，反应设定温度 140 ℃

由图 3.10 可知，保温时间对 3-MP 收率影响不大，3-MP 收率基本维持在 50%左右。可见，丙烯醛和铵盐反应合成 3-MP 反应速度较快，丙烯醛反应迅速，因此判断 3-MP 的形成在反应体系中是速率控制反应。同时，乙酸铵是一次加入的，而丙烯醛连续加入，在反应过程中，一直保持氨过量，因而，容易确保丙烯醛完全反应，提高其转化率。保温时间在 40 min 左右是适宜的。

同时，可以观察到丙烯醛中加入溶液，反应液即变红，随着反应进行，颜色变深。在反应液中也没有检测到丙烯醛，因此，判断未形成 3-MP 的部分丙烯醛已聚合，在进料口也容易观察到少量深褐色聚合物。因此，判断丙烯醛的聚合反应含有 N 元素，可能有亚胺或酰胺参与聚合。

3.4.4　进料流速考察

不同丙烯醛溶液进量流速下(5 mL·h⁻¹，10 mL·h⁻¹，22 mL·h⁻¹，35 mL·h⁻¹，50 mL·h⁻¹)反应 3-MP 收率如图 3.11 所示。

从图 3.11 可知，当进料流速为 10 mL·h⁻¹ 时，3-MP 的收率较高，但是相差不是很大。从其变化趋势分析，进料流速太慢和太快均不利于 3-MP 的生成。若进料流速太快，丙烯醛来不及扩散，导致局部丙烯醛过多，容易聚合而损失。若进料流速太慢，溶液相中的氨容易进入进料管中，由于进料管中丙烯醛浓度高,导致丙烯醛在进料管中部分聚合,降低 3-MP 收率。由此可见,反应一定程度上受传质影响,但传质影响并不是很大。

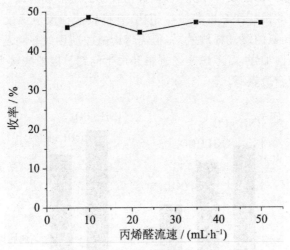

图 3. 11　不同流速下 3-MP 收率

反应条件:1.6 mol 丙酸为溶剂,0.05 mol 丙烯醛(丙烯醛/丙酸＝1/5 的丙烯醛溶液,以不同流速进料),0.20 mol 乙酸铵,反应设定温度 140 ℃,进料后保温 40 min

3.4.5　氨源考察

不同铵盐为氨源制备的 3-MP 收率如图 3.12 所示。

由图 3.12 可知:

(1)采用 $(NH_4)_3PO_4$ 为氨源得到了高达 47.08％的 3-MP 收率,但没有乙酸铵高。碳酸铵和碳酸氢铵加入丙酸溶液后,立刻反应生成丙乙酸铵并放出大量 CO_2,反应效果相当于加入丙酸铵,但消耗了丙酸。其结果与加入有机铵类似,因此 3-MP 收率也高,美国专利 1240928 使用磷酸氢二铵为氨源在高压釜内用丙烯醛制备出 3-MP,而且美国专利 4337342、4370481 和 4482717 还用磷酸氢二铵来作为乙醛与氨液相法制备 3-MP 的氨源。

(2)同元素酸形成的铵盐,如磷酸铵盐中,选用非氢型的铵盐反应效果较好,因为非氢型的铵盐能够与溶剂酸形成部分氢型铵盐缓冲溶液,使反应溶液处于弱酸性环境,减少丙烯醛聚合。而丙烯醛在强酸和强碱性体系下容易聚合,而在弱酸性条件下稳定,因而保持弱酸环境反应,能提高产物收率。

(3)从铵盐完全分解形成的酸强度来看,铵盐分子式中铵离子数目一致时,铵盐分解氨产生的共轭酸酸性越强,3-MP 的收率就越低,如

$(NH_4)_2SO_4$、$(NH_4)_2HPO_4$ 和$(NH_4)_2CO_3$ 完全分解形成 H_2SO_4、H_3PO_4 和 H_2CO_3。主要是由于酸性越强,所得到的铵盐越稳定,越不容易溶解,导致氨量不足和丙烯醛反应不完全,宜选用较弱的酸形成的铵盐。

(4)无机酸铵盐和有机酸铵盐相比,有机铵盐在反应温度下生成酰胺,同样可以起到氨的缓慢释放效果,但需考虑酰胺利用效率问题;无机铵盐分解后,体系酸性加强,需考虑连续进料和再生问题。以乙酸铵为氨源时产物收率较高,为合适氨源。

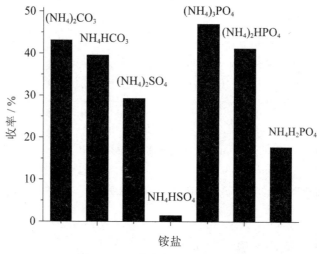

图 3.12 不同氨源下 3-MP 收率

反应条件:1.6 mol 丙酸为溶剂,0.05 mol 丙烯醛(丙烯醛/丙酸=1/5 的丙烯醛溶液,以 22.0 mL·h⁻¹ 的流速进料 1 h),0.20 mol 铵离子,反应设定温度 140 ℃,进料后保温 40 min

3.5   以乙二醇丁醚为溶剂的液相反应的工艺考察

由于丙酸沸点为 144.1 ℃,而 3-MP 沸点为 143.5 ℃,二者相差不到 1 ℃,这样导致分离困难,且腐蚀严重。采用乙二醇丁醚为溶剂时,产物分离容易,拟采用固体酸作为催化剂,提高产物收率。

3.5.1   丙烯醛稀释剂考察

采用少量强酸或有机酸作为稀释剂时 3-MP 收率如表 3.4 所示。

表 3.4　不同稀释剂下 3-MP 收率

稀释剂	硫酸	乙酸	丙酸	正丁酸	正戊酸	正己酸
摩尔数	0.01	0.25	0.25	0.25	0.25	0.25
收率/%	9.92	25.08	40.89	46.94	31.73	41.13

注:反应条件:1.6 mol 乙二醇丁醚为溶剂,0.05 mol 丙烯醛(丙烯醛/稀释剂＝1/5 的丙烯醛溶液(加硫酸时,丙烯醛/酸＝5/1),以 22.0 mL·h^{-1} 的流速进料 1 h),0.20 mol 乙酸铵,2.0 g 硅钨酸催化剂,反应设定温度 140 ℃,进料后保温 40 min。

由表 3.4 可知,加入少量强酸为稀释剂时,3-MP 收率极低,可能是丙烯醛容易发生阳离子聚合所致。正丁酸作为稀释剂所得 3-MP 收率最高,3-MP 收率达到 46.94%。同时丁酸沸点高,在反应温度下丁酸在体系中部分回流,使体系气相和液相中酸性较强,而乙酸和丙酸容易气化,对体系液相中酸性帮助不大。而更高沸点的酸难以气化,导致未反应丙烯醛与气相中氨接触聚合,导致收率降低,而正己酸相对正戊酸收率高,主要是己酸更难挥发,虽然对气相中形成 3-MP 或丙烯醛回流帮助不大,但是,有利于丙烯醛在液相中合成 3-MP,因此,其 3-MP 收率略高。

3.5.2　催化剂考察

3.5.2.1　不同类型催化剂考察

不同催化剂反应的 3-MP 收率数据如表 3.5 所示。

表 3.5　不同催化剂下 3-MP 收率

催化剂	无	乙酸锌	硅钨酸	SO_4^{2-}/TiO_2-HZ5	SO_4^{2-}/ZrO_2-HZ5
收率/%	30.04	29.81	40.89	41.13	42.62

注:反应条件:1.6 mol 乙二醇丁醚为溶剂,0.05 mol 丙烯醛(丙烯醛/丁酸＝1/5 的丙烯醛溶液,以 22.0 mL·h^{-1} 的流速进料 1 h),0.20 mol 乙酸铵,2.0 g 催化剂,反应设定温度 140 ℃,进料后保温 40 min。

由表 3.5 可知,采用 SO_4^{2-}/ZrO_2-HZ5 为催化剂可以得到 43% 左右的 3-MP 收率,较无催化剂时,3-MP 收率提高 13% 左右。而醋酸锌催化效果不好,硅钨酸和 SO_4^{2-}/TiO_2-HZ5 催化剂催化效果也可以,能提高 10% 左右。考虑反应为脱水反应,酸性催化剂能促进脱水反应进行,肖容华将超强

酸催化剂 SO_4^{2-}/ZrO_2-HZ5 用于酸和醇的酯化反应，催化效果较好，可见超强酸催化剂对脱水反应具有较好的催化效果。

3.5.2.2 载体硅铝比考察

改变催化剂载体 HZSM-5 硅铝比，反应 3-MP 收率数据如图 3.13 所示。

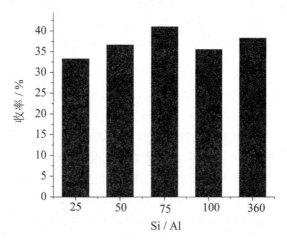

图 3.13 不同 HZSM-5 硅铝比下 3-MP 收率

反应条件：0.8 mol 乙二醇丁醚为溶剂，0.025 mol 丙烯醛（丙烯醛/丁酸＝1/5 的丙烯醛溶液，以 18.0 mL·h^{-1} 的流速进料 1 h），1.0 g SO_4^{2-}/ZrO_2-HZ5 催化剂，0.25 mol 乙酸铵，反应设定温度 140 ℃，进料后保温 40 min

由图 3.13 可知，当改变载体 ZSM-5 的硅铝比时，3-MP 收率变化不大，当硅铝比为 75 时，3-MP 收率最大为 41.04％，过高或过低的硅铝比产物收率均不高。由于乙二醇丁醚溶剂有醇基，在反应条件下或相互反应脱水形成醚，或者会与有机酸发生酯化反应，反应产生的水会影响反应平衡，减少 3-MP 产物的产生。

3.5.2.3 催化剂组分考察

不同催化剂组分反应 3-MP 收率结果如表 3.6 所示。

由表 3.6 可知，催化剂 SO_4^{2-}/ZrO_2-HZSM-5 催化效果较好，可以达到 42.62％，催化剂 ZrO_2-HZSM-5 和 $SO_4^{2-}/HZSM$-5 的反应效果均不理想，可见，只有 SO_4^{2-}/ZrO_2 超强酸结构负载在 HZSM-5，才能充分发挥催化效果，取得较高的 3-MP 收率。同时发现，相同条件反应时，可能是由于丙烯醛溶液性质不稳定，丙烯醛溶液放置一段时间后，丙烯醛部分聚合，导致收率波动。

表 3.6 不同催化剂 3-MP 收率

催化剂	ZrO_2-HZSM-5	SO_4^{2-}/HZSM-5	SO_4^{2-}/ZrO_2-HZSM-5
收率/%	35.90	35.94	45.66

注:反应条件:0.8 mol 乙二醇丁醚为溶剂,0.025 mol 丙烯醛(丙烯醛/丁酸＝1/5 的丙烯醛溶液,以 18.0 mL·h^{-1} 的流速进料 1 h),1.0 g SO_4^{2-}/ZrO_2-HZ5 催化剂,0.25 mol 乙酸铵,反应设定温度 140 ℃,进料后保温 40 min。

3.5.2.4 催化剂和乙酸催化效果考察

加入乙酸和/或固体酸催化剂反应 3-MP 收率结果如表 3.7 所示。

表 3.7 加入乙酸和固体酸催化效果比较

反应条件	无催化剂无乙酸	无乙酸	无催化剂	有乙酸有催化剂
收率/%	33.90	36.59	42.78	44.00

注:反应条件:0.8 mol 乙二醇丁醚为溶剂,0.025 mol 丙烯醛(丙烯醛/丁酸＝1/5 的丙烯醛溶液,以 18.0 mL·h^{-1} 的流速进料 1 h),1.0 g SO_4^{2-}/ZrO_2-HZ5 和/或 0.1 mol 的乙酸为催化剂,0.25 mol 乙酸铵,反应设定温度 140 ℃,进料后保温 40 min。

由表 3.7 可知,在乙二醇丁醚为溶剂的体系中,在不加乙酸和催化剂的作用下反应同样可以进行,但是收率较低。加入固体酸催化剂或乙酸均能起到一定的催化作用,相比较而言,加入乙酸的反应效果要明显优于固体酸催化剂,而同时加入固体酸催化剂和乙酸的反应效果最佳,能提高 10% 的 3-MP 收率。进一步证明 3-MP 的形成为酸催化反应,质子酸和固体酸均有一定的催化效果,质子酸催化效果更为明显。

3.5.3 反应温度考察

不同反应温度下(50 ℃,60 ℃,80 ℃,110 ℃,140 ℃),反应 3-MP 收率如图 3.14 所示。

由图 3.14 可知,溶剂量、丙烯醛和催化剂减半,乙酸铵量不变,乙酸铵和丙烯醛摩尔比值为 10,在 140 ℃反应,3-MP 收率达 45%。温度越高,3-MP 收率越大。考虑乙酸铵的分解需要一定温度,在 80 ℃左右乙酸铵才完全溶解,高温有利于氨的释放,也就能促进 3-MP 的形成。低温时,乙酸铵难以分解,产生的氨较少,3-MP 收率较低。随着温度升高,产生了足量氨,且更多的丙烯醛被活化反应生成亚胺中间体,3-MP 收率较高。高温下,气相中的酸较多,未反应丙烯醛也可以在气相中反应合成3-MP,其收率变高。由于乙酸铵分解温度的限制,反应温度最高只能达到 140 ℃左右。但是,高温同样会促使乙酸铵分解成乙酰胺,降低了氨源的利用率。

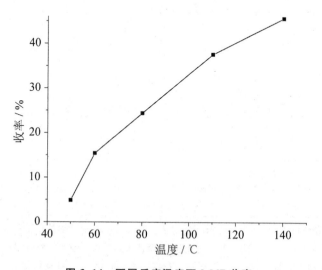

图 3.14　不同反应温度下 3-MP 收率

反应条件:0.8 mol 乙二醇丁醚为溶剂,0.025 mol 丙烯醛(丙烯醛/丁酸＝1/5 的丙烯醛溶液,以 18.0 mL・h^{-1} 的流速进料 1 h),1.0 g SO$_4^{2-}$/ZrO$_2$-HZ5 催化剂,0.25 mol 乙酸铵,反应设定温度 140 ℃,进料后保温 40 min

3.5.4　乙酸铵/丙烯醛考察

将不同乙酸铵/丙烯醛(1,2,4,6,8,10,12,14)时,反应 3-MP 收率结果列如图 3.15 所示。

由图 3.15 可知,氨量对 3-MP 收率产生较大的影响,乙酸铵与丙烯醛摩尔比为 8 时,3-MP 收率较高,达 50％左右。乙酸铵较少时,氨量不足,难以形成亚胺中间体,降低了 3-MP 收率。氨量较多时,溶液酸性减弱,容易导致丙烯醛或亚胺中间体聚合,减少 3-MP 的生成。进一步确认与丙烯醛反应的主要是氨,而不是铵离子。

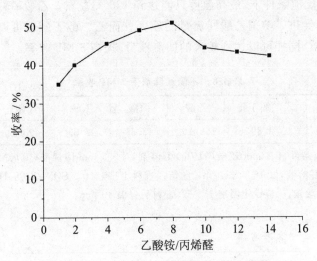

图 3.15　不同乙酸铵/丙烯醛时 3-MP 收率

反应条件：1.6 mol 乙二醇丁醚为溶剂，0.05 mol 丙烯醛（丙烯醛／丁酸＝1/5 的丙烯醛溶液），2.0 g SO_4^{2-}/ZrO_2-HZ5 催化剂，0.20 mol 乙酸铵，反应设定温度 140 ℃，进料后保温 40 min

3.6　以乙酸为溶剂的液相反应工艺考察

采用醚为溶剂，虽然有利于分离，但是产物收率不高，通过加入固体超强酸催化剂和乙酸能提高收率，但最高收率只有 50％左右。由于乙酸催化效果较好，且乙酸沸点在 120 ℃左右，容易和 3-MP 分离，因此，采用乙酸为溶剂反应。

3.6.1　反应工艺考察

3.6.1.1　丙烯醛稀释剂考察

不同丙烯醛稀释剂反应 3-MP 收率结果如表 3.8 所示。

由表 3.8 数据可知，采用乙二醇丁醚和乙酸所得 3-MP 收率较高，达52％以上，采用其他稀释剂所得结果较低。乙二醇丁醚和乙酸比较，加入乙酸，反应溶液简单，否则又要多分离一种溶剂，增加生产成本。因此，宜用乙酸为稀释剂。虽然反应温度设定为 130 ℃，但是，由于乙酸沸点只有

118 ℃，在反应条件下，最高温度只能达到 125 ℃左右。乙酸稀释剂收率较高，可能是促进了溶剂乙酸回流量的原因。而乙二醇丁醚也可以与溶剂形成酯类物质，同样可以达到较大的回流液量，提高 3-MP 收率。

表 3.8　不同稀释剂下 3-MP 收率

稀释剂	乙二醇丁醚	乙酸	丙酸	丁酸	戊酸	己酸
收率/%	52.89	52.10	42.60	42.89	49.62	49.91

注：反应条件：1.8 mol 乙酸（110 g）为溶剂，0.025 mol 丙烯醛（丙烯醛/稀释剂＝1/5 的丙烯醛溶液，以 18.0 mL·h^{-1} 的流速进料 1 h），1.0 g SO$_4^{2-}$/ZrO$_2$-HZ5 催化剂，0.25 mol 乙酸铵，反应设定温度 130 ℃，进料后保温 40 min。

3.6.1.2　溶剂考察

不同有机酸为溶剂反应 3-MP 收率结果如表 3.9 所示。

表 3.9　不同溶剂反应时间下 3-MP 收率

溶剂	乙酸	丙酸	丁酸	戊酸	己酸
收率/%	52.10	40.13	42.60	32.74	36.18

注：反应条件：110 g 有机酸为溶剂，0.025 mol 丙烯醛（丙烯醛/乙酸＝1/5 的丙烯醛溶液，8 wt%，以 18.0 mL·h^{-1} 的流速进料 1 h），1.0 g SO$_4^{2-}$/ZrO$_2$-HZ5 催化剂，0.25 mol 乙酸铵，设定温度 130 ℃，进料后保温 40 min。

由表 3.9 可见，以乙酸作为溶剂时 3-MP 收率最高，达到 52.10%。主要是乙酸在反应温度下大量回流，进入气相中的乙酸也多，有利于液相中未反应完全的丙烯醛回流，延长其在反应体系内的停留时间，提高 3-MP 收率。其他反应溶剂由于沸点高，丙烯醛在液相中停留时间相对减少，在氨过量的碱性环境中未反应完全的丙烯醛进入气相后容易聚合，致使 3-MP 收率降低。

3.6.1.3　乙酸铵/丙烯醛考察

不同乙酸铵/丙烯醛比值下反应 3-MP 收率结果如图 3.16 所示。

由图 3.16 可知，醋酸铵/丙烯醛为 5 时，3-MP 的收率最高，达到 54.56%。增大或减少醋酸铵用量，收率反而降低，反应规律和乙二醇丁醚为溶剂时类似。增大铵量，导致溶液碱性增强，丙烯醛容易在碱性体系中聚合损失，3-MP 收率降低。减少铵的量，丙烯醛和氨反应不充分，难以形成足量的中间体，减少 3-MP 的形成，收率也降低。

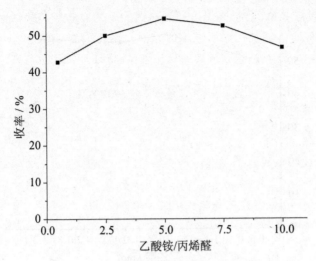

图 3.16　不同乙酸铵/丙烯醛比下 3-MP 收率

反应条件:110 g 乙酸为溶剂,0.025 mol 丙烯醛(8 wt%,丙烯醛/乙酸溶液,以 18.0 mL·h⁻¹的流速进料 1 h),1.0 g SO_4^{2-}/ZrO_2-HZ5 催化剂,设定温度 130 ℃,进料后保温 40 min

可见,在乙酸为溶剂时,乙酸铵的量对产物收率同样存在较大影响。乙酸、乙酸铵及乙酰胺形成缓冲体系,如式(3.1)所示。该反应能确保丙烯醛在弱酸性环境稳定存在,可减少丙烯醛聚合。同时,乙酸铵分解速率也能稳定,确保反应环境氨浓度合适且恒定。

$$CH_3CONH_2 + H_2O \Longrightarrow CH_3COONH_4 \Longrightarrow CH_3COOH + NH_3 \quad (3.1)$$

3.6.1.4　乙酸用量考察

不同乙酸用量下 3-MP 收率结果如图 3.17 所示。

由图 3.17 可知,随着乙酸用量的增加,3-MP 收率也随之增加,乙酸用量为 110 g(1.8 mol)时,3-MP 收率达到最大,为 55.58%。乙酸用量过低,丙烯醛容易聚合,收率降低。乙酸过量时,丙烯醛或亚胺中间体浓度降低,减少了 3-MP 的形成,因此,继续增加乙酸的用量,3-MP 收率反而降低。同时,乙酸量较大,乙酸铵分解平衡向左移动,分解的氨较少,生成的丙烯亚胺中间体减少,也会导致 3-MP 收率降低。但是,3-MP 收率降低幅度减小,主要是丙烯醛浓度降低,同时,会减少聚合反应的产生,从而有利于提高 3-MP 选择性。

3.6.1.5　进料流速考察

不同进料流速下反应 3-MP 收率结果如图 3.18 所示。

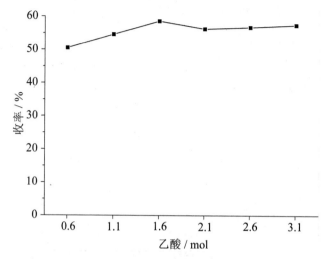

图 3.17　不同乙酸用量下 3-MP 收率

反应条件:乙酸为溶剂,0.025 mol 丙烯醛(8 wt% 丙烯醛/乙酸溶液,以 18.0 mL·h^{-1} 的流速进料 1 h),1.0 g SO$_4^{2-}$/ZrO$_2$-HZ5 催化剂,0.125 mol 乙酸铵,设定温度 130 ℃,进料后保温 40 min

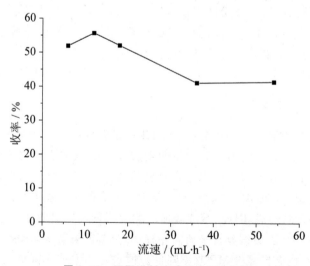

图 3.18　不同进料流速下 3-MP 收率

反应条件:110 g 乙酸为溶剂,0.025 mol 丙烯醛(8 wt% 丙烯醛/乙酸溶液,进料 1 h),1.0 g SO$_4^{2-}$/ZrO$_2$-HZ5 催化剂,0.125 mol 乙酸铵,设定温度 130 ℃,进料后保温 40 min

　　由图 3.18 可见,当流速为 12 mL·h^{-1} 时,3-MP 收率最大,达到 56%。

流速过大或过小都会降低 3-MP 收率,和以丙酸为溶剂时反应结果基本一致。进料过快,会导致丙烯醛来不及与氨接触反应,进入气相聚集,导致丙烯醛聚合,生成副产物。丙烯醛进料速度过慢,导致氨进入进料管,使丙烯醛来不及扩散就与氨接触,导致丙烯醛在进料管内聚合,降低 3-MP 收率。

反应液中不加乙酸铵时,进样前后丙烯醛损失率结果如表 3.10 所示。

表 3.10　丙烯醛空白试验

空白试验	流速/(mL·h⁻¹)	催化剂/g	进料量/g	检测量/g	损失量/g	损失率/%
1	12	1.0	1.33	1.04	0.29	21.8
2	54	1.0	3.22	3.02	0.20	6.2
3	12	无	1.30	1.01	0.29	22

由表 3.10 可知,丙烯醛在没有乙酸铵为氨源的情形下,存在一定量的损失,损失量约为 0.2~0.3 g,与催化剂存在与否关系不大。在低流速下,丙烯醛进料量较小,损失率相对较大;高流速时,进料量较大,损失率相对较低,可见,丙烯醛在反应温度下聚合并不严重。同时,除了丙烯醛聚合和残留损失外,丙烯醛的乙酸溶液中,可以检测到丙烯醛与乙酸反应形成的缩醛,如式(3.2)所示,可能是丙烯醛减少的另一原因。

$$CH_2=CH-CH=O+CH_3COOH \Longleftrightarrow CH_2=CH-CH(OH)-OOCCH_3$$

$$(3.2)$$

3.6.1.6　反应温度考察

将不同反应温度下反应 3-MP 收率结果如图 3.19 所示。

由图 3.19 可知,反应温度越高,3-MP 收率越高。当温度达到 130 ℃左右时,反应溶液处于回流状态,反应可以在液相和气相进行,即在液相未反应完全的丙烯醛可以在气相中继续反应或者与回流的乙酸混合,继续在液相反应,因而收率较高。同时,温度较低时,乙酸铵分解困难,氨量不足,丙烯醛反应不完全或聚合,3-MP 收率不高。同时,温度较低,丙烯醛活化困难,也会导致 3-MP 收率降低。该反应规律和乙二醇丁醚为溶剂时反应规律类似。

而由于在 130 ℃左右,乙酸处于沸腾状态,温度不能再升高,改用己酸为溶剂和磷酸铵为氨源反应,反应 3-MP 收率如表 3.11 所示。

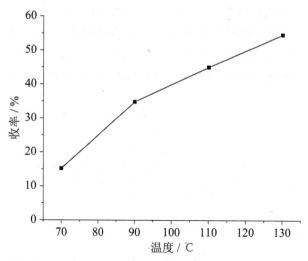

图 3.19 不同反应温度下 3-MP 收率

反应条件：110 g 乙酸为溶剂，0.025 mol 丙烯醛（8 wt% 丙烯醛/乙酸溶液，以 18.0 mL·h⁻¹ 的流速进料 1 h），1.0 g SO_4^{2-}/ZrO_2-HZ5 催化剂，0.25 mol 乙酸铵，设定温度 130 ℃，保温 40 min

表 3.11 以己酸为溶剂反应 3-MP 收率

氨源	温度/℃	3-MP 收率/%
磷酸铵	170	55.00
乙酸铵/磷酸铵＝3/1(mol)	170	29.26
乙酸铵	170	14.04
磷酸铵	130	49.44
乙酸铵	130	38.77

注：反应条件：110 g 己酸为溶剂，0.025 mol 丙烯醛（8 wt% 丙烯醛/乙酸溶液，以 12.0 mL·h⁻¹ 的流速进料 1.5 h），1.0 g SO_4^{2-}/ZrO_2-FeZ5 催化剂，0.25 mol 铵离子，保温 40 min。

由表 3.11 中数据可知，己酸为溶剂，在相同反应温度下，以磷酸铵为氨源时，3-MP 收率较高。主要是反应温度较高时，乙酸铵分解过快或过度脱水形成乙酰胺，导致氨量减少，3-MP 收率降低。且温度升到 170 ℃时，收率更低，进一步证明，高温对反应不利。而采用磷酸铵为氨源，温度升高至 170 ℃时却能提高 3-MP 收率，主要在于磷酸铵含有一定量的结晶水，高温下脱水不影响氨的分解。同时，磷酸铵可以和己酸发生中和反应，生成磷酸氢二铵或磷酸二氢铵，如式(3.3)所示。酸式铵盐分解温度提高，因此，高温下能继续稳定的释放氨,提供丙烯醛反应形成 3-MP。己酸为溶剂,磷酸铵为氨源,能达到 55％的 3-MP 收率,可见,溶剂-铵盐形成的缓冲体系在一定温度下才能表现出较好的反应效果。

$$C_5H_9COOH + (NH_4)_3PO_4 \rightleftharpoons C_5H_9COONH_4 + (NH_4)_2HPO_4 \rightleftharpoons$$
$$2C_5H_9COONH_4 + NH_4H_2PO_4 \tag{3.3}$$

3.6.1.7　进样时间考察

不同进样时间点下测得的 3-MP 收率结果如图 3.20 所示。

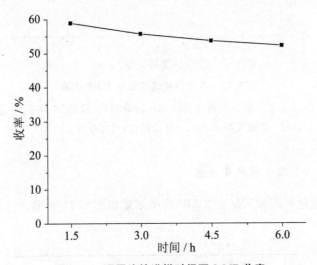

图 3.20　不同连续进样时间下 3-MP 收率

反应条件:110 g 乙酸为溶剂,0.025 mol 丙烯醛(8 wt％丙烯醛/乙酸溶液,以 12.0 mL·h^{-1}的流速进料),1.0 g SO$_4^{2-}$/ZrO$_2$-FeZ5 催化剂,每隔 1.5 h 加入 0.125 mol 乙酸铵,温度 130 ℃

由图 3.20 可知,随着时间的延长,反应 3-MP 收率降低,但是降低幅度不大。主要是因为随着时间延长,反应催化剂活性降低,且溶液中水量和 3-MP 增加,反应平衡向左移动,导致 3-MP 收率降低。

3.6.1.8　丙烯醛浓度考察

不同丙烯醛浓度下反应 3-MP 收率结果如图 3.21 所示。

由图 3.21 可知,低浓度时,随着丙烯醛浓度的升高,3-MP 略微升高,浓度为 14 wt％时 3-MP 收率达到 60.15％。高浓度下丙烯醛收率较低,主要是丙烯醛在高浓度时聚合严重,浓度达 20 wt％时,溶液放置一段时间即出现白色固体,而低浓度时没有观察到这一现象。

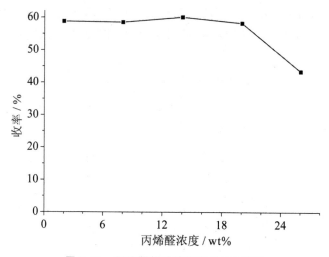

图 3.21　不同丙烯醛浓度下 3-MP 收率

反应条件：110 g 乙酸为溶剂，0.025 mol 丙烯醛（丙烯醛/乙酸溶液，进样 1.5 h），1.0 g SO_4^{2-}/ZrO_2-FeZ5 催化剂，0.125 mol 乙酸铵，设定温度 130 ℃

3.6.1.9　催化剂用量考察

不同催化剂用量下反应 3-MP 收率结果如图 3.22 所示。

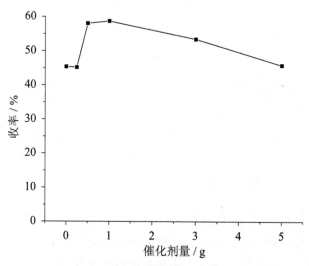

图 3.22　不同催化剂用量下 3-MP 收率

反应条件：110 g 乙酸为溶剂，0.025 mol 丙烯醛（8 wt% 丙烯醛/乙酸溶液，12.0 mL·h^{-1}进样 1.5 h），SO_4^{2-}/ZrO_2-FeZ5 催化剂，0.125 mol 乙酸铵，设定温度 130 ℃，保温 40 min

由图 3.22 可知,催化剂量较少或较多都会降低催化剂的催化效果。催化剂量少时,丙烯醛与催化剂接触时间减少,导致丙烯醛转化率较低。而催化剂量较多时,容易导致丙烯醛自身聚合,降低 3-MP 的选择性。催化剂用量为 0.5~1.0 g 时,催化效果最佳,3-MP 收率达 58% 左右。

3.6.2　催化剂考察及其他

3.6.2.1　催化剂组分的考察

不同催化剂制备 3-MP 收率结果如表 3.12 所示。

表 3.12　不同催化剂组分下 3-MP 收率

催化剂	HZSM-5	SO_4^{2-}/HZ5	ZrO_2-HZ5	SO_4^{2-}/ZrO_2-HZ5
收率/%	52.61	53.85	54.28	57.76
催化剂	FeZ5	SO_4^{2-}/FeZ5	ZrO_2-FeZ5	SO_4^{2-}/ZrO_2-FeZ5
收率/%	54.88	54.03	59.03	60.38

注:反应条件:110 g 乙酸为溶剂,0.025 mol 丙烯醛(8 wt% 丙烯醛/乙酸溶液,12.0 mL·h^{-1}进样 1.5 h),1.0 g 催化剂,0.125 mol 乙酸铵,设定温度 130 ℃,保温 40 min。

由表 3.12 中数据可知,不同催化剂的反应性能表现不同,但 3-MP 收率都保持在 50% 以上,其中使用 SO_4^{2-}/ZrO_2-FeZ5 催化剂时,3-MP 收率最高,达 60.38%。使用催化剂 ZrO_2-FeZ5 和 SO_4^{2-}/ZrO_2-HZ5 反应的 3-MP 收率也很高。结合表 3.12 可知,催化剂强酸中心能起到较好的催化剂作用,弱酸中心催化作用较小。同时,以 FeZSM-5 为载体的催化剂效果要好于以 HZSM-5 为载体的催化剂。

3.6.2.2　放大试验

将反应按一定比例放大后,反应 3-MP 收率结果如表 3.13 所示。

表 3.13　不同丙烯醛进料量下 3-MP 收率

放大倍数	丙烯醛/mol	溶剂/mol	铵盐量/mol	催化剂/g	进料时间/h	收率/%
3	0.075	5.4	0.375	3.0	4.5	60.71
6	0.15	10.8	0.75	6.0	9.0	63.88

注:反应条件:110 g 乙酸为溶剂,8 wt% 丙烯醛/乙酸溶液,进料流速为 12.0 mL·h^{-1},温度 130 ℃,保温 40 min。

由表 3.13 可知,反应放大后 3-MP 收率略有提高,最高可达 63.88%。可能是放大了进料初始阶段丙烯醛和溶剂的比例,减少了丙烯醛的聚合,提高了产物收率。进一步说明 3-MP 收率比较稳定,但是需进一步解决溶剂循环利用、生产效率较低和反应连续的问题,以便工业化生产。

3.6.3 副产物分析

反应 3-MP 收率最高只有 60% 左右,可见有 40% 左右的丙烯醛形成副产物,为了了解副产物结构,将产物溶液采用旋蒸仪将 3-MP 和乙酸等溶剂蒸发后,得到 SDY 液体,并将 SDY 液体用液相色谱分离得到 FL1 液体,用液质仪检测分别得液体的液质图如 3.23(FL1 液体)和图 3.24(SDY 液体)所示。

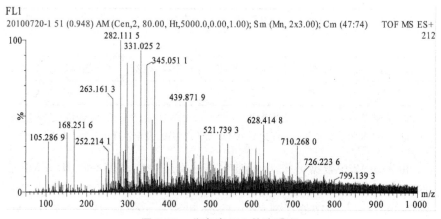

图 3.23　分离液 FL1 的液质图

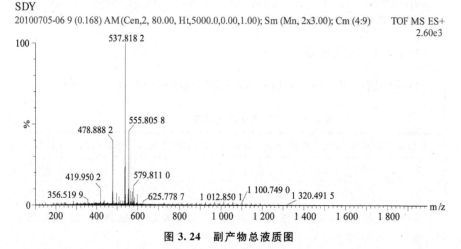

图 3.24　副产物总液质图

从图 3.23 可知液相色谱柱对副产物分离效果不是很好,从图中数量众多的分子谱峰可知副产物组分较多,较为复杂。在讨论分子量的基础上只需通过加水脱氨即可实现分子量 M+1 的平衡,因此无说明则默认谱图峰均为分子峰加以讨论。谱图 FL1 表明副产物分子量集中在 260~380,而丙烯醛分子量为 56,分子量为丙烯醛的 4~6 倍。在低于 200 的分子量处主要有 105,150 和 168 三个分子峰,相邻分子量之差分别为 55 和 18,分别与丙烯亚胺和水的分子量相对应,进一步证实反应存在丙烯亚胺中间体,其分子量为 56+17−18=55,可通过丙烯醛加氨脱水反应实现,如式(3.4)所示。在丙烯醛阻聚剂中存在对苯二酚,其分子量为 104,因此分子量 105 处的峰应为对苯二酚的 M+1 峰。

$$CH_2=CH=CH=O+NH_3 \Longrightarrow CH_2=CH=CH=NH+H_2O \quad (3.4)$$

在分子量为 200~400 时,主要分子量有 247、263、282、298、314、331、345、364 和 380,计算相邻分子量之差分别为 16、19、16、16、17、14、19 和 16。两分子丙烯醛分子量为 112,两分子丙烯醛和氨反应脱水为 3-MP(或其同分异构体),而 3-MP 分子量为 93,可见两者总分子量之差为 112−93=19,也相当于两分子水和一分子氨的分子量之差,即 18×2−17=19。三分子丙烯亚胺分子量之和为 165,一分子丙烯醛和 3-MP 分子量之和为 56+93=149,两者之差为 16,即相当于增加两分子氨,脱去一分子水,分子量为 17×2−18=16。两分子丙烯亚胺分子量为 110,刚好和 3-MP 分子量 93之差为 17,也相当于一分子氨。丙烯醛和氨能形成丙烯羟胺,分子量为 73,而乙酸和氨反应脱水形成乙酰胺,分子量为 60+17−18=59,两者分子量之差为 73−59=14,相当于增加一分子丙烯羟胺而脱去一分子乙酰胺。

从图 3.24 可以看到主要副产物分子量为 420、479、538 和 556,相邻分子量之差分别为 59、59 和 18,刚好为乙酰胺和水的分子量。判断各副产物分子量代表的原料组成如表 3.14 所示。

考虑反应物丙烯醛和乙酸的组成反应,并且反应过程中只能是加氨脱水的反应,即水分子量为负,氨分子量为正,且脱除或增加的分子数目不能超过丙烯醛和乙酸分子数之和,乙酸数目不超过丙烯醛数目,一般乙酸主要和醛基反应形成缩醛,且醛基较为活泼,因此,乙酸数目一般不超过两个。

表 3.14　副产物分子组成

名称	丙烯醛	乙酸	水	氨	相对含量/%
分子量	56	60	18	17	<5
168	3				<5

名称	丙烯醛	乙酸	水	氨	相对含量/%
247	4	1	−3	1	<5
263	4	1	−4	3	<5
282	4	1	−2	2	<5
298	6		−4	2	<5
314	6		−5	4	<5
331	6		−5	5	<5
345	5	2	−4	1	<5
364	5	2	−2		<5
380	5	2	−3	2	<5
420	6	2	−2		10
479	8		−3	5	50
538	8	1	−4	6	100
556	8	1	−3	6	50

由表中数据可知,乙酸在聚合物中的加入量不超过两个分子,当然还可能存在其他的组合形式,由于同为丙烯醛的聚合,只是聚合度之间的差异,不再详细讨论。根据汪宝和报道丙烯醛和乙酸的反应主要是醛基的亲核加成反应,醛基加入一分子乙酸时生成丙烯乙酸半缩醛,加入两分子时生成丙烯而乙酸缩醛。由此可见,在丙烯醛聚合过程中可能保留一个醛基,另一个醛基参与聚合,因此推测两分子丙烯醛之间,或丙烯醛与丙烯亚胺之间可以通过 Diels-Alder 反应发生成环聚合,见 Lucio T 的报道。根据图 3.27 可知,主要副产物分子量为 538,因此判断主要聚合度为 8,丙烯醛、丙烯亚胺、乙酸和乙酰胺均可能参与聚合,存在多种聚合产物。而丙烯亚胺与丙烯醛或丙烯亚胺缩聚反应可能如图 3.25 所示。

由图 3.25 可知,丙烯亚胺缩聚反应主要是通过极性原子之间相互吸引形成的。缩聚时,成键原子极性相同时难以成键,因此只观察到 3-MP 形成,而无 2-MP 和 4-MP。然而真实情形如何,还需详细分析副产物的结构和进一步的机理验证。

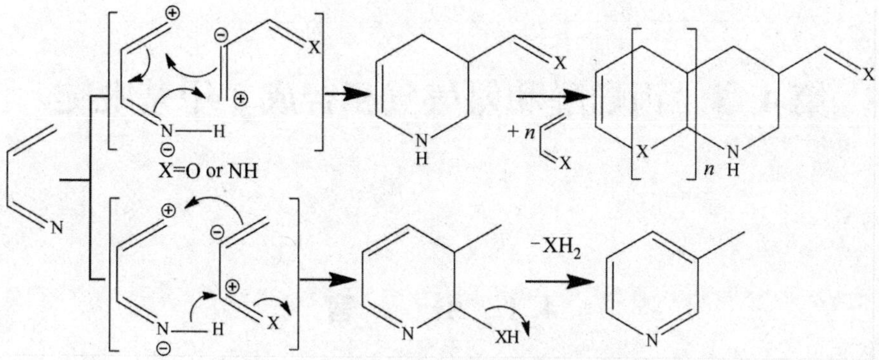

图 3.25　丙烯亚胺和丙烯醛的聚合反应

3.7　小　结

根据以上实验结果,总结如下:

(1)采用液相法利用丙烯醛和铵盐制备 3-MP 反应容易实现,在优化的反应条件下产物收率最高可达 60% 左右,初步具备了放大生产的条件,但还需进一步提高产物收率,降低溶剂和产物的分离成本,实现连续生产。

(2)选用 110 g 乙酸为溶剂,8% 的丙烯醛/乙酸溶液,0.125 mol 的乙酸铵,1.0 g 的 SO_4^{2-}/ZrO_2-FeZSM-5 为催化剂,12 mL·h^{-1} 的进料速度进料 1.5 h,在 130 ℃ 反应,可以得到最高的 60% 左右的 3-MP 收率;溶剂、铵盐和温度的选择要结合起来,避免氨在反应过程中过量或不足;稀释剂、丙烯醛浓度和进料速度要合适,减少反应之前的聚合损失;超强酸复合 SO_4^{2-}/ZrO_2-FeZ5 催化剂酸性较强,有利于低温脱水反应,催化效果较好;进料后反应时间对 3-MP 收率影响不大,证实丙烯醛较为活泼,反应速度较快。

(3)催化剂 SO_4^{2-}/ZrO_2-FeZ5 具有较超强酸的酸性能,又有足够的微孔孔道和表面积提供反应场所,提高了 3-MP 的产物收率。

(4)反应丙烯醛的损失主要是丙烯醛和反应中间体丙烯亚胺的多分子聚合造成的,聚合度主要在 6~8;反应溶剂乙酸和乙酸铵脱水形成的乙酰胺也会参与聚合过程形成副产物,因此,提高产物收率就是要降低和减少丙烯醛的聚合,提高 3-MP 的选择性。

第4章 丙烯醛和氨气气相合成 3-甲基吡啶

4.1 引　言

由于丙烯醛和铵盐液相法制备 3-MP 存在溶剂分离困难,铵盐易形成乙酰胺,产率低等问题,难以大规模化生产。而气相法容易实现连续化生产,适宜工业化,因而研究丙烯醛和氨气相法合成 3-MP 具有较现实的意义。根据丙烯醛反应形成等摩尔比的 Py 和 3-MP,丙烯醛价格为 1.2 万 $\cdot$ t^{-1},吡啶价格为 3.4 万 $\cdot$ t^{-1},3-MP 价格为 4.2 万 $\cdot$ t^{-1},由气相反应平衡原料成本推算吡啶碱收率为 41%。

目前,气相法主要有气相固定床法和气相流动床法。相比较而言,固定床法生产简单,成本较低,但是存在催化剂失活较快、结焦严重和管道堵塞等问题。一般采用通入氧、水、酮、醛、醇或环氧丙烷等办法减少催化剂的失活和管道堵塞,但是效果不佳,而且会带来丙烯醛氧化损失、聚合严重、产物复杂和分离困难等问题,同时,催化剂需要不断再生,以便于连续操作。气相流动床法可以有效的解决操作连续性的问题,但是需要催化剂具有较高的抗磨损性,且操作复杂,设备费用较高。目前专利报道的较好方法是通入丙烯醛与乙醛或丙醛混合物,并在带有催化剂再生装置的流动床反应器内进行反应,吡啶碱收率达 80% 左右,其中 3-MP 收率为 70% 以上。

丙烯醛气相法合成 3-MP 所用催化剂主要有 Al_2O_3-SiO_2,TiO_2 和 F-M-Al_2O_3 等,其中 F-M-Al_2O_3 催化剂表现出较好的催化活性,同时具有比表面积高、抗磨损和再生能力强等优点。HZSM-5 具有孔径均匀、水热稳定性好、酸性可调、同时具有 B 酸和 L 酸等特点,越来越多的作为催化载体应用于吡啶碱合成领域,但是存在寿命短和积碳迅速的缺点,没有报道将其用于丙烯醛法反应。通过 HF 和金属离子改性的高比表面 Al_2O_3 表现出较好的催化性能,因此预计 HF 和金属离子改性可以提高 HZSM-5 的催化剂性能。同时,由于其结构规整,酸性容易调变,有利于找到适合形成吡啶碱的催化结构和表面酸性质。

本章在固定床反应器上比较不同催化剂及其制备方法对催化剂性能的

影响,重点讨论了 HF 在不同条件下对 HZSM-5 载体结构和性质的影响,确定催化剂迅速失活的原因,延长催化剂寿命。同时,通过优化反应工艺条件,找到丙烯醛和氨气气相法合成吡啶和 3-甲基吡啶较佳的工艺条件。

4.2　试验准备和操作

4.2.1　反应装置

固定床实验用装置示意图如图 4.1 所示。

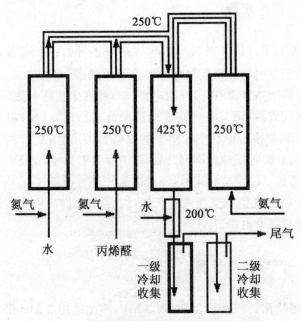

图 4.1　固定床丙烯醛和氨反应装置示意图

由于丙烯醛比较活泼,与氨气直接接触容易生成固体堵塞反应管道,需将丙烯醛和氨分别预热 250 ℃,并在反应床层混合。为了减少丙烯醛预热时的自聚,可以通入一定氮气与丙烯醛混合后再进入预热区。同时也可以通入另外一路水蒸气经预热后和丙烯醛混合再进入反应管。由于催化剂容易失活,导致丙烯醛转化率较低,未反应的丙烯醛聚合导致出料口堵塞。可以在出口再加一路高温水蒸气和未反应丙烯醛混合后进入冷却接收管,避免直接堵塞管道。

4.2.2　实验准备

实验准备工作如下:(1)装填好反应管,反应管由下至上依次为钢丝网、石英棉、催化剂+石英砂、石英棉;(2)按图 4.1 中示意图接好反应装置;(3)用堵头将各进液口及出料口堵死,进行气密性检查;(4)开总阀,各进气阀、出气阀,压力约 0.1 MPa,等内部压力平衡之后,关闭进气阀,观察压力表压力是否下降,流量计是否有流量,如果流量计无流量,压力表压力不下降,则表示装置气密性良好,可开始实验,否则说明管路有漏气,采用分段检测法,检测各个管路。

4.2.3　实验步骤

实验步骤如下:(1)通入 N_2 约 30 min,开始升温;(2)等温度升到设定温度之后,先用注射器分别吸取足量的水及丙烯醛,将其安装到注射泵上,设定好流量,将液路管道打开,开始进料;(3)将液体管路中液体手动进到 3 通处,打开氨气管路,调节氨气流量至设定值开始反应;(4)等反应平衡约 30～60 min 后,更换已称好空管质量的收集管,并记下此时的水和丙烯醛的进料量的值;(5)等反应时间到之后,取下收集管称重,记下此时水和丙烯醛的进料量的值;(6)反应结束后,停止进氨气改为进氮气,将丙烯醛管路换成水进料,并将氮气换成空气或者氧气,约 30 min;(7)停止液体和气体进料,关闭气体总阀及电源。

4.2.4　产物收率计算

由于色谱检测到产物只含 Py 和 3-MP,因此选用 2-MP 作为内标物确定 Py 和 3-MP 含量。3-MP 相对 2-MP 的校正因子为 $f_{\text{3-MP/2-MP}}$,实际测量为 1.022,同理可得吡啶相对 2-MP 的相对校正因子 $f_{\text{PY/2-MP}}$ 为 0.999。

根据气相色谱检测峰面积 A_i 和内标标样峰面积 A_s 与内标物浓度 C_s,3-MP 相对 2-MP 的校正因子为 $f_{\text{3-MP/2-MP}}$,分析样产物质量由公式 $M_i = f_i \times M_s \times A_i / A_s$ 可得,其浓度产物样品与分析样一致,由公式 $C_i = M_i / M_F \times 100\%$(其中 M_F 为所取少量分析样品的质量)得到,由此可得反应后产物中组分质量 $m_i = M_Y \times C_i$,(M_Y 为所取得产物总质量),再根据进料量和反应计量比来计算产物收率,具体参照第 3 章 3.2.6 内容。

4.3　催化剂制备及表征

4.3.1　催化剂制备

4.3.1.1　催化剂 HF/MgZSM-5 制备

催化剂 HF/MgZSM-5（HF/MgZ5）的制备过程如下：（1）配制 0.62 mol·L^{-1} 的硝酸镁溶液，取 97 mL 并向其中加入 3 mL 硝酸；（2）向 100 mL 硝酸镁溶液中加入 130 g 载体 HZSM-5，在 100 ℃ 条件下搅拌回流 8 h 后直接干燥；（3）将干燥后固体加入 100 mL，0.62 mol·L^{-1} 的 NH$_4$HF$_2$ 溶液中（3.56 g），在 100 ℃ 下搅拌回流 12 h 后干燥；（4）于 700 ℃ 马弗炉中焙烧 4 h，通入空气。

根据制备步骤，不加镁时制得 HF/HZSM-5（HF/HZ5）催化剂，不加 HF 时制得 MgZSM-5，加镁和加 F 两个步骤同时存在时，制得 HF/MgZ5 催化剂。同时保持 Mg/F=1/2，改变 MgF$_2$ 的负载量（1%、3%、5%、7%、9%，Si/Al=75，700 ℃），载体 HZSM-5 的硅铝比（25、50、75、120 和 360，3% MgF$_2$，700 ℃）和焙烧温度（500 ℃、600 ℃、700 ℃、800 ℃、900 ℃，3% MgF$_2$，Si/Al=25）制得 HF/MgZ5 催化剂。

将 Mg 用 Fe 元素取代，保持摩尔量不变，且 Fe/F=1/3 mol，用同样的方法制备 Fe-ZSM-5 催化剂和 HF/FeZSM-5（HF/FeZ5）催化剂。以 NaZSM-5 催化剂为载体，将 Fe(NO$_3$)$_3$ 用同样的方法负载，得到 Fe-NaZSM-5 催化剂。改用高岭土和氧化铝取代 HZSM-5 可以得到 HF/Mg-gaolin 和 HF/Mg-Al$_2$O$_3$ 催化剂。

4.3.1.2　催化剂 HF/HZ5 制备

催化剂 HF/HZ5 的制备：（1）将 5.0 g HZSM-5 加入 100 mL 水溶液中，然后加入一定体积的 25 wt% HF，在一定温度下搅拌回流 12 h 后干燥；（2）于 550 ℃ 马弗炉中通入空气焙烧 6 h，冷却后得到催化剂 HF/HZ5；（3）改变制备温度（40 ℃、60 ℃、80 ℃ 和 100 ℃，Si/Al=75，0.75 mL HF）、HZSM-5 的硅铝比（25、50、75、120 和 360，0.75 mL HF，100 ℃）以及加入 HF 的体积（0.25 mL、0.5 mL、0.75 mL 和 1.0 mL，或 0.05 mL·g^{-1}、0.1 mL·g^{-1}、0.15 mL·g^{-1} 和 0.2 mL·g^{-1} HZSM-5，Si/Al=25，100 ℃）得到不同制备条件下的 HF/HZSM-5 催化剂。

按照金属和氟元素摩尔比为 1/2 加入 F 元素处理 Al_2O_3 和 TiO_2，烘干焙烧后分别得到 HF/Al_2O_3 催化剂和 HF/TiO_2 催化剂。

4.3.2　催化剂的 XRD 表征

4.3.2.1　不同步骤制备催化剂的 XRD 表征

选用硅铝比为 25 的 HZSM-5 为载体，根据合成催化剂 HF/MgZ5 的制备条件，选取不同的制备步骤得到 MgZSM-5 催化剂、HF/HZ5 催化剂和 HF/MgZ5 催化剂，比较催化剂和 HZSM-5 载体的 XRD 图，如图 4.2 所示。

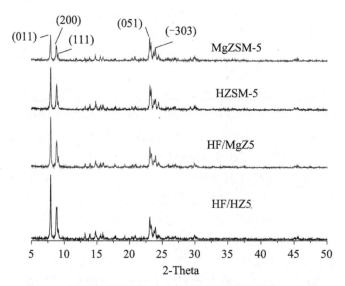

图 4.2　不同制备步骤下合成 HF/MgZ5 催化剂的 XRD 图

由图 4.2 可知，在合成 HF/MgZ5 催化过程中催化剂基本保持 HZSM-5 的晶体结构不变，可见 HZSM-5 的耐酸腐蚀性和水热稳定性较好，镁在载体上的分布也较均匀。但是，经过负载 Mg 或者 HF 溶液后，HZSM-5 载体晶面发生不同程度的变化。并将各晶面相关参数汇总如表 4.1 所示。

通过峰强比和峰宽的数值变化，催化剂 MgZSM-5 和 HZSM-5 相比较，以晶面（011）为基准，晶面（111）峰和晶面（200）峰强增强，2-Theta 值略微变小，d 值增加，即晶面间距加大。由此判断镁进入 HZSM-5 孔道内，导致孔径变大，晶面间距加大。没有检测到明显氧化镁特征峰，可见镁均匀分散在 HZSM-5 载体孔道内或 HZSM-5 的活性离子交换位上。从晶面（051）峰和晶面（－303）峰可以看出，峰强度和晶面间距变化表现出相同趋势，峰强的增强说明峰面处晶体发生再生长，可能源于硝酸镁溶液中加入了少量硝酸，导致 HZSM-5 载体部分硅铝溶解，在晶面能较高的位置继续生长。

　　通过峰强比和峰宽的数值变化，催化剂 HF/HZ5 和 HZSM-5 相比较，以晶面(011)为基准，晶面(111)峰、晶面(051)峰和晶面(−303)峰强略微降低，晶面(200)峰强基本不变，而各晶面处的 2-Theta 值和 d 值基本保持不变，略微加大了晶面间距，可见 HF 的主要作用不是改变 HZSM-5 载体孔径和晶面间距，而是腐蚀部分晶体，一般认为 HF 可以脱除 HZSM-5 载体的部分铝和硅，导致晶体部分晶面取向发生变化。由于加入 HF 的量较少，HZSM-5 载体稳定性较强，因此 HF 对 HZSM-5 载体腐蚀性很弱，HZSM-5 仍保持原晶体结构不变。Ashim K G 和 Xia Z 同样发现 HF 处理后的 HZSM-5 分子筛晶体晶型基本保持不变，认为 HF 主要是腐蚀晶体颗粒之间和孔道内的无定型物质，可以使晶面间距略微降低。

　　通过峰强比和峰宽的数值变化，催化剂 HF/MgZ5 和催化剂 MgZSM-5 相比较，以晶面(011)为基准，晶面(111)峰、晶面(200)峰、晶面(051)峰和晶面(−303)峰强均有降低，而各晶面处的 2-Theta 值和 d 值基本保持不变，即 HF 对 MgZSM-5 和 HZSM-5 的影响基本相同，并没有明显改变催化剂 MgZSM-5 的晶面间距，说明镁主要存在于载体 HZSM-5 孔道内。通过催化剂 HF/MgZ5 和催化剂 HF/HZSM-5 比较，发现 HF/HZ5 在晶面(111)峰、晶面(051)峰和晶面(−303)峰强较弱，在晶面(200)峰强略微降低，可见 HF 对载体 HZSM-5 的腐蚀性要比催化剂 MgZSM-5 严重，导致各峰面相对强度降低。同时，说明 Mg 的加入可以提高载体的抗腐蚀性，即可能部分 HF 可以和先加入孔道内的 Mg 形成 MgF_2，以减少对 HZSM-5 载体的腐蚀。由于并没有检测到明显的 MgF_2 峰，且腐蚀强度存在较明显的差异，说明有相当一部分的 HF 与 Mg 结合形成 MgF_2，但是由于分散均匀，因此无 MgF_2 峰。总的来说，催化剂 HF/MgZ5 和 HZSM-5 载体比较，晶面间距加大且峰强变小，因此推测可能有部分 Al-F 存在。

表 4.1　不同制备步骤下合成 HF/MgZ5 催化剂的 XRD 数据

催化剂	2-Theta	d 值/Å	强度	强度比/%	h,l,k
HZSM-5	7.94	11.125 7	357	100	0,1,1
	8.859	9.973 3	192	53.8	2,0,0
	9.098	9.711 9	53	14.8	1,1,1
	23.099	3.847 3	198	55.5	0,5,1
	23.939	3.714 1	84	23.5	−3,0,3

续表

催化剂	2-Theta	d 值/Å	强度	强度比/%	h,l,k
MgZSM-5	7.921	11.152 1	305	100	0,1,1
	8.784	10.059	172	56.4	2,0,0
	9.075	9.737	75	24.6	1,1,1
	23.043	3.856 4	275	90.2	0,5,1
	23.938	3.714 3	146	47.9	−3,0,3
HF/HZ5	7.938	11.128 3	763	100	0,1,1
	8.802	10.037 6	360	47.2	2,0,0
	9.08	9.731	115	15.1	1,1,1
	23.098	3.847 4	263	34.5	0,5,1
	23.942	3.713 8	139	18.2	−3,0,3
HF/MgZ5	7.919	11.155 6	468	100	0,1,1
	8.78	10.063	206	44	2,0,0
	9.064	9.748 3	94	20.1	1,1,1
	23.041	3.856 8	229	48.9	0,5,1
	23.921	3.716 9	138	29.5	−3,0,3

4.3.2.2 催化剂 HF/HZ5 的 XRD 表征

表征在不同温度下得到 HF/HZ5 催化剂的 XRD 图,如图 4.3 所示。

可以明显看出晶面(011)峰、晶面(200)峰和晶面(051)峰峰强变化较大,即峰强越强,峰变化越明显,由此可判断,HF 的作用主要腐蚀晶面突出、表面能量较高的部位,符合一般腐蚀规律和能量最低原理。Iwasaki A 通过 NaOH 对晶体腐蚀时的长、宽和厚度的腐蚀速率发现在长度方向腐蚀最快,并且在 HF 处理的晶体上观察到类似的现象。

比较峰强可以看出,加入 HF 导致晶面(051)峰强降低,而晶面(011)峰和晶面(200)峰强增加,而且晶面(200)峰强增加较强,晶面生长较快,可见 HF 对 HZSM-5 的作用主要体现在对某一晶面(051)硅铝的溶解和腐蚀,同时,又使硅铝沿着其他晶面(011)和晶面(200)继续生长。

将 HF/HZ5 催化剂和 HZSM-5 各晶面(111)峰、晶面(200)峰、晶面(051)峰、晶面(−303)峰各峰峰强和晶面(011)峰强相比,比值结果如图4.4 所示。

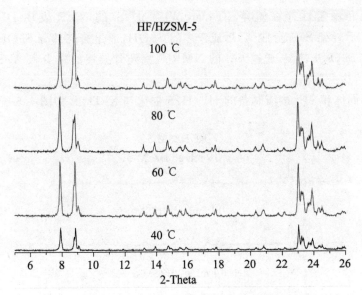

图 4.3　不同处理温度下 HF/HZ5 催化剂的 XRD 图

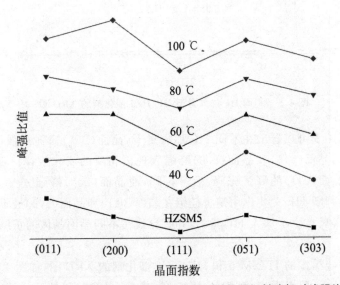

图 4.4　不同处理温度下 HF/HZ5 催化剂不同晶面衍射峰相对峰强比值

　　从图 4.4 可知,在不同温度下,晶面(200)峰强和晶面(051)峰强比值的变化较大,随着温度的升高,晶面(200)峰强比值先降低后升高,而晶面(051)峰强比值先升高后降低再趋于稳定。可见在低于 80 ℃条件下,升高温度容易使晶面(200)硅铝溶解在晶面(011)处生长;在 100 ℃条件下,晶面(011)处溶解硅铝在晶面(200)生长,可见不同温度下,晶体不同晶面骨架腐蚀速率和稳定性存在差异。Yanan W 通过[29]Si 的 NMR 发现 HF 处理 ZSM-5 后骨架 Si 部分脱落,形成较多的 Si-OH,通过焙烧部分 Si-OH 又脱水形成 Si-O-Si 骨架,通过[27]Al 的 NMR 观察到骨架铝的减少和 Al-F 的形成,支持这一判断。

不同体积 HF 溶液制备的 HF/HZ5 催化剂 XRD 图,如图 4.5 所示。

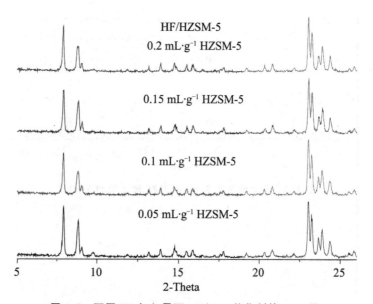

图 4.5　不同 HF 加入量下 HF/HZ5 催化剂的 XRD 图

从图 4.5 可以看出在不同 HF 加入量下,晶面(051)峰强最强,基本保持不变,而晶面(011)和晶面(200)峰强表现出相反的变化规律。随着 HF 的增加,晶面(011)的峰强先降、后升再降,而晶面(200)峰强先升、后降再升,因此,判断 HF 主要作用是将硅铝在晶面(011)和晶面(200)处不断溶解和再生长,只是由于加入 HF 量的不同,导致在不同晶面晶体的重结晶度不同而已。

不同硅铝比的 HZSM-5 和 HF/HZ5 催化剂的 XRD 图,如图 4.6 所示

从图 4.6 可以看出,硅铝比为 25 时,使晶面(200)和晶面(051)峰强相对强度增加;硅铝比为 50 和 100 时,(051)晶面峰强相对强度增加;而硅铝比为 360 时,(011)晶面峰强度明显减小,而(200)晶面峰强度明显增加。可见,硅铝比不同,导致各晶面的能量不同,因此 HF 腐蚀溶解硅铝的晶面就不同,不同晶面的峰强发生不同的变化。2-Theta 较低,晶面间距较大,HF 更容易进入晶体内部,峰强明显减弱。特别是硅铝比较高和较低时,变化较为明显;硅铝比较低时,骨架结构稳定性较差,HF 腐蚀容易;硅铝比较高

时,Al 中心较少,每个 Al 中心聚集的 HF 较多,Al 也容易被溶解。并判断 Al 为主要的被腐蚀位,容易形成结构缺陷。

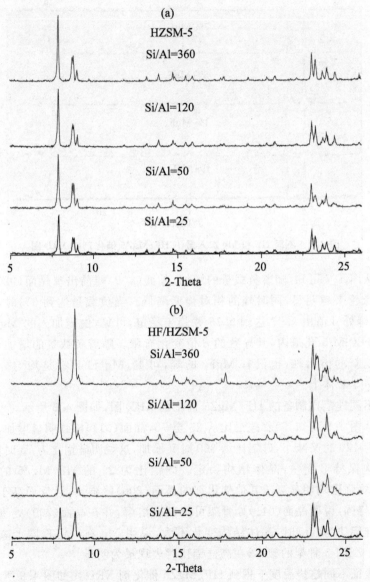

图 4.6　不同硅铝比下(a)HZSM-5 载体和(b)HF/HZ5 催化剂的 XRD 图

4.3.2.3　不同制备条件下催化剂 HF /MgZ5 的 XRD 表征

表征不同 MgF$_2$ 负载量制备的 HF/MgZ5 催化剂 XRD 图如图 4.7 所示。

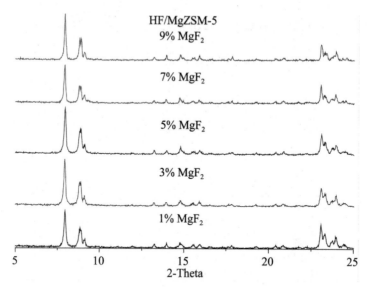

图 4.7 不同 HF 和 Mg 加入量下 HF/MgZ5 催化剂的 XRD 图

从图 4.7 可知,随着负载量的增加,晶面(200)峰前出现晶面(020)峰,两个峰越来越明显,同时峰的相对强度降低。当负载量达到 3% 时,晶面(200)峰处 d 值由 9.67 达到 9.75 并趋于稳定,可见,由于加入的 Mg 主要进入 HZSM-5 孔道内,其导致的 d 值变化有限。随着负载量的增加,并没有出现新的衍射峰,也没有 MgF_2 的峰,可见,Mg 和 F 都是均匀分散在 HZSM-5 载体上。

不同硅铝比制备的 HF/MgZ5 催化剂 XRD 图,如图 4.8 所示。

从图 4.8 可知,随着硅铝比从 25 至 75,晶面(011)峰强明显增加,在硅铝比为 120 时又减小,硅铝比为 360 时又增加,这说明硅铝比为 75 时,分子筛结构保持最完整,晶体结构稳定。硅铝比为 25 的 HF/MgZ5 的晶面(200)峰强度均明显高于其他催化剂的晶面(200)峰强度,且反而高于晶面(011)峰强,说明晶面(011)处骨架可能部分溶解,并在晶面(200)处重新生长。硅铝比为 360 时,晶体结构变化不大,说明 Mg 在一定程度上减轻了 HF 对 ZSM-5 骨架的破坏,在高硅铝比时表现最为明显。

表征不同焙烧温度下得到 HF/MgZ5 催化剂 XRD 图如图 4.9 所示。

从图 4.9 可以看出,在不同焙烧温度下的催化剂晶体结构较为完整,晶型较好,可见催化剂的高温稳定性较好,焙烧温度对催化剂晶型影响较小。Yanan W 在 400~900 ℃ 使用不同温度焙烧时,也没有观察到 XRD 图出现明显的变化。

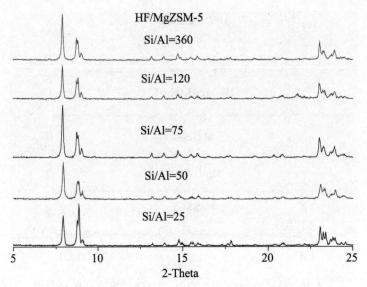

图 4.8　不同硅铝比下 HF/MgZ5 催化剂的 XRD 图

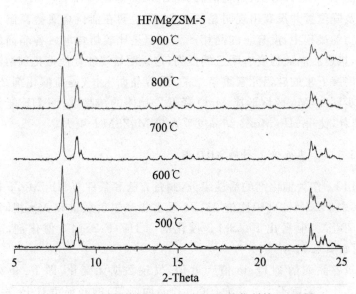

图 4.9　不同焙烧温度下 HF/MgZ5 催化剂的 XRD 图

　　在制备 MgZSM-5 催化剂(焙烧前记为 Mg-HZSM-5)和 HF/MgZ5 催化剂(MgF$_2$ 负载量为 3%,硅铝比为 25,焙烧温度 700 ℃)过程中,分别考察了焙烧前后的 XRD 图,如图 4.10 所示。

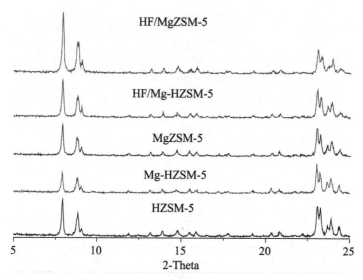

图 4.10　催化剂 MgZSM-5 和 HF/MgZ5 焙烧前后的 XRD 图

从图 4.10 可以看出，焙烧前后 MgZSM-5 催化剂和 HF/MgZ5 催化剂的晶型及峰位置并没有出现明显的变化，这说明在活性金属盐高温分解形成氧化物的过程中，没有新的晶相产生。但是比较焙烧前后各晶面的峰强度发现，焙烧后晶面强度有明显的提高，这说明焙烧能促使催化剂溶液处理过程中溶解下来的硅铝元素重新结晶，沿着晶面生长，提高催化剂结晶度。并进一步证实，Mg 改性形成 MgO 降低了晶体的结晶度，而 HF 能部分和MgO 结合，使得 HF/MgZ5 结晶度反而较 MgZSM-5 更大。

4.3.2.4　其他催化剂的 XRD 图

选用 Fe 作为催化剂的活性组分，制备方法和条件与 HF/MgZ5 催化剂相同，其中 HZSM-5 硅铝比为 25，Fe 元素的摩尔负载量和 Mg 相同，焙烧温度为 700 ℃，制备出 FeZSM-5 催化剂和 HF/FeZSM-5 催化剂，表征其XRD 图如图 4.11 所示。

比较各晶面的 2-Theta 值和 d 值，发现数据无变化，即 Fe 负载后对HZSM-5 孔径影响不大。晶面(200)和晶面(011)的峰强负载 Fe 后变弱，可能是由于负载 Fe 时加入的硝酸和 Fe 水解的影响，导致部分硅铝溶解。加入 HF 后晶面(200)和晶面(011)的峰强又变大，可见 HF 对 FeZSM-5 的处理可以促进溶解下来的硅铝重结晶，并且是沿着 HZSM-5 晶体的结构位缺陷生长。这可能是因为 F 能与 Fe 形成 FeF_3，减少了 Fe 水解产生的酸，从而降低了酸对 HZSM-5 结构的破坏，使硅铝重新结晶生长。

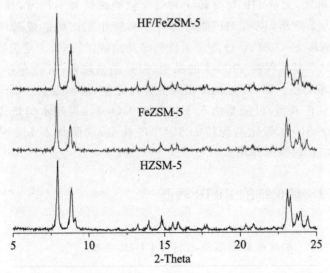

图 4.11 催化剂 FeZSM-5 和 HF/FeZ5 催化剂的 XRD 图

选用硅钨酸、Fe 负载 NaZSM-5，Mg 和 F 负载高岭土和 Al$_2$O$_3$、HF 处理 TiO$_2$ 和 Al$_2$O$_3$ 制备了不同类型的催化剂，其 XRD 图表征如图 4.12 所示。

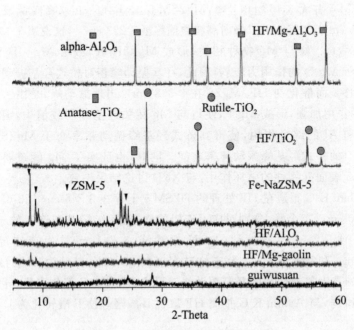

图 4.12 不同类型催化剂的 XRD 图

由图可知，大量 HF 对高岭土和氧化铝的腐蚀较为严重，晶型峰强很弱，基本为无定形，说明 HF 能对高岭土和氧化铝结构造成破坏，过量的 HF 可以破坏 Si-O 和 Al-O 等。而硅钨酸晶型峰强较弱，无定形物质居多。Fe-NaZSM-5 基本保持 ZSM-5 的晶型，但是晶型较差，可能存在部分氧化铁的无定型物质。而 TiO_2 的晶型保持较为完整，基本为金红石形态，出现微弱的锐钛矿晶型，可能是由于 HF 腐蚀 TiO_2 后，再经水解焙烧产生的。而 HF/Mg-Al_2O_3 催化剂保持 α-Al_2O_3 的晶型，说明加入 Mg 时，能减弱 HF 对 Al_2O_3 的腐蚀作用。

4.3.3　催化剂的 FT-IR 表征

4.3.3.1　不同步骤制备催化剂的 FT-IR 表征

表征 HZ5、MgZ5、HF/HZ5 和 HF/MgZ5 催化剂的 FT-IR 图如图 4.13 所示。

如图 4.13(a)所示，催化剂 HF/HZ5 的 IR 谱图出现三个波峰，分别为 3 648 cm^{-1}、3 468 cm^{-1}和 3 203 cm^{-1}，没有观察到 3 750 cm^{-1}的端 Si 羟基峰，其中，3 648 cm^{-1}处的峰为铝羟基伸缩振动峰，其他两个峰为桥式羟基峰。而 HZSM-5 并无 3 468 cm^{-1}峰，MgZSM-5 上 3 468 cm^{-1}峰向低波数偏移至 3 435 cm^{-1}，3 203 cm^{-1}峰向高波数偏移至 3 237 cm^{-1}，这说明 3 435 cm^{-1}和 3 237 cm^{-1}峰与 Mg 物种相关，形成 Mg-OH 峰，或者 Mg-OH-Si 羟基峰。由于 Mg-O 的作用力较弱，因此，羟基振动峰相对桥式羟基振动峰向高波数偏移。而催化剂 HF/MgZ5 在 3 368 cm^{-1}出现振动峰，是由于 HF 对 MgO 的作用加强，形成 Mg-F，使得与 Mg 相关羟基减弱或消失，但由于 F 对 Mg 和 Al 的综合作用，使得其桥式羟基峰振动频率介于 MgZSM-5 和 HZSM-5 的桥式羟基峰振动频率之间。同时，也证实了 Mg 能减弱 HF 对 HZSM-5 表面硅物种的破坏作用，与 XRD 讨论结果一致。

Ashim K G 报道在 HF 处理的 HZSM-5 上存在 3 746 cm^{-1}、3 690 cm^{-1}和 3 610 cm^{-1}三个峰，分别对应不连铝的硅羟基、铝羟基和连铝的硅羟基。Sharon M 总结了不同类型的 OH 振动峰，3 741 cm^{-1}为端硅羟基峰，3 691 cm^{-1}和 3 654 cm^{-1}为连位硅羟基峰，3 600 cm^{-1}为 B 酸羟基峰，3 400 cm^{-1}为氢键作用的羟基振动峰。可见，羟基被 F 部分取代，导致羟基振动峰减弱，与 Ashim K G 推测 HF 取代 B 酸羟基使 B 酸转化为 L 酸的结果一致。

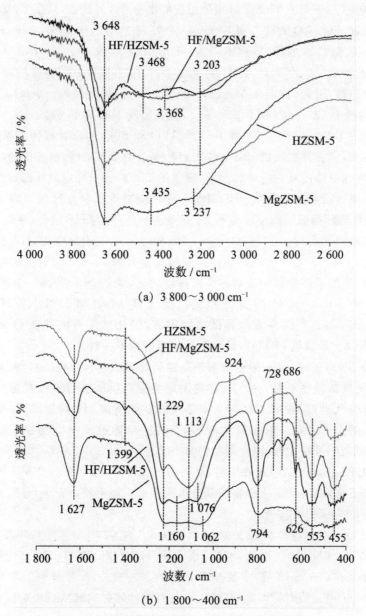

(a) 3 800～3 000 cm⁻¹

(b) 1 800～400 cm⁻¹

图 4.13　不同制备步骤下合成催化剂的 FT-IR 图

由图 4.13(b)可知,1 627 cm⁻¹ 为晶格水的振动峰,催化剂 HF/HZ5 还存在 1 399 cm⁻¹ 峰,推测其为与 F 相关的峰,而 HF/MgZ5 上无此峰,证明不是 Mg-F 的峰。Altshuler S 报道 SiF$_n$ 的振动峰为 900～1 000 cm⁻¹ 区间,说明不是 Si-F 峰。Wolfgang K 报道 Al-F 的振动峰为 610～670 cm⁻¹

区间，排除 Al-F 峰。Yilmaz M 报道铝硅氟化物的红外光谱，只在 1 230 cm⁻¹ 附近发现 SiO_x-LO 的峰。而 Kurzweil P 发现 1 380 cm⁻¹ 和 1 390 cm⁻¹ 分别为 B-F 和 C-N 的峰，显然不可能。Drouiche N 发现 1 382 cm⁻¹ 处存在 Al-H 的振动峰。由于 F⁻ 对 H 的吸电子作用，使得 Al-H 键键能加强，向高波数偏移，因此，推测 1 399 cm⁻¹ 峰为 Al-HF 的振动峰。Seref K 发现 Si-H 的峰为 635 cm⁻¹ 和 2 125 cm⁻¹，因此也就不是 Si-H 峰。

谱图 1 250～920 cm⁻¹ 为 T-O 即 Al-O 和 Si-O 的反对称伸缩振动峰，从图可知，主要存在 1 229 cm⁻¹ 和 1 113 cm⁻¹ 两个振动峰，前者振动峰频率高，为内四面体的反对称伸缩振动，低频的 1 113 cm⁻¹ 峰应为外部键合的反对称伸缩振动峰。催化剂 HF/MgZ5 和 HZSM-5 只存在这两个峰，可见，HF 对骨架硅铝振动频率改变不大，主要是 MgO 先与 HF 结合，降低了 HF 对骨架硅铝的腐蚀。但是，1113 cm⁻¹ 峰相对强度比明显增加，HF 会先腐蚀 MgO 物种，但是 Mg 的存在使得骨架稳定性减弱，HF 对骨架的腐蚀作用增加，增加了四面体的反对称伸缩振动强度，说明 Si-O-Si 在一定程度上减少，与 HF 对 Si-O 的腐蚀相关。催化剂 MgZSM-5 和 HF/HZ5 的 1 113 cm⁻¹ 峰分别向高波数和低波数偏移，因此推测可能存在 O-Si-X 和 O-Al-X（X＝F 或者 O-Mg），导致不对称峰偏移不一致。

谱图 924 cm⁻¹ 峰一般被认为是杂原子峰，HZSM-5 存在一定的杂原子峰，说明其结晶度不好，存在一定的无定型物质沉积在骨架或孔道内。而 HF/HZ5 无此峰，说明 HZSM-5 中存在的杂原子被 HF 腐蚀溶解，符合前述 HF 的作用过程。催化剂 MgZSM-5 的振动峰最强，Mg 增加了杂原子数，使得杂原子峰加强，因此判断部分 Mg 进入 HZSM-5 的活性交换位置。HF/MgZ5 在此处的吸收峰较弱，说明 HF 虽然将 MgO 和 HZSM-5 的杂原子溶解下来，但溶解下来的物质部分沉积在表面或溶解不完全，导致其仍存在一定的杂原子吸收峰。

794 cm⁻¹ 为对称伸缩振动峰，553 cm⁻¹ 和 626 cm⁻¹ 为双环振动峰，455 cm⁻¹ 为四面体变形振动峰。催化剂 HF/HZ5 和 HF/MgZ5 还存在 728 cm⁻¹ 和 686 cm⁻¹ 峰，主要与 F 物种的加入相关，推测分别为与 O-Si-F 和 O-Al-F 相关的对称伸缩振动峰，与反对称伸缩振动峰结果相对应。

4.3.3.2 不同制备条件的 HF/HZ5 催化剂的 FT-IR 表征

表征在不同温度下 HF 处理制备的 HF/HZ5 催化剂的 FT-IR 图如图 4.14 所示。

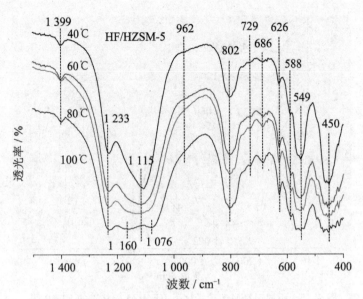

图 4.14　不同处理温度下 HF/HZ5 催化剂的 FT-IR 图

由图 4.14 可知,HF 不同温度处理的 HF/HZ5 催化剂红外光谱图振动峰的峰位置基本一致,但 100 ℃下催化剂在 1 160 cm^{-1}和 1 076 cm^{-1}处出现新的骨架反对称伸缩峰,应是 HF 引起的振动峰偏移,并证实高温时,HF 对骨架的影响较大,可能导致部分骨架坍塌。另外,随着温度升高,1 115 cm^{-1}处峰向高波数偏移,可能是部分骨架 Al 脱落,被新的 Si 取代形成更强的振动峰。辛勤等认为,1 050～1 150 cm^{-1}峰为外部键合的反对称伸缩振动峰,与推测结果吻合。同时高温时,催化剂在 962 cm^{-1}峰处存在较为明显的吸收强度,可能在骨架上存在较多的杂原子缺陷。

反对称伸缩振动峰 802 cm^{-1}、729 cm^{-1}、686 cm^{-1}、626 cm^{-1}、588 cm^{-1}和 549 cm^{-1}位置基本一致,说明催化剂存在类似的表面基团。共存在六个反对称伸缩振动峰,罗渝然报道,键能大小为 SiO-O(454 kJ·mol^{-1})＞SiO-F (131 kJ·mol^{-1}),SiF-O(760 kJ·mol^{-1})＞SiF-F(671 kJ·mol^{-1}),SiF-F (671 kJ·mol^{-1})＞AlF-F(508 kJ·mol^{-1}),AlF-O(565 kJ·mol^{-1})＞AlF-F(508 kJ·mol^{-1}),AlO-F(728 kJ·mol^{-1})＞AlO-O(402 kJ·mol^{-1}),因此,推测可能分别与 O-Si-O、O-Si-F、F-Si-F、F-Al-O、F-Al-F 和 O-Al-O 相关。

表征在不同硅铝比下制备的 HF/HZ5 催化剂的 FT-IR 图如图 4.15 所示。

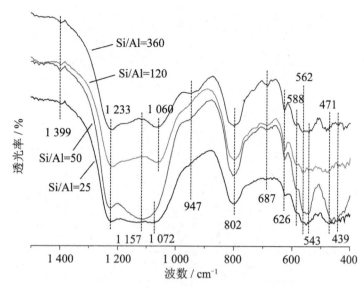

图 4.15 不同 HZSM-5 硅铝比下 HF/HZ5 催化剂的 FT-IR 图

由图 4.15 可知，硅铝比为 50 时，外部键合反对称伸缩振动峰在 $1\ 157\ cm^{-1}$；硅铝比为 25 时，振动峰 $1\ 072\ cm^{-1}$ 同时出现；硅铝比为 100 和 360 时，振动峰在 $1\ 060\ cm^{-1}$ 附近，此峰由向低频方向偏移的趋势。硅铝比为 25 时，由于硅铝比较低，可能存在较多的 O-Al-O 键，骨架稳定性变差，使得 HF 形成更多的 Al-F。硅铝比较高时，更多地同时在 Al-O 附近作用，形成 $Al-F_n$，出现更多的反对称峰，谱峰偏移更多。到硅铝比为 50 时，$450\ cm^{-1}$ 和 $550\ cm^{-1}$ 峰振动峰明显较强，这进一步说明硅铝比较低或较高时，HZSM-5 结构被破坏更严重。

表征不同 HF 加入量下制备的 HF/HZ5 催化剂的 FT-IR 图如图 4.16 所示。

由图 4.16 可知，当 HF 加入量为 $0.15\ mL \cdot g^{-1}$ 时，$1\ 115\ cm^{-1}$ 峰偏移至 $1\ 072\ cm^{-1}$；随着 HF 用量增加，$1\ 115\ cm^{-1}$ 反对称峰相对强度先增后减，再增加。HF 量少时，腐蚀无定型物质，减少光谱散射，提高的共振强度；进一步增加 HF 的量，可能导致部分骨架内硅铝破坏，降低了骨架共振频率；继续增加 HF 的量，Si 和 Al 被完全溶解，形成氟化物，骨架反对称峰反而增强。

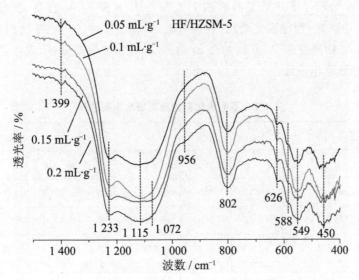

图 4.16　不同 HF 加入量下 HF/HZ5 催化剂的 FT-IR 图

4.3.4　催化剂的物理吸脱附表征

表征不同催化剂吸附数据如表 4.2 所示。

根据表中数据分析可知,经过 Mg 负载或 HF 处理后催化剂的比表面积都将降低,其中催化剂 MgZSM-5 比表面积降低较为明显。从孔体积来看,经过 Mg 负载后孔体积减小,而催化剂 HF/HZ5 孔体积加大,主要是微孔体积增加。从孔径数据来看,经 Mg 负载或 HF 处理后催化剂的孔径都有增加,而且 Mg 负载使孔径增加得更多。但是 Mg 负载后,会使微孔孔径减小。更加进一步证实,Mg 负载后主要是进入微孔内,减少微孔体积的同时,还占据部分微孔空间,会使微孔孔径减小和比表面积减少。而 HF 处理会腐蚀部分微孔或溶解微孔内无定型物质,使得微孔孔径和体积都加大,由于骨架较为稳定,增加得不是很多。HF 的腐蚀还会使骨架部分孔壁被腐蚀掉,减少孔数目,总的结果是使孔表面积减少,这一点和 XRD 检测结果表现基本一致。Xia Z 发现经 HF 处理后催化剂表面积、微孔体积和孔体积增加,而平均孔径和介孔孔径减小。微孔体积的增加主要是由于 HF 对微孔孔道杂质的去除,而孔径减小主要是因部分介孔重组转变为微孔,同时部分外部的大孔或介孔被破坏,这和本研究结果并不矛盾。但是由于文献选用的 HZSM-5 硅铝为 300,分子筛结构要稳定,而本研究由于硅铝比较低,结构坍塌较多,形成较多的介孔,从而导致表面积减小,孔体积和孔径增加。

Yanan W 分析了 HF 处理前后的 HZSM-5 中的 Si 和 Al 含量,发现 Si 和 Al 含量均降低,而硅铝比增加,说明骨架 Al 确实减少。在红外谱图上也推测骨架 Al 物种的减少,并认为是 Si 会进入 Al 物种缺陷位,形成骨架 Si,和 Xia Z 的结论相一致。

表 4.2 不同催化剂的物理吸附表征结果

催化剂	V_{total}	S_{total}	V_{mic}	S_{mic}	S_{ext}	D_{mic}	D_{mes}
单位	$cm^3 \cdot g^{-1}$	$m^2 \cdot g^{-1}$	$cm^3 \cdot g^{-1}$	$m^2 \cdot g^{-1}$	$m^2 \cdot g^{-1}$	Å	Å
HZSM-5-25	0.240	389	0.132	316	73.4	6.20	24.6
MgZSM-5-25	0.226	308	0.103	256	52.4	4.58	29.3
HF/HZ5-25	0.251	356	0.140	304	52.1	6.26	28.1
3% HF/MgZ5-25	0.219	330	0.107	249	80.7	6.54	26.6
3% HF/MgZ5-360	0.208	309	0.120	256	52.6	6.03	27.0
1%HF/MgZ5-25	0.238	303	0.107	246	57.4	6.17	36.1
9%HF/MgZ5-25	0.184	238	0.094	202	35.3	4.47	31.0
HF/MgZ5-25-regerated	0.152	233	0.072	184	49.5	6.40	
HF/MgZ5-25-reacted	0.068	61.5	0.017	35.4	26.1	6.60	

催化剂 HF/MgZ5 和催化剂 MgZSM-5 相比,表面积增加,微孔面积减少,微孔孔径和孔体积增加,总的孔体积减少。HF 会和催化剂 MgZSM-5 孔道内的 MgO 反应,增加微孔孔径和孔体积。但是同时,由于催化剂 Mg-ZSM-5 稳定性较差,HF 使部分微孔孔壁变薄或被腐蚀,导致微孔面积和总体积反而减少,总的表面积也减小。

从表中数据观察不同硅铝比的催化剂氮气吸附数据可知,随着硅铝比增加,微孔孔径、外表面积和总表面积减小,微孔体积和微孔面积加大,孔体积先增后减。硅铝比增加时,铝的含量减少,由于 Al-O 键键长较 Si-O 键长,从而微孔孔径减小。因此,Mg 进入孔道减少,微孔体积和微孔面积增加。外表面积与总表面积和粒径相关。由此判断,硅铝比增加时,粒径也同时增加。可能是由于随着硅铝比增加和铝的减少,使得 HZSM-5 载体稳定性增强,HF 腐蚀较少,因而粒径增加,表面减少。

根据不同负载量的 HF/MgZ5-25 催化剂氮气吸附数据分析,随着负载量的增加,微孔孔径、微孔体积和面积减小,总的孔面积、总表面积减小,外表面积也在减小。这说明 Mg 进入微孔孔道,导致的微孔体积和孔径的减小,比表面积等也减少。另外比较了反应前后催化剂的吸附数据,反应失活后再生的催化剂 HF/MgZ5-25-regerated 和反应失活后催化剂 HF/MgZ5-25-reacted,催化剂微孔体积和微孔面积急剧减少,总体表面积和孔体积同时减少,外表面积也在减少,但是幅度不大,微孔孔径略有增加,可见催化剂积碳主要是减少孔体积的微孔面积,导致微孔数量和深度的减少。

不同催化剂的物理吸附和孔径分布图如图 4.17 所示。

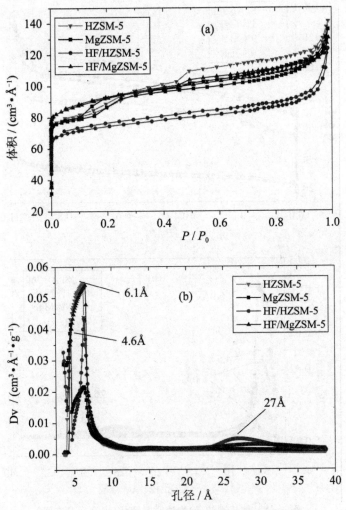

图 4.17　催化剂的(a)物理吸附图和(b)孔径分布图

　　由图 4.17 可知,HZSM-5 和 HF/MgZSM-5 催化剂的吸附模式符合微
孔模型,孔径集中在 6.1 Å,分布略宽。MgZSM-5 和 HF/HZSM-5 催化剂
存在 4.6 Å 和 6.1 Å 两种微孔,4.6 Å 孔主要是 Mg 或者 HF 溶解下的硅
铝进入分子筛微孔导致微孔变小所致。HF/HZSM-5 和 HF/MgZSM-5 催
化剂的等温线有迟滞回环,还存在 27 Å 左右的介孔,说明 HF 导致微孔结
构部分坍塌,形成介孔所致。

　　催化剂 HF/MgZ5 的物理吸附图和孔径分布图如图 4.18 所示。

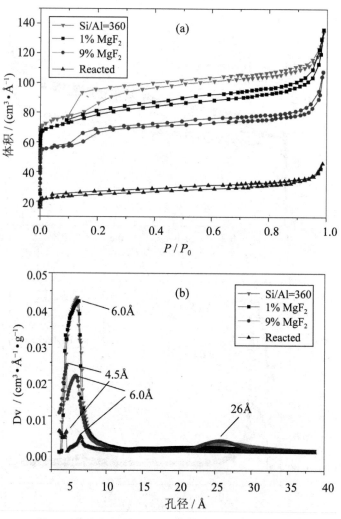

图 4.18　催化剂的(a)物理吸附图和(b)孔径分布图

　　由图 4.18 中(a)吸附等温线可知,HF/MgZ5 催化剂吸脱附曲线出现

明显的迟滞回环,出现明显的介孔特征。在图 4.18 中(b)观察到了 20~29 Å 的介孔,说明催化剂形成了一定介孔。当 HF/MgZ5 催化剂 MgF$_2$ 负载量为 9% 时,出现 4.5 Å 和 6.0 Å 两种介孔,和 MgF$_2$ 负载量为 3% 时一致。当 MgF$_2$ 负载量为 1% 时,无 4.5 Å,主要是因为 MgF$_2$ 量少,堵塞的微孔有限。硅铝比为 360,Al 较少,微孔孔径加大,分子筛稳定性增加,微孔难以被破坏,因此,形成的介孔和较小的微孔较少。催化剂 HF/MgZ5 反应后,微孔和介孔体积明显减少,进一步表明碳在微孔和介孔内沉积,催化剂活性下降。

4.3.5　催化剂的 NH$_3$-TPD 表征

如图 4.19 为不同催化剂的 NH$_3$-TPD 图,并将脱附温度和酸量结果列入表 4.3。

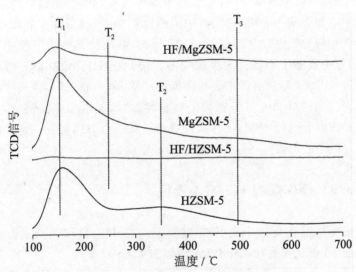

图 4.19　不同催化剂的 NH$_3$-TPD 图

表 4.3　不同催化剂 NH$_3$-TPD 结果

催化剂	脱附温度(℃)及其对应酸量/(μmol·g^{-1})						
	总酸量	T$_1$	酸量(T$_1$)	T$_2$	酸量(T$_2$)	T$_3$	酸量(T$_3$)
HZSM-5	1 099.6	159	667.1	345	288.3	492	144.2
HF/HZ5	56.6	138	17.7	192	17.4	462	21.5
MgZSM-5	2 037.4	150	1 008.7	347	207.1	541	822.6

催化剂	脱附温度(℃)及其对应酸量/(μmol·g^{-1})						
	总酸量	T_1	酸量(T_1)	T_2	酸量(T_2)	T_3	酸量(T_3)
HF/MgZ5	245.5	146	111.6	209	78.3	450	45.6

由图 4.25 和表 4.3 可知，HZSM-5 分子筛上存在较多的弱酸中心（159 ℃）、较少的中强酸中心（345 ℃）和强酸中心（492 ℃），一般弱酸中心主要是指表面非质子羟基峰，中强酸是指表面硅羟基的 B 酸中心和质子酸中心，而强酸中心主要是骨架内的 B 酸中心和 L 酸中心。HF 处理后形成的 HF/HZ5 催化剂上已观察酸中心强度减弱，且数量大幅减少。一般认为，F$^-$ 取代—OH 并与 Al 和 Si 连接形成 Al-F 和 Si-F，导致酸中心减弱，基本消失。而 Mg 负载在 HZSM-5 分子筛上形成 MgZSM-5 催化剂后，催化剂弱酸中心减弱，但数量增加，主要是形成大量氧化镁类型的弱酸中心，而中强酸中心和强酸中心略为变强，中强酸数量减少，而强酸中心数量增加，主要是 Mg 与骨架内羟基经焙烧形成 Mg-O，并取代部分质子酸中心的缘故，使部分中强酸中心转变为强酸中心。催化剂 HF-MgZSM-5 相对 Mg-ZSM-5 和 HZSM-5，所有酸中心均向低温位移，酸中心变弱，且酸中心数量大幅减少。而相对 HF/HZ5 酸中心数量均增加，弱酸和中强酸中心变强，强酸中心变弱。这说明 MgO 的加入中和了部分的 HF，能在一定程度上阻止 HF 对酸中心的破坏，同时，使强酸中心变弱。

4.3.6 催化剂的 TG-DTA 表征

表征反应前催化剂 HF/HZ5 以及反应后 HF/MgZ5-reacted 和 HF/HZ5-reacted 催化剂的 TG 和 DTA 图如图 4.20 所示。

由图 4.20 可知，低温起始段，重量增加主要是样品受积碳氧化产生的 CO_2 气流影响所致，HF/HZS5 积碳较多，增重也明显。反应失活后的催化剂积碳增加，失重约 5%～10%，且催化剂 HF/HZ5-reacted 的失重量较 HF/MgZ5-reacted 大，因此，释放的热量也多，可能由于催化剂 HF/HZ5-reacted 没有 Mg 的负载，多的 HF 用来腐蚀硅铝骨架，因此形成的介孔多，积碳也多，导致失重量增加，在物理吸附图上介孔体积的变化也证实了这一点。催化剂 HF/HZ5 的 TG 和 DTA 曲线没有变化，其热性质稳定，这进一步说明催化剂 HF/MgZ5-reacted 和 HF/HZ5-reacted 的 TG 和 DTA 曲线的变化是由反应过程中的积碳所致。

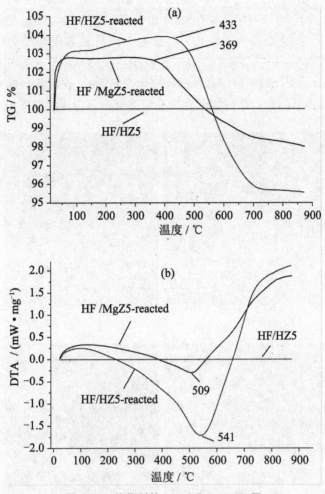

图 4.20　催化剂的(a)TG 和(b)DTA 图

4.3.7　催化剂的 SEM 表征

表征不同催化剂的 SEM 图如图 4.21 所示。

从图 4.21 不同催化剂的 SEM 图可知,载体 HZSM-5 经 HF 处理后催化剂有团聚现象,相邻 HZSM-5 颗粒形成大颗粒,同时,在颗粒表面可以看到明显的沟壑和孔洞。可能是由于 HF 会腐蚀 HZSM-5 载体表面活性硅铝,并产生新的羟基活性位。在高温时,相邻颗粒之间的羟基活性位脱水,形成新的 Si 或 Al 氧桥,颗粒间距增加,同 HF 对硅铝骨架的腐蚀,也会生成较大的孔洞,如图(b)所示,孔洞在几十纳米,颗粒间距在 100 nm 左右。图(c)所示催化剂 HF/MgZ5 的 SEM 图表明,催化剂由于 Mg 的存在,颗粒团聚并不严重,主要是 Mg 消耗了大量的 HF,导致硅铝骨架坍塌较少,颗粒主要是堆积在一起,形成的纳米孔较少。在图(d)所示为催化剂 HF/MgZ5-reacted 的 SEM 图,由图可知,催化剂失活后,表面孔洞基本被堵塞,看不到明显的孔,进一步说明催化剂孔道为反应和积碳的主要场所。

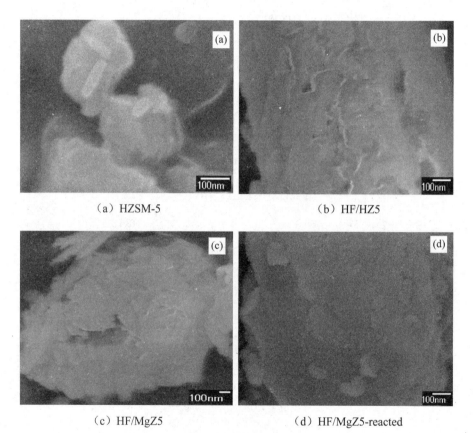

（a）HZSM-5 　　　　　（b）HF/HZ5

（c）HF/MgZ5 　　　　　（d）HF/MgZ5-reacted

图 4.21　不同催化剂的 SEM 图

4.4　气相合成 3-甲基吡啶的工艺考察

反应产物经过水吸收后,发现水溶液呈淡黄色,反应产物检测不到丙烯醛,推测丙烯醛反应转化率为 100%,在低吡啶碱收率时,反应管道容易堵塞,应是丙烯醛聚合形成的酯类物质。由于反应过程中氨过量,反应接收液呈碱性,未反应的丙烯醛会在碱液中聚合形成聚合物,这也是导致检测不到丙烯醛的原因,由于丙烯醛无法回收,因此只能通过提高吡啶碱的选择性来提高产物收率。

丙烯醛和氨气的反应过程中,在氨大大过量时,可以看到白色的固体颗粒,这可能是生成的聚丙烯胺。在出料口反应管道堵塞时,可以看到黄色树脂状胶状物产生,经甲醇溶解后,发现此胶状物为无色薄膜状物质,应是另外一种丙烯醛聚合物,甲醇溶液中可以检测到少量的吡啶碱。

催化剂对丙烯醛和氨的催化作用除了与催化剂本身的性质和制备方法相关外,还与反应工艺如反应温度、反应时间、反应原料比例和接触时间(空速)有关,因此,对反应工艺的优化主要从这些方面考虑。

4.4.1　催化剂考察

采用 1.0 mL 催化剂与 2.0 mL 石英砂混合后作为催化剂床,丙烯醛进料流速为 1.0 mL·h^{-1},丙烯醛和氨的摩尔比 n_{AN}:n_{NH_3} 为 1:1,氮气流速 V_{N2} 为 20 mL·min^{-1},预热温度为 250 ℃,反应温度 425 ℃,通入温度为 200 ℃ 的水蒸气吸收尾气,尾气经两级冷凝后,形成溶液,检测溶液中的吡啶碱含量,并计算其收率。考察不同催化剂的吡啶碱的总收率,取 0~4 h 样品检测,吡啶碱收率如表 4.4 所示。

表 4.4　不同催化剂吡啶碱收率

催化剂	Py/%	3-MP/%	其他 Pys/%	Pys/%
HF/MgZ5	28.24	30.66	1.60	60.51
HF/Al$_2$O$_3$	11.42	26.85	2.73	41.00
硅铝酸/硅胶	9.35	20.71	0.55	30.61
HF/Mg-gaolin	7..73	15.38	0	23.11
FeZSM-5	7.27	6.58	0	13.85
Fe-NaZSM-5	7.38	0.40	0.40	8.18

注:反应条件:n_{AN}:n_{H_2O}:n_{NH_3}=1:2:1,丙烯醛气时空速为 100 h^{-1},反应时间 4 h。

从表 4.4 可知,催化剂 HF/MgZ5 的收率最高,达到 60.51%。从催化剂的种类来看,固体酸催化剂 HF/MgZ5、HF/Al$_2$O$_3$ 和硅铝酸/硅胶酸反应效果较好,HZSM-5 孔道规整,存在丰富的 B 酸和 L 酸酸位,有效地提高了产物收率。而 HF/Al$_2$O$_3$ 主要存在 L 酸酸位,无合适的微孔和介孔孔道,因此反应效果较差。硅铝酸/硅胶催化剂虽然 B 酸和 L 酸酸位丰富,但是缺少合适的微孔和介孔孔道,因此产物收率不高。同时发现产物收率较低时,主要是吡啶收率降低较大,说明反应活性不够,裂解较少,同时反应选择性较低。

而催化剂 HF/Mg-gaolin、FeZSM-5 和 Fe-NaZSM-5 催化效果较差,和催化剂 HF/MgZ5 比较,催化剂 HF/Mg-gaolin 产物收率较低,主要是无规整的微孔孔道或孔较小,导致催化剂失活严重,吡啶收率较低。FeZSM-5 收率较低,主要是无合适介孔,说明介孔对产物收率提高较大,而其收率高于 Fe-NaZSM-5,说明 HZSM-5 上的 H^+ 阳离子活性位能起到一定的催化效果,同时发现主要提高的是 3-MP 收率,进一步说明 3-MP 的形成与 H^+ 阳离子活性位直接相关。

以 HZSM-5 为载体,制备不同催化剂反应吡啶碱收率结果如表 4.5 所示。

表 4.5　不同以 HZSM-5 为载体的催化剂吡啶碱收率

催化剂	Time/h	Py/%	3-MP/%	其他 Pys/%	Pys/%
HF/HZ5-25	0~2	21.78	22.93	0.96	45.68
	2~4	29.86	28.88	1.03	59.77
HF/FeZ5	0~2	18.23	15.96	0.79	34.98
	2~4	14.19	11.57	0	25.76
MgZSM-5	0~2	4.59	4.32	0	8.90
	2~4	4.51	4.20	0	8.71

注:反应条件:$n_{AN} : n_{H_2O} : n_{NH_3} = 1 : 2 : 1$,丙烯醛气时空速为 100 h^{-1},反应时间为 4 h。

从表 4.5 可知,催化剂 HF/HZ5-25 产物收率较高,在 2~4 h 内,吡啶碱总收率为 59.77%,略低于催化剂 HF/MgZ5 的吡啶碱收率,且高于 0~2 h 内的吡啶碱收率。可见,催化剂诱导期较长,同时寿命较长,达 4 h 以上,与催化剂 HF/HZ5-25 上面的大量介孔相关。同时发现催化效果较好的催化剂,吡啶和 3-MP 收率相差不大,说明吡啶和甲基吡啶可能通过相同的反应机理实现,反应机率相差不大。且催化剂 HF/MgZ5 的催化效果略好于 HF/HZ5-25,这主要是因为微孔孔径略大,同时加入 Mg,使部分 Mg 进入阳离子活性位,提高了吡啶选择性,同时,Mg 在微孔内,阻止丙烯醛在更深的孔道内积碳,提高了催化剂寿命。

而比较催化剂 HF/MgZ5 和催化剂 MgZSM-5 反应结果可知,HF 处理后的催化剂效果较好,明显增加,说明 HF 对催化剂的改性效果起着主要的催化作用,可能介孔的形成和表面酸性质的改性,使 B 酸形成 L 酸,促进了 3-MP 形成。同时催化剂 HF/FeZ5 不如 HF/Mg5,也较 HF/HZ5 差,说明,不同活性金属对载体的影响不一样,导致催化性能产生较大的差异,差异的具体表现还需进一步研究,一般认为主要在活性位的电荷效应差异或者形成氧化物种及氟化物种的氧化效应不同,可能与原子半径或电荷数目对载体孔径的作用有关。

Zenkovets G A 报道了 TiO$_2$ 催化剂上 L 酸位的数量和强度能提高催化剂对 3-MP 的选择性。而 Ivanova A S 通过 SiO$_2$-Al$_2$O$_3$ 催化剂上的酸性对反应吡啶碱收率的研究认为,弱 L 酸能有效提高吡啶碱收率,而强的 L 酸中心容易导致丙烯醛聚合和结焦,降低催化剂活性、选择性和寿命。王彩彬在 HF 改性的 Al$_2$O$_3$ 催化剂上的反应考察认为主要是强的 B 酸起催化作用,并且在一定范围内催化活性随表面酸度的增加而增加,并且碳正离子为主要的活性中间体。从 NH$_3$-TPD 数据可知,MgZSM-5 和 HZSM-5 催化剂上酸中心较多,特别是强酸中心较多,但收率最小,且吡啶产物较多,可见强酸中心促使更多的吡啶生成。而 HF/HZ5 和 HF/MgZ5 上只有少量的酸中心,但仍有较高的产物收率。可见,酸中心较多时反而导致选择性下降,特别是强酸中心,容易使聚合反应增加。另外,HF/MgZ5 相对 HF/MgZ5 催化剂强酸中心略有增加,且分布均匀,得到最高的产物收率。可见,吡啶碱的形成可以不依赖酸中心,但一定量的强酸中心能提高总产物收率。

由此推测,酸中心种类、数量和孔道大小均对反应有较大的影响,经过 HF 和 Mg 改性的 HZSM-5 催化剂能取得较高的吡啶碱收率,ZSM-5 型催化剂改性后可应用于丙烯醛和氨合成吡啶和 3-MP 反应,并提高产物收率。

4.4.2　反应温度考察

在不同温度下反应得到吡啶碱收率如图 4.22 所示。

温度低于 400 ℃时产物收率不高,在 425～450 ℃时吡啶碱收率较高,且 3-MP 收率高于吡啶碱收率,在 425 ℃时吡啶收率最高,达到 53.8%,其中 3-MP 收率为 27.5%,吡啶收率为 26.3%。由此可知,在液时空速为 0.3 h^{-1}时,产物收率较高,同时,也有利于 3-MP 的生产。比较丙烯醛和氨的摩尔比 $n_{AN}:n_{NH_3}=1:1$ 时的数据发现,氨气增加时,吡啶碱收率略有降低,可能由于氨气增加,导致碱性增强,有利于丙烯醛聚合,导致吡啶碱选择性下降。同时为了保证丙烯醛完全转化,必须确保氨气过量一倍,否则,丙烯醛反应不完全,形成聚合物堵塞反应管道,同时造成吡啶碱选择性降低和收率减少。较佳的反应温度在 425～450 ℃,和王彩彬报道接近。

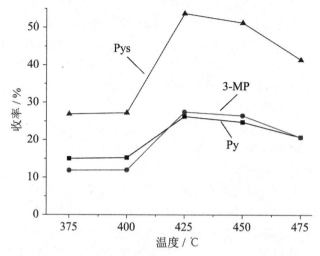

图 4.22 不同反应温度下吡啶和 3-MP 产物收率

反应条件:HF/MgZ5 催化剂,进料为 $n_{AN}:n_{H_2O}:n_{NH_3}=1:10:0.5$,丙烯醛气时空速为 100 h^{-1},时间为 4 h。

4.4.3 丙烯醛和水的摩尔比考察

为了较少丙烯醛在预热时的聚合,同时也为了减缓催化剂的失活,延长催化剂寿命,在加入丙烯醛时,按照摩尔比加入一定的水,水和丙烯醛一起预热后,与经预热的氨气和氮气混合接触催化剂反应,改变丙烯醛与水的摩尔比,比较反应吡啶碱收率结果如表 4.6 所示。

表 4.6 不同丙烯醛和水摩尔比下吡啶和 3-MP 产物收率

$n_{AN}:n_{H_2O}$	Py/%	3-MP/%	Pys/%	Py/3-MP
1:1	21.01	22.33	43.34	0.94
1:2	24.77	26.51	51.28	0.93
1:3	24.29	23.12	47.41	1.05
1:4	23.89	21.21	45.10	1.13
1:8	24.08	19.85	43.93	1.21

注:反应条件:温度为 450 ℃,催化剂为 HF/MgZSM-5,丙烯醛液时空速 0.3 h^{-1},丙烯醛和氨气摩尔比为 $n_{AN}:n_{NH_3}=1:1$,时间为 4 h。

从表中数据可知,水的加入对总的吡啶碱收率影响较小,在 $n_{AN} : n_{H_2O} =$ 1:2 时,吡啶碱收率最高,达到 51.28%。随着水量的增加,Py 和 3-MP 的摩尔比逐渐增加,即促进了 3-MP 的分解,导致更多吡啶生成,同时总吡啶碱缓慢减少。由于吡啶和甲醇可以生成 3-MP 和水,该反应为逆反应,因此,水的增加导致反应平衡向吡啶方向移动,导致生成相对多的吡啶和少的 3-MP。

4.4.4　气时空速考察

考察不同丙烯醛气空速时吡啶和 3-MP 收率结果如表 4.7 所示。

表 4.7　不同丙烯醛气时空速下吡啶和 3-MP 产物收率

GHSV/h^{-1}	Py/%	3-MP/%	Pys/%	Py/3-MP
5	24.96	8.20	33.16	3.0
25	30.57	15.68	46.25	1.9
50	31.49	14.41	45.90	2.2
100	29.69	11.66	41.35	2.5
400	18.50	7.07	25.57	2.6
600	7.80	3.53	11.33	2.2

注:反应条件:温度为 450 ℃,催化剂为 HF/MgZ5,$n_{AN} : n_{H_2O} = 1:10$,时间为 4 h。

从表中数据可知,当丙烯醛气时空速为 25~100 h^{-1} 时,吡啶碱收率较高,达到 45% 左右,产物以吡啶为主。数据结果表明,较低的丙烯醛空速和过高的丙烯醛空速都对反应不利,高空速下,丙烯醛反应不完全,吡啶碱收率较低,而且,容易导致未反应的丙烯醛在出料管道聚合,堵塞反应管道。降低空速,可以提高丙烯醛与氨和催化剂的接触时间,增加吡啶和 3-MP 的产量。进一步地降低空速又会导致丙烯醛和氨深度反应,增加积碳,导致吡啶碱收率降低,同时增加吡啶和 3-MP 的相对收率。Schaefeer H 发现,空速增加会使丙烯醛反应不充分,易聚合并加快积碳,降低催化剂寿命;空速过低会降低时空收率和设备效率。

4.4.5　反应时间考察

为了考察催化剂 HF/MgZSM-5 的反应寿命,丙烯醛进料开始后,每隔

1 h收集产物,检测产物吡啶碱收率,分别检测 4 h 内产物吡啶碱收率如表4.8所示。

表 4.8   不同反应时间内吡啶和 3-MP 产物收率

时间/h	Py/%	3-MP/%	Pys/%	Py/3-MP
0～1	26.25	26.95	53.19	1.0
1～2	21.29	19.12	42.81	1.1
2～3	21.63	19.12	40.75	1.1
3～4	17.46	15.99	33.46	1.1

注:反应条件:温度为 450 ℃,催化剂为 HF/MgZ5,$n_{AN}:n_{H_2O}:n_{NH_3}=1:2:1$,液时空速 0.3 h^{-1}。

从表中数据可知,催化剂在0～1 h内初期的选择性最好,生成的吡啶碱最多,总的吡啶碱收率达到53%。随着时间的延长,催化剂的选择性逐渐下降,这与碳在催化剂介孔内沉积、导致反应场所减小、选择性逐渐下降相关,同时,可以看到产物中吡啶/3-MP 的摩尔比并未发生变化,可见,在此阶段只是减少了反应的场所,对催化剂催化性质的改变不大。积碳导致了催化活性位数目的减少,因此产物收率降低,而产物中吡啶/3-MP 的摩尔比保持不变。

4.4.6   催化剂制备条件考察

反应尾气改用醇吸收,以提高吡啶碱的溶解,特别是聚合物难溶于水中,导致管道堵塞的问题。

4.4.6.1   催化剂负载量考察

在相同反应工艺条件下,即反应丙烯醛液时空速为 0.5 h^{-1}(对应气时空速为 160 h^{-1}),反应温度为 425 ℃,$n_{AN}:n_{H_2O}:n_{NH_3}=1:2:1$(mol),考察催化剂负载量、载体 HZSM 硅铝比和焙烧温度对催化剂反应性能的影响。

不同 MgF_2 负载量的 HF/MgZ5 催化剂反应的吡啶碱收率如表 4.9 所示。

从表中数据可知催化剂负载量在3%左右,反应吡啶碱收率较高,且反应活性较好,催化剂寿命较长,同时 3-MP 选择性较高。负载量为1%时,虽然0～2 h内吡啶碱收率高,但是催化剂寿命较短,收率下降较快,主要是负载量低,形成的介孔少,催化剂失活容易。而负载量大于3%时,吡啶碱收率低,同时吡啶收率大于 3-MP 收率。随着负载量增加,大量微孔被堵塞,形成更小的微孔,微孔面积大大减小,外表面积减少,表面催化剂颗粒加大,减少催化剂和丙烯醛的接触面,导致丙烯醛和氨反应困难,难以形成丙烯亚胺中间体。同时介孔面积也减少,导致形成吡啶碱困难,吡啶碱收率降低。Schaefeer H 报道在 HF/Al_2O_3 催化剂上随着 HF 负载量的增加,催化剂酸性先增加后稳定,而 3-MP 先增加后减小。

表 4.9　不同负载量时催化剂 HF/MgZ5 的吡啶和 3-MP 产物收率表

负载量	时间/h	Py/%	3-MP/%	其他 Pys/%	Pys/%
1%	0~2	31.54	30.08	2.11	63.73
	2~4	29.59	27.99	1.65	59.22
	4~6	48.68	14.39	0	33.07
3%	0~2	29.13	33.40	2.37	64.90
	2~4	29.95	32.03	1.67	63.65
5%	0~2	29.21	24.87	1.65	55.73
	2~4	26.20	21.87	1.35	49.42
7%	0~2	28.03	24.20	1.57	53.80
	2~4	20.45	15.12	2.49	36.06
9%	0~2	27.40	20.71	1.74	49.85
	2~4	19.37	13.53	0.43	33.33

注:反应条件:催化剂为 HF/MgZ5,载体 HZSM-5 硅铝比为 25,焙烧温度为 700 ℃。

4.4.6.2　催化剂硅铝比考察

不同硅铝比催化剂 HF/MgZ5 的吡啶碱产物收率数据如表 4.10 所示。

表 4.10　不同载体硅铝比时催化剂 HF/MgZ5 的吡啶和 3-MP 产物收率表

Si/Al	时间/h	Py/%	3-MP/%	其他 Py/%	Pys/%
25	0~2	29.13	33.40	2.37	64.90
	2~4	29.95	32.03	1.67	63.65
50	0~2	32.50	33.46	1.64	67.59
	2~4	27.45	24.44	0.94	52.84

续表

Si/Al	时间/h	Py/%	3-MP/%	其他 Py/%	Pys/%
75	0~2	29.30	27.25	1.61	58.17
	2~4	20.29	15.78	0.47	36.54
120	0~2	29.63	25.75	1.79	57.17
	2~4	26.30	20.07	0.92	47.29
360	0~2	24.13	19.26	1.22	44.62
	2~4	18.78	13.09	0.45	32.31

注：反应条件：催化剂为 HF/MgZ5，其中 MgF_2 负载量为 3%，焙烧温度为 700 ℃。

从表 4.10 可知，硅铝比为 25 时，吡啶碱收率较高，达到 65% 左右，其中 3-MP 收率为 33% 左右，催化剂活性强，其他吡啶碱含量也高，且催化剂寿命达 4 h 左右。随着硅铝比增加，催化剂吡啶碱收率下降，且下降幅度明显，同时吡啶收率高于 3-MP。从催化机理角度考虑，该反应的第一步是丙烯醛和氨反应生成丙烯亚胺，丙烯醛的活化为关键步骤，在酸性条件下，醛基容易在 B 酸和 L 酸位下活化与氨形成丙烯亚胺，因此，B 酸和 L 酸较多的催化剂吡啶碱收率高，3-MP 收率也高。对于 HZSM-5 催化剂，其酸性位主要由骨架中的 Al 引起，因此随着硅铝比增加，酸性位减少，导致吡啶碱收率降低，和收率结果表数据一致。随着硅铝比降低，3-MP/Py 比例也增加，可见在低硅铝比时，有利于 3-MP 的形成，可以减少裂解反应。Ivanova A S 认为随着催化剂 SiO_2-Al_2O_3 上 Si 含量的增加，吡啶碱收率也增加，由于 HZSM-5 和 SiO_2-Al_2O_3 硅铝结构的不同，催化性能差异较大。

4.4.6.3 催化剂焙烧温度考察

不同焙烧温度下的 HF/MgZ5 催化剂反应的吡啶碱收率结果列表 4.11 中。

表 4.11 不同温度下焙烧催化剂 HF/MgZ5 的吡啶和 3-MP 产物收率表

温度/℃	时间/h	Py/%	3-MP/%	其他 Pys/%	Pys/%
500	0~2	21.79	19.04	0.79	41.62
	2~4	26.02	29.90	2.71	58.63
600	0~2	21.35	25.65	2.08	49.08
	2~4	29.74	30.76	1.89	62.39

续表

温度/℃	时间/h	Py/%	3-MP/%	其他 Pys/%	Pys/%
700	0～2	29.39	36.21	2.61	68.21
	2～4	31.07	35.11	2.22	68.40
800	0～2	29.61	34.51	2.15	66.26
	2～4	9.06	9.07	0.7	18.83
900	0～2	14.12	0	0.7	14.82
	2～4	34.86	0	1.89	36.74

注:反应条件:催化剂为 HF/MgZ5,其中 MgF₂ 负载量为 3%,载体 HZSM-5 硅铝比为 25。

从表 4.11 可知,催化剂焙烧温度为 700 ℃时,催化剂催化效果较好,吡啶碱总收率达到 68% 左右,且 3-MP 收率达 35%,吡啶收率达 30%,且在 4 h 反应时间内,产物收率没有下降,催化剂活性和寿命较好。较低的焙烧温度导致表面残留的羟基较多,盐分分解不完全,催化剂活性较差,容易导致活性组分流失,诱导期加长,吡啶碱收率较低。在 500 ℃和 600 ℃条件下,0～2 h 内的吡啶碱产物收率明显低于 2～4 h 内吡啶碱产物收率,可见催化剂经过一段诱导期后,收率逐渐上升。提高焙烧温度,催化活性增强,无须诱导期即可表现较高的催化活性,且催化剂催化效果较好,催化剂寿命较长。继续升高温度,吡啶碱收率反而下降,主要是因为高温下 HZSM-5 结构被破坏或者活性组分流失,导致孔道坍塌,使得丙烯醛无法在孔道内反应生成反应中间体,进而导致吡啶碱收率下降。Schaefeer H 认为,催化剂最佳再生温度为 700 ℃,过高温度导致表面酸度下降,酸性中心损失,催化剂活性也下降。Ivanova A S 也同样发现,催化剂焙烧温度过高时,催化剂活性下降的现象。

4.4.7　催化剂再生

催化剂失活后,通入空气在反应温度下燃烧 1 h 后重新通入丙烯醛和氨反应,观察反应现象和吡啶碱收率如表 4.12 所示。

从表中数据可知,催化剂失活后,采用空气燃烧再生,催化剂活性可以提高,但是不能恢复到新鲜催化剂的产物收率,且再生后的催化剂失活较快,表明催化剂的失活不仅是表面积碳,可能伴随有活性组分的流失。因此在催化剂制备过程中应提高催化剂的再生性能,以便催化剂能够反复再生,延长催化剂的使用寿命。Schaefeer H 在 650 ℃下通入空气再生 HF-Al_2O_3 催化剂,没有发现活性组分流失和活性下降的现象,因此催化剂 HF/MgZ5 的再生性能和方法还需进一步的改进。

表 4.12 催化剂 HF/MgZ5 再生前后的吡啶碱产物

催化剂	不同时间段吡啶碱收率/%			
	0～2 h	2～4 h	4～6 h	6～8 h
HF/MgZ5	60.60	31.44		
HF/MgZ5-actived	52.77	20.46	8.56	3.13

注:反应条件:温度为 450 ℃,催化剂为 HF/MgZSM-5,$n_{AN} : n_{H_2O} : n_{NH_3} = 1:2:1$,丙烯醛气时空速 100 h^{-1}。

4.5 小   结

综合以上实验结果,总结丙烯醛和氨制备吡啶碱反应结果如下:

(1)采用 HF/MgZSM-5 催化剂可以得到较高的吡啶碱收率,在优化的反应工艺条件下,吡啶碱总收率达到 68% 左右,且 3-MP 收率达 35%,吡啶收率达 30%。

(2)反应温度在 425～450 ℃,丙烯醛气时空速为 25～100 h^{-1},丙烯醛和水的比例在 1/2 左右,丙烯醛与氨的比例为 1/1～1/2,反应时间在 4 h 左右,催化剂反应选择性和收率较高;催化剂寿命不长,只能维持 4 h 左右。

(3)催化剂 HF/MgZSM-5 的催化作用主要体现在对催化剂表面酸碱性质和孔道结构的改性方面,特别是使催化剂同时具有微孔和介孔的孔道特征。HF 的改性使 HZSM-5 形成介孔结构,且表面酸性质大幅降低。负载 Mg 时,HZSM-5 载体骨架稳定性变差,更加有利于介孔孔道结构的形成。

第5章 吡啶碱合成机理研究

目前,工业上主要是用醛氨法来合成吡啶及甲基吡啶,同时通过文献报道和前面说述,用醇氨法和丙烯醛法来合成吡啶和甲基吡啶也是可行的。由于原料不同而导致合成吡啶和甲基吡啶,在反应催化剂和工艺方面差别较大,为了明确工艺和催化剂发展方向,进一步提高反应选择性和收率等,需要对反应机理和催化剂机理做进一步的研究和探讨。

在醇氨法机理研究中,拟通过不同原料配比和温度等参数的改变,比较反应中间体和产物变化,分析其可能存在的反应机理。为了研究丙烯醛和氨液相法合成 3-MP 机理过程,分析丙烯亚胺的电荷分布,运用前线分子轨道理论,推测 3-MP 的形成过程。并通入不同醛与铵盐反应,通过观察吡啶碱产物的变化和组成,验证机理的正确性。在丙烯醛和氨气相合成吡啶和甲基吡啶机理研究过程中,通过考察丙烯醛的原位红外吸附,推测丙烯醛吸附和吡啶碱形成的催化机理。

5.1 醇氨法制备吡啶碱机理

5.1.1 醇和氨反应机理

取 1.0 g 浸渍法制备的 J-0.5-OH 催化剂(见 2.3.1.4 内容),分别用甲醇/乙醇/氨/氮气＝1/2/3/4 和乙烯/氨/氮气＝2/4/4 为原料,其中乙醇和乙烯的气时空速均为 800 h^{-1},氨由氨水提供,反应温度为 380～440 ℃,具体反应过程见 2.2 内容,检测反应转化率和产物收率如表 5.1 所示。

由表 5.1 可知,C_2H_4 和 NH_3 反应转化率不高,主要产物为乙腈,可以得到 2-MP 和 4-MP,产物无吡啶和 3-MP,吡啶碱收率较低。而甲醇、乙醇和 NH_3 的反应主要产物为吡啶和 3-MP,乙腈、2-MP 和 4-MP 收率较低,吡啶收率达到 46%左右,和通入空气时收率相差不大。在 380 ℃时,3-MP 收率明显提高,而吡啶收率降低,说明温度升至 440 ℃时,大量 3-MP 裂解成吡啶。在乙醇和 NH_3 反应合成 2-MP 和 4-MP 时,产物存在一定量的吡啶、乙醛、乙胺和氮丙啶等副产物，因此，判断存在除烯氨反应路线之外的其他形成吡啶碱的形式和过程。

表 5.1　醇氨反应及乙烯和氨反应产物结果

反应物	温度/℃	R/%	收率/%					
			C_2H_3N	Py	2-MP	3-MP	4-MP	Pys
$CH_4O+C_2H_6O$	380	67.2	2.2	15.9	7.4	15.3	5.4	44.0
	410	81.2	5.6	29.5	3.8	9.6	2.9	45.9
	440	92.6	8.5	19.2	1.7	5.4	1.1	27.3
C_2H_4	380	45.1	10.7	0.0	1.5	0.0	1.2	2.7
	410	60.8	18.1	0.0	3.0	0.0	3.3	6.3
	440	71.1	22.9	0.0	1.8	0.0	1.6	3.3

取 1.0 g 浸渍法制备的 J-0.5-OH 催化剂，液时空速为 LHSV=2.0 h^{-1}，分别用甲醇/乙醇/氨/空气=1/2/3/4（mol）、甲醛/甲醇/乙醇/氨/空气=0.5/0.5/2/3/4（mol）和甲醇/乙醇/乙醛/氨/空气=1/1/1/3/4（mol）为原料，反应温度为 380~440 ℃，检测反应转化率和收率如表 5.2 所示。

表 5.2　加入醛对醇氨产物收率的影响

反应物	温度/℃	R/%	收率/%					
			C_2H_3N	Py	2-MP	3-MP	4-MP	Pys
$CH_4O+C_2H_6O$	380	72.7	3.2	26.6	2.2	4.6	2.2	35.9
	410	86.0	10.5	41.7	3.2	4.3	2.2	50.3
	440	96.0	15.2	36.8	0.8	2.8	1.0	41.3
CH_2O+CH_4O $+C_2H_6O$	380	76.9	2.8	29.2	2.8	5.6	2.2	39.7
	410	89.4	8.8	42.7	2.9	5.4	2.7	53.8
	440	98.2	13.4	39.2	1.0	2.9	0.8	43.9
$CH_4O+C_2H_6O$ $+C_2H_4O$	380	79.2	2.0	30.3	2.4	4.8	2.3	39.8
	410	91.8	6.7	47.6	2.5	3.5	2.1	55.7
	440	98.8	10.9	42.0	0.8	1.9	0.7	45.4

由表 5.2 可以发现，加入少量的甲醛代替甲醇后，乙醇反应转化率提

高,Py 和 3-MP 略有增加,2-MP 和 4-MP 变化不明显,吡啶碱总共增加
3.5%左右。可见甲醛较甲醇活泼,更容易参与反应形成吡啶碱,特别是与
Py 和 3-MP 形成相关的反应。甲醛可能不参与 2-MP 和 4-MP 的形成,与
醛氨反应结论一致。

而加入少量乙醛代替乙醇时,反应转化率提高,吡啶碱收率增加
5.5%,主要是吡啶的收率增加,而 2-MP 和 4-MP 略有降低。可见乙醛较
乙醇活泼,可能发生更多乙醛和甲醇生成吡啶的反应,抑制了甲基吡啶的生
成。即 C_2 和 C_1 组分之间的反应优先于 C_2 和 C_2 之间的反应发生,甲醛和
乙醇之间的反应也是如此。

在乙醇和氨试验中,无氧时同样存在乙腈和吡啶碱产物,产物除有乙
醛、乙烯、乙胺和吡啶外,还有丁醇、丁醛、丁腈、甲基氮丙啶、四氢吡咯等,在
加入甲醇的试验中,产物还出现 N,N-二甲基乙胺、N,N-二乙基甲胺、丙腈
N-甲基四氢吡咯等含氮化合物。因此,我们认为存在乙胺等一系列胺类中
间体,乙腈的产生也不一定只是乙酸与氨的反应,还可能为胺类深度脱氢所
致。根据本研究的试验结果,特别是产物的类型,以及加入甲醇后,产物的
变化规律,并综合文献记载,认为在乙醇、甲醇与氨的试验中可能存在如图
5.1 所示的反应过程。

由图 5.1 可知,在乙醇上发生的一次反应主要由脱氢成乙醛、脱水胺化
成乙胺、脱水成乙烯或乙醚、裂解成甲烷、甲醛或一氧化碳、甲醇,这些一次
反应物又可以继续脱氢、胺化、脱水、加成或裂解形成二次反应或三次反应。
由于各反应存在竞争,也就会降低其他反应发生机率。同时我们发现形成
吡啶的主要活性中间体是醛、烯醛、亚胺和烯胺,形成胺和吡咯等烷基氮杂
环化合物的活性中间体主要是乙胺、甲胺和乙烯,而形成腈的过程可以是酸
胺化或胺深度脱氢。

乙醇、甲醇与氨反应形成吡啶和甲基吡啶的过程进一步归纳如图 5.2
所示。

图 5.2 描述了吡啶碱的形成过程,R_1,R_2=H 时,式(a)和(b)均可形成
吡啶;R_1=H,R_2=CH$_3$ 时,式(a)和(b)形成 3-MP;R_1=CH$_3$,R_2=H 时,式
(a)形成 4-MP,式(b)形成 2-MP。该过程不违背醛氨法形成吡啶碱的基本
原则,只是由于甲醇活泼性差,需要深度脱氢才容易生成吡啶碱。图 5.2 反
应过程详细描述了各种反应中间体及产物的转化过程,由于反应类型多、反
应中间体多、反应产物也多,因此仍有少量产物没有描述出来,但是通过中
间体的相关反应是可以顺利实现的。我们认为胺和醛是形成吡啶碱的主要
起始中间物,而脱氢、加成和缩合是最主要的反应方式,对应的 ZSM-5 催化
剂就需要 L 酸、B 酸中心和 H$^+$/M 阳离子中心协作促进这些反应进行,可

以在酸中心发生吸附的主要有－OH 和 C＝O 的氧中心,以及 NH$_3$、－NH$_2$、－NH－、－C＝NH 和吡啶的 N 中心。由于氨碱性较强,因此主要在强酸中心发生吸附,有效抑制了深度脱氢反应的发生,在无氨时,Valmir C 和 Atsushi T 报道了乙醇在 ZSM-5 催化剂上产生乙烯、丙烯、高级烷烃和芳烃的形成,即催化剂 ZSM-5 上的脱水、裂解、成环反应同样发生。一般认为 ZSM-5 催化剂除表面特殊的酸性质外,孔道择形性也利于环化反应进行,表面的活性金属中心,可以作为新的氧化中心或自由基中心,也可以成为成环中心,提高吡啶碱的选择性。同时,由于加入氨能有效提高吡啶碱的选择性,进一步认为乙胺脱氢形成的乙亚胺同样可以形成吡啶碱,提高选择性,部分氧对反应选择性的提高也只是促进醛氨路线形成吡啶碱的过程。

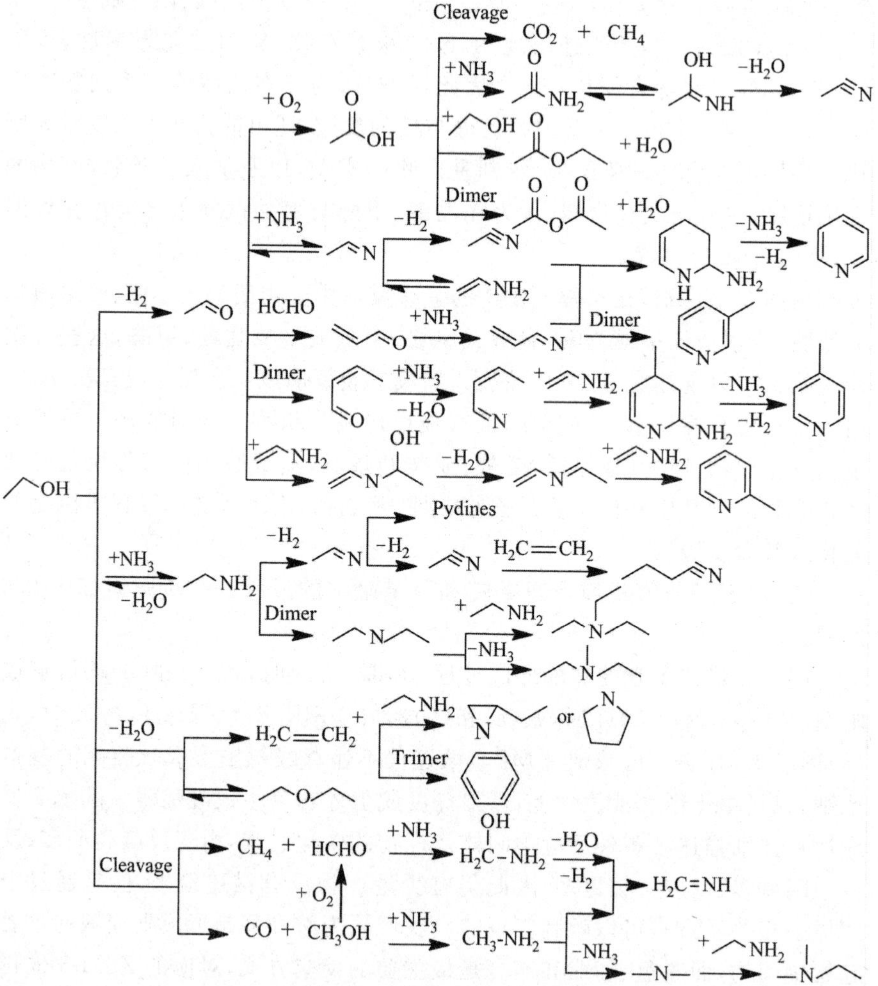

图 5.1 醇氨反应过程

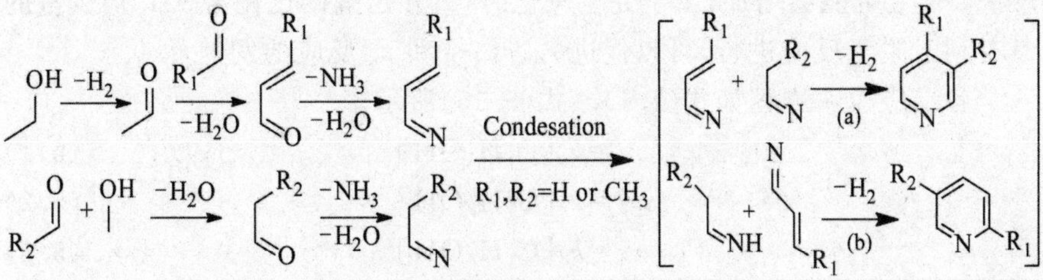

图 5.2　乙醇、甲醇和氨合成吡啶碱过程

综上所述,醇氨反应合成吡啶碱的过程可以通过乙烯、乙醛和乙胺进一步反应而来,关键在于催化剂的性质和反应条件是对哪个反应有利,无论何种途径脱氢、氨化、加成和脱水催化中心都是必需的。形成吡啶碱的关键中间体是亚胺或烯胺,其加成和成环方式直接影响产物类型和结构。

5.1.2　醇氨反应平衡讨论

根据上述主要产物将乙醇与氨主要反应过程如图 5.3 所示。

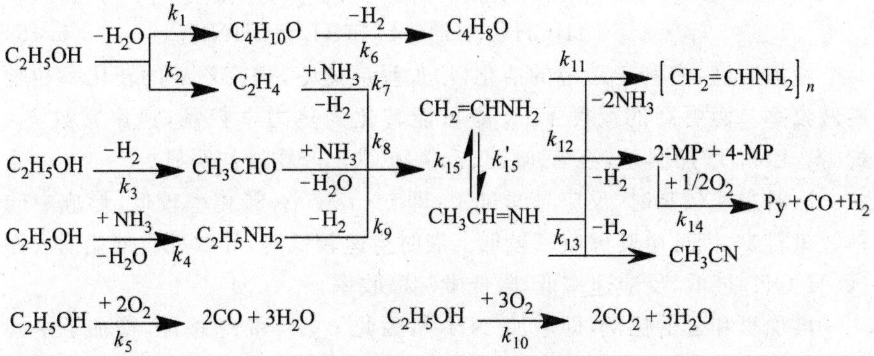

图 5.3　乙醇和氨主要反应过程

从图 5.3 可知,乙醇和氨反应主要中间体是乙亚胺和乙烯胺,其后续反应主要有三种形式:(1)经 r_{12} 的脱氨和脱氢缩合形成 2-MP 和 4-MP;(2)经进一步脱氢的 r_{13} 反应形成乙腈;(3)直接缩合的 r_{11} 反应形成其他副产物。

而在高温或氧化作用下 2-MP 和 4-MP 可以进一步裂解形成吡啶。而中间体乙亚胺和乙烯胺的形成又可通过乙烯、乙醛和乙胺的进一步反应而来,主要是脱水、脱氢和加氨三种反应类型,因此,各反应发生的先后顺序或速率决定着反应的主要途径,并无太大的本质区别。考虑到乙烯反应不是很活泼,因此认为 r_8 和 r_9 为主要反应过程。在有氧气存在时,氧化反应

r_5、r_{10} 和 r_{14} 可能会增加,由于完全氧化时,氧和乙醇的比例为 $3/1$,而少量的氧有利于脱氢反应进行,可以促进 r_3、r_9、r_{12} 和 r_{13} 反应的发生。

各反应速率方程如式(5.1)~式(5.15)所示。

$$r_1 = k_1[C_2H_5OH] \tag{5.1}$$
$$r_2 = k_2[C_2H_5OH] \tag{5.2}$$
$$r_3 = k_3[C_2H_5OH] \tag{5.3}$$
$$r_4 = k_4[C_2H_5OH][NH_3] \tag{5.4}$$
$$r_5 = k_5[C_2H_5OH][O_2]^2 \tag{5.5}$$
$$r_6 = k_6[C_4H_{10}O] \tag{5.6}$$
$$r_7 = k_7[C_2H_4][NH_3] \tag{5.7}$$
$$r_8 = k_8[C_2H_4O][NH_3] \tag{5.8}$$
$$r_9 = k_9[C_2H_5NH_2] \tag{5.9}$$
$$r_{10} = k_{10}[C_2H_5OH][O_2]^3 \tag{5.10}$$
$$r_{11} = k_{11}[CH_2{=}CHNH_2]^n \tag{5.11}$$
$$r_{12} = k_{12}[CH_2{=}CHNH_2]^2[CH_3CH{=}NH] \tag{5.12}$$
$$r_{13} = k_{13}[CH_3CH{=}NH] \tag{5.13}$$
$$r_{14} = k_{14}[C_6H_7N][O_2]^{1/2} \tag{5.14}$$
$$r_{15} = k_{15}[CH_3CH{=}NH] - k'_{15}[CH_2{=}CHNH_2] \tag{5.15}$$

增加温度,有利于乙醇的活化,增加反应速率,提高乙醇的转化率和吡啶碱收率。而更高的温度下,反应可能转化为热力学控制,速率常数 k_2、k_{10}、k_{13} 和 k_{14} 增加明显,乙烯、吡啶、乙腈和 CO_2 产物增加明显。

液时空速较高时,反应时间过短,即 $r \cdot t$ 较小,转化率较低,形成中间体数量较少,因此吡啶碱收率较低。液时空速较低时,导致反应催化剂表面 $[C_2H_5OH]$ 过低,反应速率低,降低吡啶碱收率。

增加氨和醇的比例,即增加 $[NH_3]$,因此 r_4、r_7 和 r_8 增加,增加了中间体的量,吡啶碱产物增加;NH_3 量不足时,$[NH_3]$ 较低,导致乙亚胺和乙烯氨较少,吡啶碱产物不足;但 NH_3 过量时,受反应平衡的影响,k_{12} 趋于稳定,吡啶碱产物不能继续增加;根据 r_4、r_7 和 r_8 可知,醇氨比为 $1/1$ 合适,和试验结果较为吻合。

加入少量氧气,反应 r_5、r_{10} 和 r_{14} 增加,因此,吡啶产物和气相产物增多,同时也能促进脱氢反应进行,即增加 r_3、r_7、r_9、r_{12} 和 r_{13} 反应,吡啶碱和乙腈产物增多;但氧气过量时,反应 r_{10} 和 r_{14} 增加明显,吡啶碱产物减少,主要生成 CO_2 和 H_2O。

催化剂酸性较强时,即硅铝比较低,能促进脱水反应生成,乙醇优先进行 r_2 和 r_4 反应;负载量增加,能产生丰富的氧化中心,促进脱氢反应进行,

乙醇优先进行 r_3 反应；氧化性较强的活性金属负载，有利于氧化和脱氢反应进行，乙醇优先进行 r_3、r_5 和 r_{10} 反应；催化剂粒径减小，孔径加大，有利于产物扩散，延长了催化剂寿命，有利于维持较高的反应速率，提高吡啶碱收率。

5.2　丙烯醛液相法合成 3-甲基吡啶反应机理

采用 ChemBio 3D 进行各种理论计算。由 Extented Hückel 模型模拟丙烯亚胺和丙烯醛的分子轨道，并计算其构型变化能；由 Hückel 模型和 Mulliken 模型计算电荷数和键长；由 Joback 法和 GAEMSS Interface 中的 B3LYP/3-21G 法进行热力学计算。

5.2.1　丙烯醛聚合反应

5.2.1.1　丙烯醛的基本性质

由于 C＝C 键和 C＝O 键共轭存在，丙烯醛存在顺反结构，反式（trans-）丙烯醛较顺式（cis-）丙烯醛为稳定，因此常温以反式丙烯醛为主，计算 ^1C-^2C-^3C-^4O 二面角角度为 $-180°$、$-90°$ 和 $0°$ 时能量如图 5.4 所示，分别为 8.96 kJ·mol^{-1}、47.56 kJ·mol^{-1} 和 15.70 kJ·mol^{-1}，能量较低，容易转化。

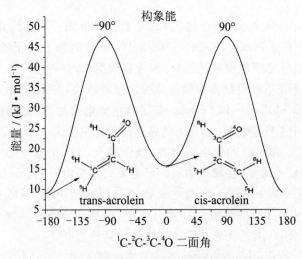

图 5.4　反式丙烯醛与顺式丙烯醛的构型变换能量

Georger R D 报道由于 O 原子的诱导效应,顺式丙烯醛 C—H 键长由大到小为 $^3C-^8H > ^2C-^7H > ^1C-^6H > ^1C-^5H$,而反式丙烯醛中顺序为 $^3C-^8H > ^1C-^6H > ^2C-^7H > ^1C-^5H$,由此可判断各键的反应活泼性大小。在诱导效应和极化作用下,丙烯醛激发态还存在如式(5.16)所示三种相互转化的共振式,Philip G 丙烯醛存在 2-C 和 4-O 两个亲核中心,亲核能力为 4-O>2-C,还有 1-C 和 3-C 两个亲电中心,亲电能力为 3-C>1-C。

$$H_2\overset{+}{\underset{-}{C}}-\overset{H}{\underset{H}{C}}-C{=}O \longleftrightarrow H_2C{=}\overset{H}{\underset{H}{C}}-\overset{-}{\underset{+}{C}}-\bar{O} \longleftrightarrow H_2\overset{+}{C}-C{=}\underset{H\ H}{C}-\bar{O} \qquad (5.16)$$

分别采用 Hückel(H)、Mulliken(M)和 Lowdin(L)布居,见郭纯孝,考察丙烯醛分子的电子云分布如表 5.3 所示。

表 5.3 丙烯醛各原子电荷数(GAMESS 界面)

原子	Cis-C_3H_4O			Trans-C_3H_4O		
	H	M	L	H	M	L
C(1)	0.028	-0.317	-0.080	0.021	-0.072	-0.135
C(2)	-0.025	-0.402	-0.222	-0.020	-0.244	-0.182
C(3)	0.368	0.353	0.166	0.373	0.308	0.173
O(4)	-0.456	-0.552	-0.255	-0.462	-0.306	-0.238

由于 Lowdin 布居(原子轨道)只考虑了单个原子的电荷分布,考虑整个分子的电子云分布时,一般以 Hückel(σ-π 分离和 π 电子近似)布居和 Mulliken 布居(原子轨道线性组合)为计算依据。

1-C 原子在不同模型内所带电荷极性差异较大,在 Hückel 布居中呈正电荷性质,在 Mulliken 和 Lowdin 布居内呈负电荷性质,主要是 $^1C{=}^2C$ 键 π 电子云由于 4-O 的极性大,向 2-C 偏移所致。Mulliken 布居和 Lowdin 布居相比较,2-C 和 4-O 的负电荷增多,极性偏大,3-C 正电荷也增加,而 1-C 的负电荷在反式减少,在顺式增加。可见顺式结构由于电子云的排斥作用,主要影响了 1-C、2-C 和 4-O 的电荷数。三种模型中 Hückel 布居利用了 σ-π 分离和 π 电子近似等方法计算分子电荷,更适合解释共轭体系的分子轨道和电荷分布,因此认为 1-C 和 3-C 均带部分正电荷。

5.2.1.2 丙烯醛加成反应

在反应条件下,丙烯醛的加成反应主要是丙烯醛和 NH_3、H_2O 和自身的加成反应。其中,丙烯醛和氨、水的加成反应如图 5.5 所示。

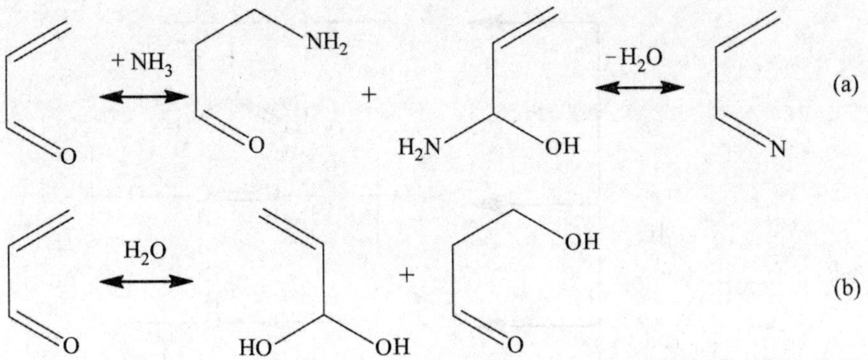

图 5.5 丙烯醛和氨、水的加成反应

由于丙烯醛存在 1-C 和 3-C 两个亲核中心,因此丙烯醛与氨加成可生成 3-胺基丙醛和 2-丙烯羟胺,其中,2-丙烯羟胺容易进一步反应得到丙烯亚胺。丙烯亚胺比较活泼,容易发生一系列的衍生反应。

雷光东两分子丙烯醛的反应类型主要有双键加成和环加成,即主要发生 1-C、3-C 分别与 2-C、4-O 的成键反应。而双键加成反应产物又可看作是环加成的中间体,根据正负电荷吸引成键原则,主要得到如图 5.6 反应。

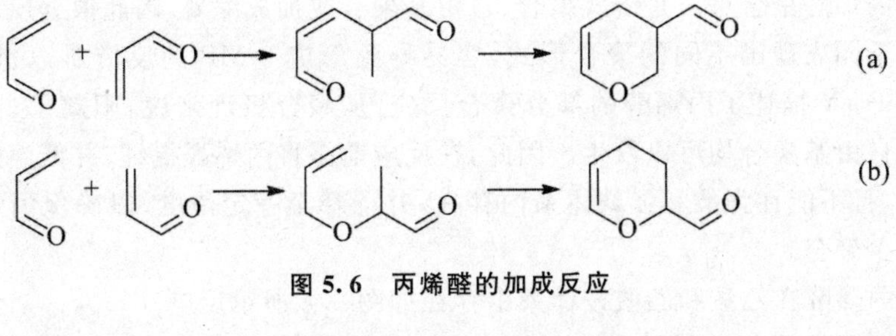

图 5.6 丙烯醛的加成反应

图 5.6 中式(a)和式(b)中环加成产物较为稳定,主要生成 2-醛基-3,4-二氢吡喃和 3-醛基-3,4-二氢吡喃。Lucio T 利用次级轨道理论和静电作用理论分析认为,式(b)可经 Deals-Alder 环加成反应得到,为主要二聚产物。根据前线轨道可知,反应产物在光照和加热条件下,产物分布不同,反应主要受反应条件控制。

5.2.1.3　丙烯醛的聚合反应

根据烯和醛的聚合反应性质,因此推测丙烯醛聚合反应如图5.7所示。

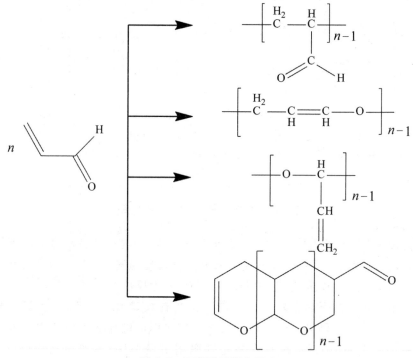

图 5.7　丙烯醛的聚合反应

丙烯醛聚合可以是链式聚合、自由基聚合或加成缩聚,因此根据反应条件的不同表现出不同的聚合形式,容易导致形成 3-MP 的反应难以进行。Natsuki Y 描述了丙烯醛的部分聚合反应,从聚合机理来说,阳离子、阴离子和自由基聚合均可以发生。因此,在反应前需将丙烯醛提纯,并低温避光保存,且不能在强酸和强碱体系内存在,并稀释至一定浓度,以确保丙烯醛尽量少聚合。

丙烯醛在乙酸和乙酸铵体系中存在如图5.8所示反应。

在丙烯醛的乙酸溶液中,当丙烯醛浓度较高时,会出现白色固体物质,出现乙酸和丙烯醛的混聚物。在丙烯醛加入前,反应液变色应是乙酰胺与乙酸缩合得到 N-乙酰基乙酰胺的缘故。反应过程中颜色加深,同时,在进料管管壁可以观察到深褐色固体物质,可能为丙烯醛和乙酰胺的聚合物。

丙烯醛乙酸溶液的质谱图上得到如图 5.9 所示的乙酸-1-羟基丙烯酯的质谱图,同时 Nan-Yu 也报道了丙烯醛和乙酸酸酐反应得到 2-甲基烯丙基二乙酸酯,进一步证明羧基和醛基形成半缩醛或缩醛的过程。

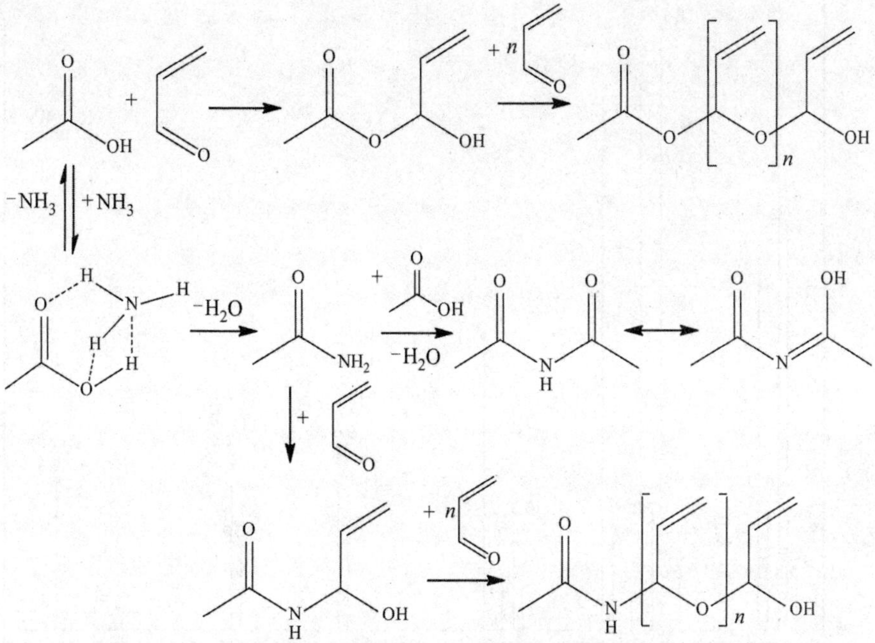

图 5.8　丙烯醛和乙酸及乙酰胺的聚合反应

在丙烯醛和氨反应中,加成和聚合反应可以同时发生,反应过程如图 5.10 所示。

在丙烯醛液相合成 3-甲基吡啶反应中,由于乙酸对丙烯醛醛基的保护在一定程度上减缓了丙烯醛醛基参与聚合的程度,也由于其和氨中和,减少了溶液相碱性和气相酸性,使得丙烯醛聚合反应减少,3-MP 收率提高。根据液相反应副产物的分子量分析,副产物主要由丙烯亚胺或丙烯羟胺聚合而来。丙烯亚胺和丙烯羟胺是形成 3-MP 的关键中间体,其浓度过大容易导致聚合反应发生,浓度过低又难以形成 3-MP,因此,对其反应速率的控制很关键。在丙烯醛和氨气相合成吡啶碱反应过程中,当氨大大过量时,可生成白色固体颗粒,可能为聚丙烯羟胺;在反应接收瓶内还可见到白色透明薄膜状物质,应为聚丙烯醛物质。因此,提高 3-MP 收率的关键是减少丙烯醛及其中间体的聚合。

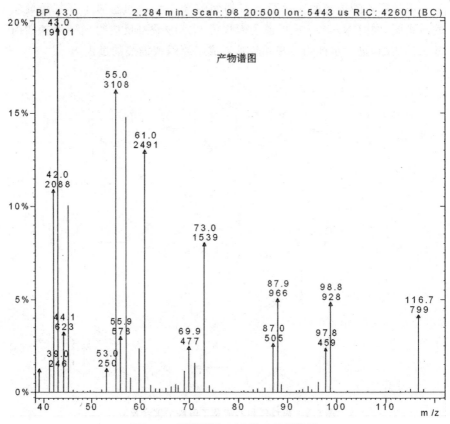

图 5.9　丙烯醛和乙酸缩合物质谱图

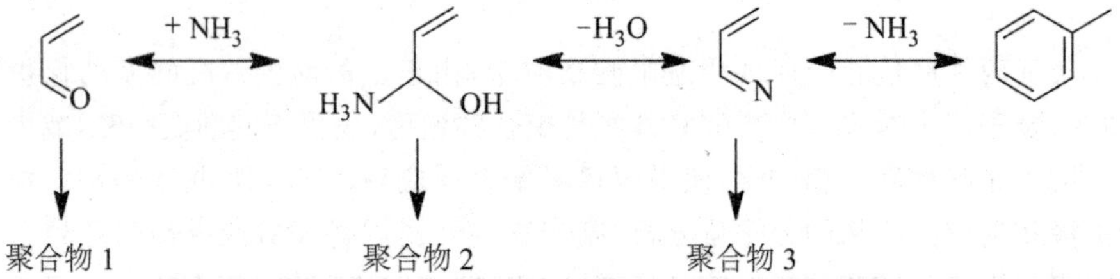

图 5.10　丙烯醛和氨反应

5.2.2　丙烯醛和氨液相反应制 3-甲基吡啶机理

5.2.2.1　醛/氨液相法制吡啶碱

将质量比为 10/1 的乙酸和乙酸铵为原料，再通入甲醛、乙醛和丙烯醛的一种或两种反应,其中氨/醛=5/1(mol),醛与醛比例为 1/1(mol),具体反应操作见 3.2.3 内容。得到溶液中吡啶碱产物组成如表 5.4 所示。

表 5.4　各种醛和乙酸铵反应制吡啶碱产物组成[a]

原料	取代基	吡啶碱产物组成(%)及对应反应式						
		3-MP	3,4-DMP	2,5-DMP	3-EP	2M-5EP	3E-4MP	$C_{10}H_{13}N$
		[e,f,g]	[e,f]	[g]	[e,f,g]	[g]	[e,f]	
C_1		None						
C_3	$R_1,R_2=H$	100.0						
C_2	$R_1,R_2=CH_3$					84.5	2.5	13.0
C_1/C_2	$R_1,R_2=CH_3/H$		<1.0	2.9	5.5	89.6	2.0	
C_3/C_2	$R_1,R_2=CH_3/H$	51.3	<1.0	3.7	40.2	3.4	<1.0	

注:[a] 对应反应式见图 5.14 式(e)~(g),F.=Formula,C.=Content。

在丙烯醛/氨反应体系中,产物仅为 3-MP,无其他吡啶碱副产物的生成。乙醛/氨反应的产物主要为 2-甲基-5 乙基吡啶(2M-5EP)和 $C_{10}H_{13}N$ 以及少量的 3-乙基-4-甲基吡啶(3E-4MP),但无 MP 的生成,可见反应产物是由四分子或五分子乙醛与氨反应所生成,和 Tschitschibabin 的结果一致。在甲醛/乙醛/氨反应的产物混合物中,大量的 2M-5EP 和少量的 3E-4MP 依然存在,但无 $C_{10}H_{13}N$,表明主要存在着四分子乙醛与氨之间的反应。此外,产物混合物中还存在有少量的 C_7H_9N 型吡啶,如 3,4-二甲基吡啶(3,4-DMP)、2,5-二甲基吡啶(2,5-DMP)和 3-乙基吡啶(3-EP),这可能是由于甲醛与乙醛经羟醛缩合并脱水生成了丙烯醛[24],然后由丙烯醛/乙醛与氨反应所致。丙烯醛的生成理应导致产物中含有 3-MP,但实际上并未检测到其存在,这可能是由于甲醛/乙醛反应生成的丙烯醛的反应相对较慢,使得所形成的丙烯醛的量较少,因此,在大量乙醛存在的情况下,乙醛/丙烯醛/氨反应对丙烯醛/氨反应产生反应产生了强烈的竞争。在丙烯醛/乙醛/氨反应体系中,产物混合物与甲醛/乙醛/氨反应体系相比较,新增加了 3-MP,并且 3-MP 和 3-EP 为主要产物,而其他产物的含量很少,这主要是由于丙烯醛的反应活性高于乙醛,因此,丙烯醛/氨反应以及丙烯醛/乙醛/氨反应优先于乙醛/氨反应而发生。比较丙烯醛/乙醛/氨反应体系和甲醛/乙醛/氨反应体系还可以发现,产物中 C_7H_9N 型吡啶碱的组成分布均表现为 3-EP>2,5-DMP>3,4-DMP,表明在生成 C_7H_9N 时,这两个反应体系经历了相似的反应过程,并进一步证实甲醛/乙醛/氨反应体系中 C_7H_9N 是由乙醛和甲醛先生成丙烯醛,然后丙烯醛和乙醛再与氨反应而生成。对于为何产物会出现如此规律性的变化这一问题,有待进一步的验证分析,下面根据丙烯醛和氨反应规律来推测醛氨反应一般规律过程。

5.2.2.2 丙烯醛和氨合成 3-甲基吡啶反应途径

由文献总结可知,丙烯醛合成 3-甲基吡啶过程如图 5.11 所示。

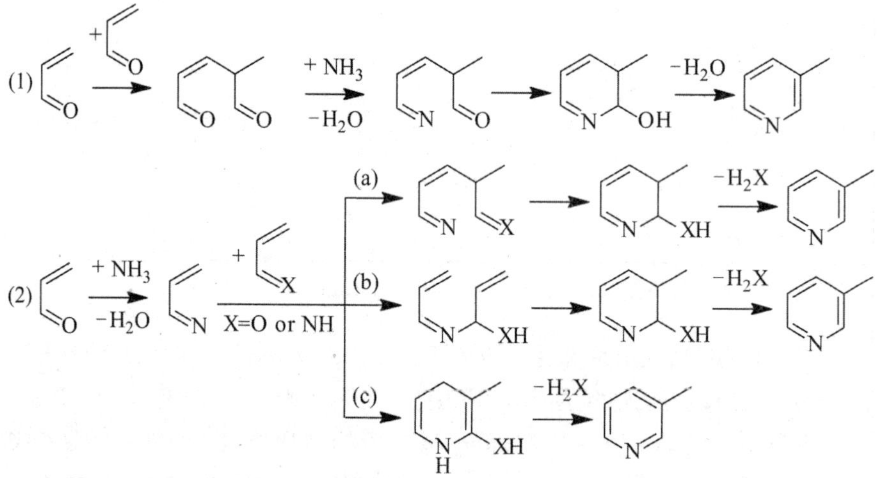

图 5.11 丙烯醛合成 3-MP 反应推测机理

丙烯醛/氨反应得到 3-MP 存在三种可能途径,即:丙烯醛首先二聚形成醛基烯醛,再与氨反应形成醛基烯亚胺,然后成环形成羟基二氢吡啶中间体,最终脱水形成 3-MP;丙烯醛先与氨反应生成丙烯亚胺,再与丙烯醛或另一分子丙烯亚胺反应,分别得到二氢吡啶中间体,最终脱水或氨形成 3-MP 产物。由于丙烯醛和丙烯亚胺分子结构具有很大相似性,因此,可以用通式 $^1C=^2C-^3C=^4X$ 表示丙烯醛和丙烯亚胺,并将上述三种可能途径总结于图 5.11 式(1)和(2)。可以看出,反应均涉及了 $C=C-C=X$ 之间的二聚反应。图 5.11 中式(1)、式(2)中的(a)和(b)均是通过 $^1C-^2C$ 先成键或 $^3C-^4N$ 先成键形成线式中间体,再由线式中间体经 $^3C-^4N$ 或 $^1C-^2C$ 成键,形成六元环状中间体,最终生成产物 3-MP。由于线式中间体、六元环中间体和芳环 3-MP 稳定性依次增加,因此,形成线式中间体是速控步骤。而式(2)中的(c)是 $^1C-^2C$ 和 $^3C-^4N$ 同时成键,直接生成环状中间体,最终生成产物 3-MP。由于 $C=C-C=X$ 中各原子上的电荷密度不同,成键原子之间的相互作用对成键的先后顺序有重要影响,进而会影响到发生上述各反应的可能性大小。因此,通过分析形成式(2)中(a)和(b)中线式中间体以及(c)中环状中间体的难易程度,便可以知道发生相应反应的可能性的大小。

由于分子构型和成环位置的变化,出现三种不同的成环方式,丙烯醛和氨反应究竟经何种途径反应,只需分析成环时 C—N 和 C—C 成键的难易程度即可。一般当反应动力学控制下,当两键成键阻力差别较大时,阻力较小的先成键,阻力大的后成键,反应依式(1)、式(2)(a)和(b)顺序进行;当两键成键阻力差别不大时,可能同时成键。热力学控制下,成键后生成物质更稳定的反应容易发生。同时,比较活性中间体,式(1)和式(2)(a)是 C=C 先被质子化,后 C=O 被质子化,而式(2)(b)与之相反,比较电子云密度可知,C=O 相比 C=C 更容易被质子化,因此通常认为第一步成键时,式(2)(b)更容易进行,而第二步成环式(1)和式(2)(a)更容易进行。动力学条件下,根据先易后难的原则,反应更容易通过式(2)(b)进行。而式(2)(c)通过环加成过渡态反应,无需分子轨道完全的原子化即可成环,键张力最小,所需能量最少,更容易发生。

Calvin 报道了丙烯亚胺为中间体形成 3-MP 的过程,同时认为丙烯亚胺可加氢成丙亚胺或加氨生成 1,3-丙烯二胺,二者再分别和丙烯亚胺反应得到 3-甲基-3,4-二氢吡啶或 3-甲胺基-3,4-二氢吡啶,然后脱氢或脱氨得到 3-MP,和式(2)(b)一样认为是先 C—N 成键,而后 C—C 成键,Chichibabin 机理同样支持该过程。Vander Gaag 认为丙烯醛先加成生成 2-烯基-1,5-戊二醛,其再与氨反应缩合成 3-MP,即认为是经式(1)中 C—C 键先形成,而后再 C—N 成键。式(2)(c)和式(2)(b)的区别也就在于丙烯亚胺和丙烯醛的聚合,是先线性聚合后成环,还是直接经过渡态成环,因此,关键在于判断丙烯亚胺与丙烯醛或者其自身的二聚反应以何种方式进行。由于丙烯亚胺和丙烯醛结构和化学性质相近,因此分析两分子丙烯亚胺的成环方式,即可知晓由丙烯醛和氨反应制备 3-MP 的合成机理。

只有满足正负电荷相吸的成键反应才容易进行,且形成吡啶环需 C—C 和 C—N 均成键。从表 5.3 和表 5.5 中 Hückel 和 Mulliken 电荷数可以看出,与 ^{3}C-^{4}N 成键相比较,^{1}C-^{2}C 成键时正负电荷之间的吸引作用较小,排斥作用则较大,使得 ^{3}C-^{4}N 优先成键反应的可能性较大。在上述式(1)和式(2)中,式(2)(b)属于 C—N 先成键,而(1)和式(2)(a)均属于 C—C 先成键。据此推断出,式(2)(b)发生的可能性大于式(2)(a)和式(1)。而式(2)(c)属于 ^{1}C-^{2}C 和 ^{3}C-^{4}N 同时成键,故反应可能性介于二者之间。综上所述,丙烯醛/氨反应生成 3-MP 可能的反应途径为两分子丙烯亚胺之间或一分子丙烯亚胺与一分子丙烯醛之间按照反应式(2)(b)或(2)(c)进行反应。鉴于丙烯亚胺和丙烯醛化学性质的相似性,通过分析丙烯亚胺二聚的反应情况,就可以推测出丙烯醛/氨反应合成 3-MP 的机理。

5.2.2.3 丙烯亚胺的性质

丙烯亚胺具有共轭的 C=C 键和 C=N 键,物理和化学性质与丙烯醛类似,化学性质活泼,可以发生加成和聚合等反应。由于丙烯亚胺具有丙烯醛类似的共振结构,因此能发生如式(5.17)所示的共振变化。另外丙烯亚胺中 C=C 和 C=N 共面,存在顺式(Cis-)和反式(Tras-)两种构象,根据 Extended Hückel 模型计算丙烯亚胺构象能 ^{1}C-^{2}C-^{3}C-^{4}N 二面角角度为 $-180°$、$-90°$ 和 $0°$ 时,能量分别为 120 kJ · mol^{-1}、345 kJ · mol^{-1} 和 119 kJ · mol^{-1},常温反式和顺式丙烯亚胺稳定性相近。

$$\underset{\substack{H\ H}}{H_2C=C-C}=NH \longleftrightarrow \underset{\substack{-\ H}}{H_2C-C-C}\overset{+\ H}{}=NH \longleftrightarrow \underset{\substack{H\ H}}{H_2C-C}\overset{+}{=}C-\overset{-}{N}H$$

$$\longleftrightarrow \underset{\substack{H\ +}}{H_2C=C-C}\overset{H}{-}\overset{}{N}H \tag{5.17}$$

同时,根据 Hückel 模型和 Mulliken 模型计算丙烯亚胺的电荷分布结果如表 5.5 所示。在 Hückel 模型中,反式丙烯亚胺存在 2-C 和 4-N 两个亲核中心(亲核能力 4-N>2-C),以及 1-C 和 3-C 两个亲电中心(亲电能力 3-C>1-C)。同时,不同构象也会导致原子电荷极性的变化,主要是 1-C 和 2-C 极性的互换。Hückel 模型主要考虑价电子的作用,因此用来计算反应价电子对成键的贡献较为有利,而 Mulliken 模型考虑了整个分子轨道的电子分布,用来计算成键阻力较为有利。

表 5.5 丙烯亚胺各原子电荷数

原子	Trans-C$_3$H$_5$N 电荷数		Cis-C$_3$H$_5$N 电荷数	
	Hückel	Mulliken	Hückel	Mulliken
C(1)	0.010 2	$-0.139\ 2$	$-0.064\ 2$	$-0.076\ 7$
C(2)	$-0.067\ 9$	$-0.122\ 5$	0.006 5	$-0.163\ 5$
C(3)	0.220 2	$-0.064\ 8$	0.221 9	$-0.045\ 8$
N(4)	$-0.355\ 0$	$-0.084\ 4$	$-0.357\ 0$	$-0.100\ 5$

5.2.2.4 两分子丙烯亚胺成环加成反应的热力学机理

成环时正负电荷相吸时反应活化能较低,反应阻力较小。根据 Hückel

模型中丙烯亚胺原子电荷性质,两分子丙烯亚胺形成吡啶碱的反应主要是按照图 5.12 中反应式(a)~(c)三种形式进行。两分子丙烯亚胺成环反应时,先形成二氢吡啶中间体 1、2 和 3,然后中间体经脱氨得到 3-MP。

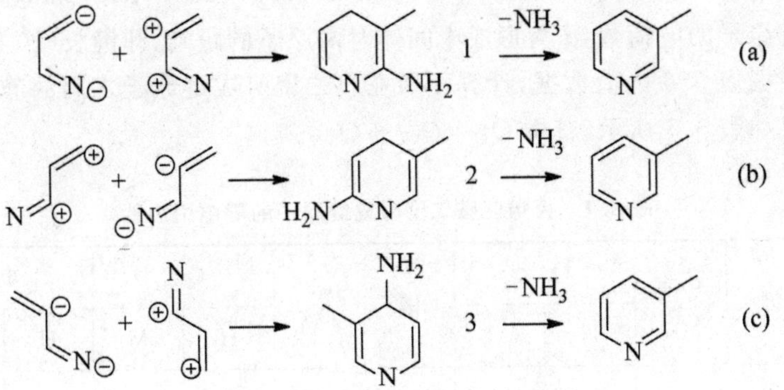

图 5.12　丙烯亚胺合成 3-MP 过程

各中间体和产物的焓变和吉布斯能变计算结果如表 5.6 所示。焓变为负,表明反应为放热反应,升高温度对反应不利。式(a)~(c)中间体产物反应吉布斯能变为负,反应可以进行。形成 3-MP 能变更低,说明氨基二氢吡啶在反应条件下极不稳定,容易进一步脱氨形成 3-MP。根据吉布斯能变判断,吉布斯能变式(b)>(c)>(a),但差别并不明显,在热力学控制条件下,式(a)~(c)发生概率相差不大。

表 5.6　丙烯亚胺二聚反应焓变($\Delta H^{\ominus}$)和标准吉布斯能变($\Delta G^{\ominus}$)[a]

反应式	构型	极性	产物	$\Delta H^{\ominus}$	$\Delta G^{\ominus}$
(a)	Cis-Cis	相同	1	−391.61	−63.62
(b)	Trans-Trans	相同	2	−384.68	−59.83
(c)	Trans-Trans	相异	3	−386.10	−61.25
(a)			3-MP	−378.46	−108.84
(b),(c)			3-MP	−386.61	−117.24

注:a 采用 Joback 法和取代位置效正法计算热力学数据,$T=125\ ℃$。

5.2.2.5　两分子丙烯亚胺成键静电作用力计算

丙烯亚胺顺反结构中 C=C 平面和 C=N 平面在同一平面,此时丙烯亚胺最稳定。在丙烯亚胺成环过程中,两分子丙烯亚胺保持平面构型,逐渐靠近形成过渡态时所耗能量较小,主要动力和排斥力为成键原子之间的作用力。因此计算成键原子间作用力大小,即可评估各过渡态的形成概率,也就知道产物分布。静电引力能 $Q=-k\times q_1\times q_2/d(\mathrm{kJ\cdot mol^{-1}})$,其中静电引力常数为 $k=9\times10^9(\mathrm{N\cdot m\cdot C^{-2}})$,$1\,\mathrm{e}=1.6\times10^{-19}\,\mathrm{C}$,$q_1$ 和 q_2 分布表示成键原子的电荷数,d 为形成中间体时两原子的距离,即键长(10 nm)。

根据表 5.6 电荷数据,计算丙烯亚胺二聚时成键原子之间的静电引力能结果如表 5.7 所示,其中 $Q_{总}=Q_{C-C}+Q_{C-N}$。

表 5.7　丙烯亚胺二聚时成键原子的静电引力能

式	键	d_{C-C} (Å)	Q_{C-C}		键	d_{C-N} (Å)	Q_{C-N}		$Q_{总}$	
			H	M			H	M	H	M
(a)	^1C-^2C	1.512	0.4	−11.5	^4N-^3C	1.270	86.2	−5.0	86.6	−16.5
(b)	^1C-^2C	1.507	0.6	−15.6	^4N-^3C	1.268	85.2	−5.0	85.8	−20.6
(c)	^2C-^3C	1.509	13.7	−6.7	^4N-^1C	1.268	4.0	−8.4	17.7	−15.1

根据 Mulliken 模型计算引力能为负,可见分子间静电作用主要表现为反应阻力,比较 C—C 与 C—N 之间的阻力大小,式(a)~(c)相差很小,说明二者容易同时成键,进一步肯定了前述推测,丙烯亚胺之间或丙烯亚胺与丙烯醛之间通过式图 5.11 中式(2)(c)经环加成过渡态反应的概率更大,同时在反应条件下也无强的 H^+ 催化丙烯醛形成碳正中间体,因为 H^+ 更容易和 NH_3 结合。而成键的难易又由阻力较大的键决定,因此可以看出式(a)和(b)反应 C—C 之间成键阻力大,而式(c)反应 C—N 之间成键阻力大,而且阻力由大到小依此为式(b)>(a)>(c),式(b)阻力大于式(c)将近一倍,在动力学控制条件下,式(c)为主要反应形式。式(a)和式(b)比较,式(a)需要克服构型变换能,因此相对来说,式(b)发生概率大于式(a)。由于要保证 C—N 和 C—C 均成键,因此反应由最难成键的反应控制,在 Hückel 模型中我们比较式(c)中 C—N 键,式(a)和式(b)中 C—C 键引力能对成键的贡献可知,贡献由大到小依此为式(c)>(b)>(a),和前面的分析一致。

根据 Hückel 模型计算的引力能比较,式(a)和式(b)中 C—N 原子之间的引力能明显大于 C—C 之间的引力能,且在 Mulliken 模型中 C—N 成键阻力小于 C—C,因此容易判断反应依据式(b)反而是 C—N 先成键,而后 C—C 之间成键,与图 5.11 中式(2)(b)反应过程相符。而式(c)刚好与之相反,容易经图 5.11 中式(1)和(2)(a)过程先 C—C 成键,而后 C—N 成键。同时,在 Mulliken 模型中式(c)中 C—C 和 C—N 成键阻力相近,容易同时成键,与图 5.11 中式(2)(c)反应过程相符。

比较 Hückel 模型和 Mulliken 模型我们知道,Hückel 模型认为反应主要是 π 电子在原子轨道上再分布形成,即参与反应的是 π 电子轨道,这与图 5.11 中式(1)和(2)(a)反应中丙烯醛经碳正离子活化形成新的原子轨道反应一致。而 Mulliken 模型是根据电子在整个分子轨道中的分布来计算电荷布居,因此参与反应的是分子轨道,考虑了所有分子中电子之间排斥力的影响,很明显,过渡态的环加成过程不需原子轨道先杂化后反应即可直接成键,即式(2)(c)反应和 Mulliken 模型吻合,丙烯亚胺可经过图 5.11 中式(2)(c)所列反应通过环加成生成吡啶碱产物更容易发生。

比较图 5.12 中式(a)、(b)和(c)可知,式(c)两分子丙烯亚胺同为反式,且分子极性相反,即两反应物分子之间的作用力能提供一部分能量,降低反应活化能。而式(b)反应两分子丙烯亚胺极性一致,导致分子间排斥力较大,反应较困难。式(a)反应两分子丙烯亚胺均为顺式,需要较大的能量克服构象能垒,同时,两分子丙烯亚胺极性一致,导致分子间排斥力较大,反应最难,所以式(a)反应很少发生。因此推测在动力学控制条件下,反应由易到难为式(c)>(b)>(a),和 Mulliken 模型吻合。

由于氨基甲基二氢吡啶中间体能量较高,极不稳定,容易脱氨形成 3-MP。Sagitullin R S 和 Anna Y 报道了采用不饱和醛、酮和氨合成二氢吡啶的过程,然而还没有直接证据证明二氢吡啶中间体的存在,有待进一步的研究。

5.2.2.5　两分子丙烯亚胺的前线分子轨道反应规律

两分子丙烯亚胺环加成反应过程受前线轨道控制,在加热条件下,丙烯亚胺处于基态,其最高占有轨道(HOMO)和最低占有轨道(LUMO)如图 5.13 所示。由于丙烯亚胺存在正反结构,其 HOMO 和 LUMO 轨道不同,根据分子轨道理论,要求电子从一分子的 HOMO 流入另一分子的 LUMO,且轨道能相近才容易发生同位相重叠的环加成反应。根据各反应产物的过渡态模型,将 HOMO 和 LUMO 重叠,由于形成吡啶环时,只有一个 N 原子参与成环,所以存在两种重叠方式,即环上 N 原子来自 LUMO 的 A 模式和环上 N 原子来自 HOMO 的 B 模式。

总结丙烯亚胺二聚或与丙烯醛形成吡啶碱的环加成规律如表 5.8 所示。

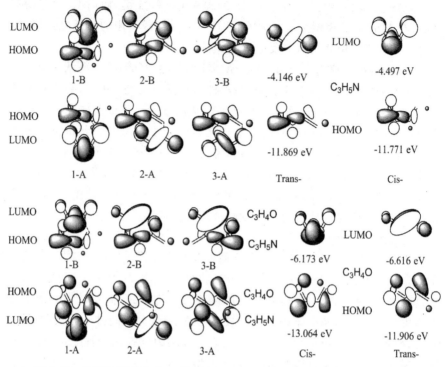

图 5.13　丙烯亚胺缩合的 HOMO 和 LUMO 轨道重叠（扩展的 Hückel 模型）

表 5.8　丙烯亚胺二聚或与丙烯醛环加成的轨道重叠规律

反应物	重叠模型	产物 1	产物 2	产物 3
$_3H_5N$ + C_3H_5N	A	禁止	许可	许可
	B	许可	禁止	禁止
C_3H_5N + C_3H_4O	A	许可	禁止	禁止
	B	许可	禁止	禁止

　　丙烯亚胺二聚时，中间体 1、2 和 3 均可通过环加成形成相应产物，其中产物 1 在 A 和 B 两模式下均为允许反应，即两分子丙烯亚胺同为顺式时，环加成容易进行。中间体 2 和 3 在 B 模式均为禁阻反应，在 A 模式下可以发生环加成。通过观察发现 1-A 重叠时，C—C 与 C—N 成键位置位相电子云重叠较多，成键稳定，同时也意味着电子云之间排斥力也大，这一点从分子轨道能级差可以看出。比较 1-B，2-A 和 3-A 重叠模式可知，在 1-B 和 2-A 含 N 部位电子云重叠较多，成键容易，而 C—C 成键部位无重叠，需要较大的活化能，而 3-A 模式虽然分子轨道位相相同，但电子云在 C—C 和 C—

N 成键部位均没有重叠,两成键部位阻力相当。这一点和前述在 Hückel 模型和 Mulliken 模型中计算成键阻力时分析一致。丙烯亚胺和丙烯醛缩合时,只有同为顺式时位相相同,反应可以进行;同为反式时位相不同,反应难以进行,因而,推测反应主要在构型一致的反式丙烯亚胺分子之间。

5.2.3　醛/氨反应规律

5.2.3.1　饱和醛/不饱和醛和氨低温液相法形成吡啶碱规律

饱和醛合成吡啶碱的 Chichibabin 机理和 Calvin J R 吡啶碱形成机理解释了羰基化合物和氨合成吡啶碱产物的一般规律,但是无法合理地解释吡啶碱产物组成随反应温度的变化规律,RobertL F 描述不饱和醛不经脱氢直接得到烷基吡啶的过程,但过程简单,信息不足。根据两分子丙烯亚胺合成 3-MP 过程,我们推测各饱和醛先经过羟醛缩合、加氨和脱水等如图 5.14 中式(d)反应过程生成烯亚胺中间体,烯亚胺分子再根据图 5.12 中式(a)~(c)形式发生如图 5.14 所示式(e)~(g)反应得到吡啶碱产物,且反应出现几率为(g)>(f)>(e)。

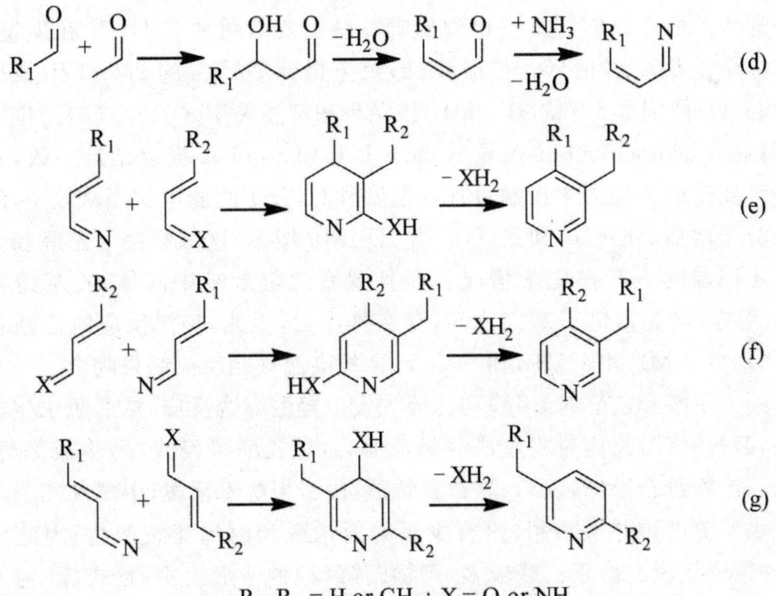

$R_1, R_2 = H \text{ or } CH_3$; $X = O \text{ or } NH$

图 5.14　醛氨低温液相反应合成吡啶碱

图 5.14 中反应由于取代基的不同,反应出现以下四种情形:

(1)当 $R_1 = H, R_2 = H$ 时,由式(e)、(f)和(g)同时得到 3-MP。

(2)当 $R_1 = CH_3, R_2 = CH_3$ 时,由式(e)和(f)同时得到 3E-4MP,由式(g)得 2M-5EP。

(3)当 $R_1 = H, R_2 = CH_3$ 时,由式(e)、(f)和(g)分别得到 3-EP、3,4-DMP 和 2,5-DMP。

(4)当 $R_1 = CH_3, R_2 = H$ 时,由式(e)得到 3,4-DMP,式(f)和(g)同时得到 3-EP。

式(g)和前述式(c)形式一致,反应物分子同为反式,分子极性相反,负电中心相距较远,由于分子间静电作用力较大,成环阻力小,反应容易进行,反应产物含量最高。式(f)和前述式(b)形式一致,由于反应物分子同为反式,不需经构象变化即可发生,较式(e)容易发生。而式(e)反应物分子同为顺式,需克服构象变化的能垒,反应相对难以发生。

根据表 5.4 醛氨反应结果可知,只通入甲醛没有发现吡啶碱产物,是由于甲醛不含 α-H,无法进行羟醛缩合反应,即式(d)无法进行,因而没有共轭不饱和醛的产生,也就没有吡啶碱产物。

通入丙烯醛时发生第(1)种情形,只有 3-MP 一种吡啶碱产物,反应和式(1)~(3)过程一致。

通入乙醛和乙酸铵反应得到的吡啶碱主要是两种 $C_8H_{11}N$ 和少量 $C_{10}H_{13}N$,符合第(2)种情形。根据式(g)反应得到 84.5% 的 2M-5EP,根据式(e)和式(f)得到 2.5% 的 3E-4MP,该结果和前述关于式(1)~(3)的推测一致,且和 Tschitschibabin A E、Robert L F 和 Saini A 报道结果一致,并进一步证实反应为动力学控制过程。温度升高,分子间静电作用减较小,顺式构象分子增加,即式(e)和式(f)产物 3E-4MP 增多,这就解释了乙醛和氨反应在不同温度下产物变化情况。而且观察二氢吡啶中间体,乙基总是和 -XH 相连,均为富电子基团之间,存在排斥力,因此,高温反应时乙基容易脱去,形成 2-MP 和 4-MP,和 Sisir K R 的高温气相反应结果吻合。

通入甲醛和乙醛时,甲醛和乙醛先发生羟醛缩合反应,然后脱水生成丙烯醛,经过式(d)反应过程生成丙烯亚胺,过量乙醛可经式(d)生成 2-烯-丁亚胺。产物符合第(2)、(3)和(4)种情形,由于甲醛不活泼,甲醛和乙醛之间的脱水反应进行并不顺利,只有少量的丙烯醛和丙烯亚胺产生,因此无第(1)种情形反应。由于乙醛较多,产物以第(2)种情形为主,且式(g)为主要反应形式,因此主要产物是 2M-5EP,由第(3)和(4)情形的式(e)和式(f)反应产物 3,4-DMP 极少,同时还会出现产物 3-EP、2,5-DMP 和 2M-5EP。

通入乙醛和丙烯醛时,第(1)、(2)、(3)和(4)种情形同时存在。由于丙烯醛量较多,以第(1)情形产物 3-MP 为主,第(4)种情形产物次之,第(2)和第(3)种情形产物较少。因此比较第(3)和(4)种情形反应下的式(g)反应发现,第(3)种情形下甲基作为供电基团,降低与之相连的 1-C 上的正电荷强度,成环时丙烯亚胺上 N 与 1-C 成键阻力增加,形成产物 2,5-DMP 较少。而第(4)种情形下,与甲基相连的 1-C 并不参与成环,其供电效应对成环影响较弱,因此第(4)种情形较第(3)种情形反应容易发生,这也是产物3-EP 较多的原因。因此产物主要是 3-MP 和 3-EP,少量 2,5-DMP 和2M-5EP,3E-4MP 和 3,4-DMP 极少。美国专利 US4482717 报道在 230 ℃下,用甲醛/乙醛＝0.78/1 的原料和铵盐在高压下反应主要得到 3-MP 和3-EP,还有少量 Py、2,5-DMP、3,5-DMP 和 2M-5EP。甲醛含量提高,丙烯亚胺中间体增加,3-MP 和 3-EP 吡啶含量增加,和机理推测一致。Py 和3,5-DMP 的出现是由于温度和压力增加引起,使反应不经过(a)~(c)类型环加成反应所得。

5.2.3.2　饱和醛和氨高温气相法形成吡啶碱规律

如前所述,我们可知饱和醛氨的反应是经历不饱和的共轭烯醛和共轭烯亚胺过程得到的,与丙烯醛制得 3-MP 机理类似,都是在烯亚胺发生环加成反应得到二氢吡啶中间体,再脱氨或脱水得到吡啶碱,且反应主要发生在由极性相异的反式与反式烯亚胺(或烯亚胺与烯醛)之间,反应为动力学控制。乙醛和氨的高温气相反应产物主要是 2-MP 和 4-MP,且含量几乎相等,根据前面所述机理,乙醛和氨可以依据式(a)~(d)发生如图 5.15 式(h)~(k)反应。直接用乙烯胺或乙亚胺做反应物时,反应方程可以用式(l)和(m)表示,同样满足正负电荷交叉成环,并且双键直接和环上碳相连,同样形成 2-MP 和 4-MP。

经式(d)两分子乙醛和氨先生成丁烯亚胺,经式(h)一分子乙醛和氨生成乙亚胺,丁烯亚胺和乙亚胺经式(i)~(k)环加成过程生成胺基四氢吡啶,再脱氨和脱氢形成 MP,其中式(k)形成 2-MP,而式(i)和(j)形成 4-MP。同时,由于反应温度高,反应物容易被激发,受构型和极性影响较小,为热力学控制反应,产物 2-MP 和 4-MP 含量大致相当,和前述热力学计算结果相似。因此,认为醛氨形成吡啶碱反应在高温和低温可以经同样的环加成路线形成吡啶碱,成环方式决定了产物分子的结构,在低温时反应为动力学控制,反应受分子构型和极性影响较大,至少需四个不饱和键参与反应才能形成吡啶碱;在高温时,为热力学控制反应,只需三个或更少的不饱和键参与反应即可成环。

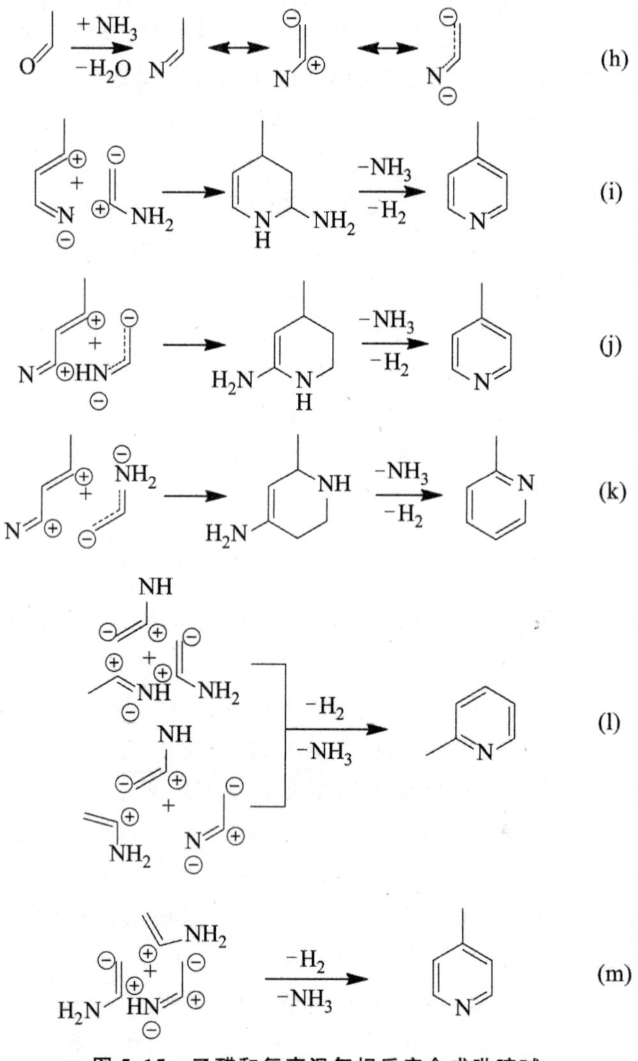

图 5.15　乙醛和氨高温气相反应合成吡啶碱

5.2.3.3　醛/氨反应生成吡啶碱的一般规律

　　丙烯醛和氨的低温液相反应形成吡啶碱主要是经历烯亚胺中间体的环加成过程中,其机理可推广至饱和醛和氨的反应过程,其过程如下:饱和醛通过羟醛缩合并脱水后得到 α,β-共轭烯醛,烯醛与氨经过亲核加成并脱水形成 α,β-共轭烯亚胺中间体。该烯亚胺中间体也可以由饱和醛先形成饱和烃亚胺,饱和烃亚胺和饱和烃亚胺(或饱和醛)经羟醛缩合反应并脱氨(或脱水)形成。烯亚胺再和烯亚胺(或烯醛)经环加成得到二氢吡啶中间体,二氢

吡啶中间体经脱氨(或脱水)最终形成吡啶碱。该反应过程遵循以下几点原则:

(1)吡啶环由 α,β-共轭烯亚胺与烯亚胺(或 α,β-共轭烯醛)经环加成,再脱氨(或脱水)生成;且反应容易发生在烯亚胺与烯亚胺分子之间,烯亚胺与 α,β-共轭烯醛之间反应较为困难。

(2)形成吡啶环的环加成反应发生在构型一致的两分子 α,β-共轭烯亚胺与 α,β-共轭烯亚胺(或 α,β-共轭烯醛)之间,即两分子反应物同为反式或同为顺式,主要是发生的是反式与反式之间的环加成,升温可促进顺式反应进行。

(3)形成吡啶环的环加成有三种反应形式,其中两分子极性异向的反反加成容易发生,其次为分子极性同向的反反加成,分子极性同向的顺顺加成较难发生。

(4)经环加成得到二氢吡啶中间体的难易程度直接决定了吡啶碱产物分布。

(5)反应为动力学控制,反应受分子构型和极性影响较大,至少需四个不饱和键参与反应才能形成吡啶碱。

(6)反应过程无氧化及还原反应,主要发生加成和消去反应。

(7)醛氨高温气相反应形成吡啶碱中间体的过程与此类似,但产物分布变化较大。

综上所述,由丙烯醛和氨液相反应形成 3-MP 的过程,是经过丙烯醛与氨形成丙烯亚胺,再由丙烯亚胺与丙烯亚胺(或丙烯醛)经三种类型的环加成得到二氢吡啶中间体,中间体进一步脱氨(或脱水)得到。饱和醛和氨液相反应得到吡啶碱的成环反应过程与此类似,均是由共轭烯亚胺与共轭烯亚胺(或共轭烯醛)经环加成得到二氢吡啶中间体,其中二氢吡啶的结构由三种不同反应类型决定,其中两分子极性异向的反反环加成容易发生,其次为分子极性同向的反反环加成,分子极性同向的顺顺环加成较难发生,此中间体生成的难易程度直接决定了吡啶碱产物分布。该机理对于气相法同样适应,只是反应受热力学控制,产物分布不同。

5.2.4　丙烯醛与乙酸铵液相反应平衡讨论

根据丙烯醛和氨液相反应机理,丙烯亚胺为丙烯醛和铵盐低温液相反应的中间体,主要反应产物为 3-MP,副产物主要为丙烯醛聚合物和/或丙烯亚胺聚合物,在乙酸溶剂内反应时,氨由乙酸铵分解得到,且乙酸铵还可以脱水形成乙酰胺,具体反应过程见 3.6 内容。因此推测丙烯醛和铵盐反应示意图如图 5.16 所示。

根据图 5.16 所示反应过程,计算各反应速率如式(5.18)～(5.24)所示。根据上述分析可知 $n>2$,n 主要等于 8,因此,而式 3.5 中 $n+m$ 主要等于 8。

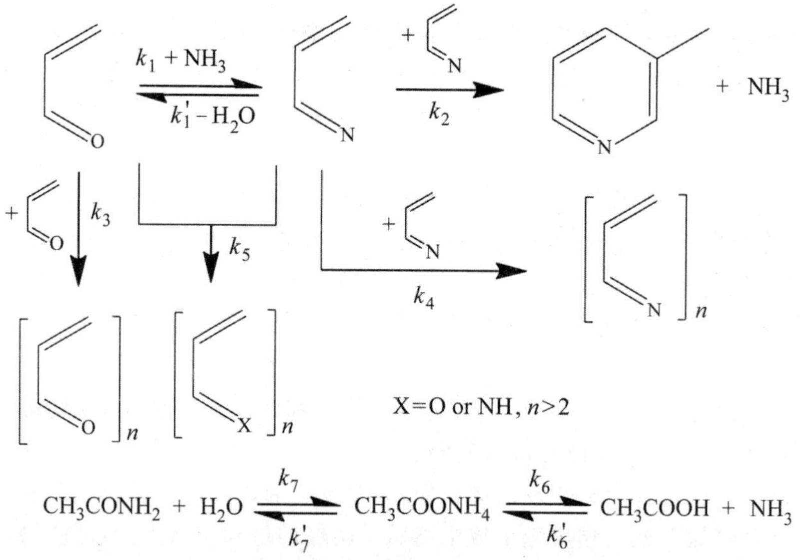

图 5.16 丙烯醛与铵盐反应形成亚胺和 3-MP

$$r_1 = k_1[C_3H_4O][NH_3] - k_1'[C_3H_5N][H_2O] \tag{5.18}$$

$$r_2 = k_2[C_3H_5N]^2 \tag{5.19}$$

$$r_3 = k_3[C_3H_4O]^n \tag{5.20}$$

$$r_4 = k_4[C_3H_5N]^n \tag{5.21}$$

$$r_5 = k_5[C_3H_4O]^m[C_3H_5N]^{n-m} \tag{5.22}$$

$$r_6 = k_6[CH_3COONH_4] - k_6'[CH_3COOH][NH_3] \tag{5.23}$$

$$r_7 = k_7[CH_3CONH_2][H_2O] - k_7'[CH_3COONH_4] \tag{5.24}$$

丙烯醛和氨合成 3-MP 的反应中,丙烯亚胺能量较高,反应活泼,因此判断第一步是形成丙烯亚胺,其反应速率较慢,应为速率控制步骤。在产物中也没有观察到丙烯亚胺的存在,说明其为拟平衡状态。3-MP 收率主要受 r_1 反应影响。

当溶剂量较小时,丙烯醛浓度$[C_3H_4O]$较高,导致主要发生 r_3 或 r_5 反应,降低了 r_1 反应,因此,3-MP 收率降低;而当溶剂量较高时,$[C_3H_4O]$ 和 $[NH_3]$同时降低,也就减小了 r_1 反应速率,降低 3-MP 收率。稀释剂的量和丙烯醛进料浓度对 3-MP 收率的影响与此类似。

当铵盐量较小时，r_1 反应中 $[NH_3]$ 减小，降低 3-MP 收率；当铵盐量较大时，生成的 C_3H_5N 较多，导致 $[C_3H_5N]$ 过大，3-MP 收率主要受 r_2 和 r_4 的影响，由于 $n>2$，因此 r_4 增加较大，导致 3-MP 选择性降低，收率减小。

温度增加，被活化丙烯醛较多，k_1 和 k_1' 增加，由于 $[C_3H_4O][NH_3]$ 要大于 $[C_3H_5N][H_2O]$，所以 r_1 反应增加，提高了 3-MP 收率。

当丙烯醛进料流速较大时，即 $[C_3H_4O]$ 较高，主要发生 r_3 或 r_5 反应，3-MP 收率降低；当丙烯醛进料流速较低时，反应主要为 r_1 反应，$[C_3H_4O]$ 降低，导致 r_1 减小，3-MP 收率降低。

加入固体酸催化剂，主要是提高 k_1 和 k_1'，同样可以导致 r_1 反应增加，提高 3-MP 收率。

5.3　丙烯醛气相法合成 3-甲基吡啶反应机理

5.3.1　丙烯醛的红外吸附光谱研究

在丙烯醛液相法合成 3-MP 以及甲醛乙醛法气相合成吡啶及 3-MP 机理过程中，讨论过吡啶及 3-MP 的形成过程，然而，一直缺乏明显的证据证明其机理过程。丙烯醛和氨高温气相法反应产物主要是吡啶和 3-MP，对于吡啶的形成也一直存在疑问，是丙烯醛先裂解成 C1 和 C2 组分，该 C2 组分再和丙烯醛反应形成吡啶，还是先形成 3-MP 再脱甲基，另外一种可能是在形成 MP 中间体过程中间脱甲基，即涉及裂解反应何时发生及如何发生的问题。为此，我们通过丙烯醛和氨在催化剂上的红外光谱来探究丙烯醛在催化剂表面的吸附和形成吡啶碱的过程，以便了解丙烯醛和氨气相反应形成吡啶机理。

5.3.1.1　实验步骤

实验步骤实施如下：

(1)先将 0.5% 的 HF/MgZSM-5(Si/Al＝25，MgF$_2$＝3%，700 ℃)催化剂(制备见 4.3.1 内容)与 KBr 混合，磨细，在 15 MPa 的压力下，压成透明薄片。

(2)将催化剂薄片放入原位透射池，连接好真空管路和真空泵系统。先开启真空油泵，待压力低于 10 Pa 时，开启油扩散泵加热，并冷却，真空度降至 1 Pa 左右，向冷阱内加入液氮。同时开启原位池冷却水和控温仪系统，将催化剂加热至 350 ℃,预处理 2 h,至压力降为 10^{-2} Pa。预处理完毕。

(3)开启仪器电源,并向仪器光路通入氮气作为,减少 CO_2 对检测的影响,30 min 后向红外检测器加入液氮,待稳定 5 min 后开始检测。

(4)先设定扫描频率为 40 Hz,滤波为 5 Hz,USR$=2$,分辨率 $R=4$ cm^{-1},另灵敏度 $S=1$,扫描次数$=32$,检测波数 4 000~700 cm^{-1} 等参数,选定红外源、分束器和检测器 MCT 等,查看检测器能量,能量正常,开始检测。

(5)在 25~300 ℃ 温度下扫描催化剂空白,发现随着温度的升高,基线趋平,在 4 000~2 000 cm^{-1} 范围内,光能量随温度略有起伏,在低于 2 000 cm^{-1} 下,基线较平,满足实验要求。

5.3.1.2 丙烯醛的红外光谱峰

在常温 25 ℃、真空 10^{-2} Pa 下,断开原位池和真空系统,向原位池内吸入饱和丙烯醛气体,再接通真空泵,降低压力,扫描丙烯醛的红外光谱,在 200 Pa 时得到丙烯醛红外谱图,根据各峰位置和 Loffreda D 报道,各峰归属如表 5.9 所示。

表 5.9 丙烯醛在常温下的红外谱峰归属

频率(cm^{-1})	丙烯醛红外光谱谱峰归属
3 468~3 395	C=O 倍频峰,$2v$,弱
3 200~3 050	=CH$_2$ 不对称伸缩振动峰,v^{as};=CH$_2$ 对称伸缩振动峰;v^s;弱
3 050~2 950	=CH—伸缩振动峰,v^s,弱
2 950~2 600	CO—H 的伸缩振动峰,v;C—H 变形振动峰倍频峰,2δ;中强
1 946~1 895	=CH$_2$ 摇摆振动倍频峰,2γ,弱
1 844~1 801	=CH—摇摆振动倍频峰,2γ,弱
1 750~1 676	HC=O 伸缩振动峰,v,强而尖
1 647~1 598	C=C 伸缩振动峰,v,弱
1 438~1 391	=CH$_2$ 变形振动峰,δ,中强而宽
1 376~1 337	=CH—变形振动峰,δ,弱
1 250~1 270	CO—H 变形振动,δ,弱
1 180~1 109	C—C 变形振动峰,δ,中强而宽
1 000~800	=CH$_2$ 面内摇摆,ω;=CH$_2$ 面外摇摆,ω;弱

丙烯醛所有位置的峰均成对出现,可能是由于丙烯醛浓度较高,顺反结构丙烯醛同时存在,而顺反结构谱峰位置不同,导致峰耦合为两重峰;另一种原因就是氢键的影响,容易导致伸缩振动移向低频,弯曲振动移向高频。一般而言顺反结构影响较大。极性的 C—H 和 HC=O 振动偶极矩大,谱峰强度较大;而非极性的 C=C 的偶极矩较小,谱峰强度较弱;C—C 由于 O 的诱导,极性较大,谱峰强度较大;C—H 由于所处化学环境不同,受到的电子排斥力不一,导致谱峰位置有偏移。由于丙烯醛的 C=C 和 HC=O 键较为活泼,为我们研究的重点谱峰,谱峰主要集中在 $900 \sim 1\,800$ cm^{-1}。

在高频区容易存在倍频,而主要的倍频是极性强的 C=O 的伸缩振动峰倍频峰和 C—H 的变形振动峰倍频峰。另外=CH$_2$ 的 C—H 伸缩振动还存在对称和不对称之分,一般不对称伸缩振动频率较高,其摇摆振动也存在面内和面外之分,但峰强一般较弱。

对于判别不清的,或者归属较为困难的同类型、相近的峰,根据原子间键长大小来判断振动键能的大小。一般来说,对于同类型的键,键越短,键能越强,表示键力常数越大,相应的振动峰波数越大。键长对于理想键长的偏离,也反映了原子间基团的相互作用。

红外光谱波数计算如式(5.25)所示:

$$v = \frac{1}{2\pi c}\sqrt{\frac{k}{\mu_{A-B}}}, \mu_{A-B} = \frac{M_A \cdot M_B}{M_A + M_B} \tag{5.25}$$

其中,k 为键力常数,单位:N·cm^{-1};μ_{A-B} 为两原子折合质量;M 为原子质量;c 为光速。K 直接由原子间引力决定,即取决于原子所带电荷和原子间距离。其中 $k_{O-H}=7.7$ N·cm^{-1},$k_{N-H}=6.4$ N·cm^{-1}。丙烯醛各化学键键长和键力常数如表 5.10 所示,另外由于丙烯醛存在如式 5.26 所示顺反结构转化,导致其键长发生变化。

表 5.10　丙烯醛各化学键键长和键力常数

键	trans-C$_3$H$_4$O 键长		cis-C$_3$H$_4$O 键长		优化值/ Å	k/ (N·cm^{-1})
	Å	变化	Å	变化		
C(1)=C(2)	1.299 2	Shorter	1.341 9	Longer	1.337	9.6
C(2)—C(3)	1.393 8	Shorter	1.357 2	Shorter	1.517	4.5
C(3)=O(4)	1.265 6	Longer	1.210 9	Longer	1.208	12.1
C(1)—H(5)	1.104 4	Longer	1.101 5	Longer	1.100	5.1
C(1)—H(6)	1.039 5	Shorter	1.100 3	Longer	1.100	5.1

续表

键	trans-C_3H_4O 键长		cis-C_3H_4O 键长		优化值/	$k/$
	Å	变化	Å	变化	Å	$(N \cdot cm^{-1})$
$C(2)-H(7)$	1.065 8	Shorter	1.104 9	Longer	1.100	5.1
$C(3)-H(8)$	1.046 8	Shorter	1.116 2	Longer	1.113	5.1

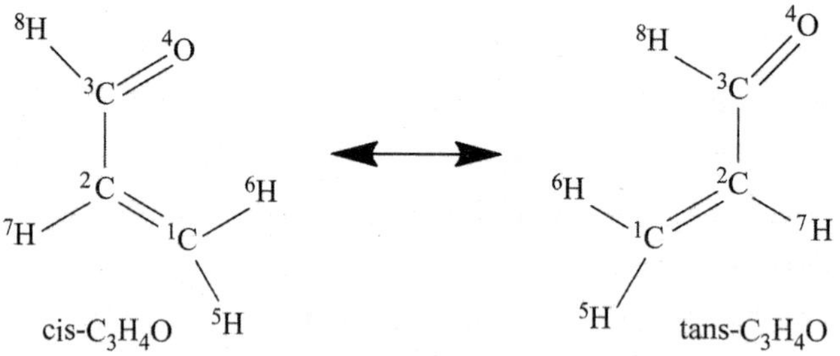

$$(5.26)$$

峰的强度一般取决于键的类型和极性,还有基团数目等因数,另外考虑共轭、诱导效应、键力效应、空间效应、氢键、共振和耦合。振动形式有伸缩振动 v 和变形振动,对称伸缩振动 v^s 和不对称伸缩振动 v^{as},变形振动又有剪式振动 δ、面外摇摆 ω、面内摇摆 γ 和扭曲振动 τ。一般共轭使 C=O 峰向低频移动;取代基电负性增强使 C=O 峰向高频移动;张力较大,使双键性质减弱,双键谱带向低频移动;位阻大,振动减弱,向低频移动;氢键使双键性质减弱,向低频移动;共振容易出现倍频峰;耦合使峰发生裂分。

5.3.1.3 丙烯醛的常温吸附

丙烯醛在不同真空度压力下的红外光谱如图 5.17 所示。

随着压力降低,谱峰吸收值降低,在低压下 HC=O 伸缩振动峰、醛基 CO—H 伸缩振动峰、=CH 变形振动峰和 C—C 伸缩振动峰由于极性强,峰强度大,清晰可辨。其他极性较弱的峰峰强较低,已难以分辨。

由于丙烯醛存在顺反结构,低压时,HC=O 出现波数分别为 1 728 cm^{-1} 和 1 710 cm^{-1} 两个强吸收谱峰,从理论数据来看,反式结构 HC=O 键较长,能力低,因此高频 1 728 cm^{-1} 为顺式丙烯醛 HC=O 峰,1 709 cm^{-1} 为反式丙烯醛 HC=O 峰。一般反式结构稳定,峰强度更大,但由于两波数比较接近,发生共振和耦合,顺式峰峰强变强,Shuji F 也支持这一结论。在 1 737 cm^{-1} 出现不明显肩峰,为 HC=O 峰蓝移所致,且随着压力降低,所有谱峰均有蓝移趋势,说明共轭效应减弱,导致 C=O 键能增加所致。

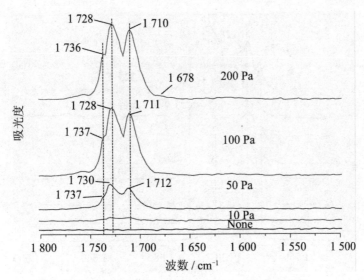

图 5.17　丙烯醛在不同真空度压力下的红外光谱

5.3.1.4　丙烯醛的高温红外吸附光谱

抽至 10 Pa 左右,当可见检测到明显的丙烯醛峰,且特征峰在真空度下不消失,缓慢升高温度,检测丙烯醛在 25～325 ℃下丙烯醛红外吸收峰的变化。随着温度升高,峰宽减小,峰强增加,丙烯醛可能发生自聚,需要仔细区分是温度引起峰位移的变化,还是吸附导致的峰位移或反应产生的新峰。一般而言,温度引起的峰位移量较小,且峰值比例不会变化,位移一般发生同向位移。而产生吸附或反应新峰位移量较大,观察丙烯醛在不同温度的红外光谱如图 5.18 所示。

随着温度升高,可以看到丙烯醛特征峰在 1 680～1 750 cm^{-1} 左右的 HC=O 峰峰强增加,峰宽变窄,并在 300 ℃开始分裂成多重峰,至 325 ℃该处峰分裂成四个单峰。除了低温时的 1 738 cm^{-1}、1 730 cm^{-1} 和 1 712 cm^{-1} 外,出现 1 695～1 701 cm^{-1} 新峰,应为 1 712 cm^{-1} 向低波数偏移所致。波数偏移量为 13 cm^{-1},因此判断吸附新峰。而 1 728 cm^{-1} 和 1 715 cm^{-1} 明显为 1 730 cm^{-1} 和 1 712 cm^{-1} 峰耦合或吸附加强引起的振动峰,使高波数峰向低频移动,使低波数峰向高频移动。1 738 cm^{-1} 峰强较弱,说明该峰发生的概率较低,而 1 699 cm^{-1} 峰强较较强,说明发生的概率较大,过程容易发生,同时耦合成 1 701 cm^{-1} 和 1 698 cm^{-1}。

高温下丙烯醛可能强吸附或发生自身的聚合反应,导致 C=C 和 HC=O 不再共轭,特别是 C=O 转化为独立醛基等,导致能量变化,振动频率也发

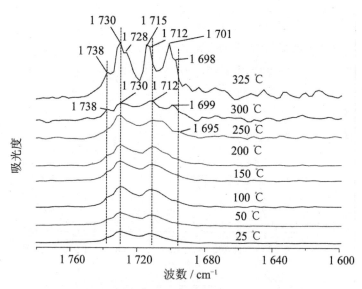

图 5.18 丙烯醛在不同温度下的红外光谱

生变化。Juan C J 报道了丙烯醛在 Pt(111)催化剂表面的吸附,认为
$1\ 701\ cm^{-1}$ 峰为顺式丙烯醛的面吸附峰,$1\ 698\ cm^{-1}$ 峰为 $CH_2=C=O$ 的
$C=O$ 峰,Anna Y 则认为是乙醛的弱吸附峰,因此可能存在丙烯醛的裂解。
而 Lucio T 和 Juan C J 报道了丙烯醛经 Diels-Alder 反应形成 2-甲醛基-3,
4-二氢吡喃(二聚丙烯醛)非共轭的 $HC=O$ 的过程,因此非共轭的 $HC=O$
是存在的。Sherrill A B 和 Lauren B 报道了丙烯醛在 TiO_2 表面的吸附,观
察到了戊二烯醛和丙醛的存在,产生了多共轭和非共轭的 $HC=O$,因此判
断 $1\ 738\ cm^{-1}$ 为非共轭或弱共轭的 $HC=O$ 峰,而 $1\ 701\ cm^{-1}$ 和
$1\ 698\ cm^{-1}$ 为吸附峰是可信的。考虑同时变化,作用相同,因此判断
$1\ 738\ cm^{-1}$ 为吸附导非共轭或弱共轭峰,$1\ 699\ cm^{-1}$ 为吸附导致共轭峰红
移,主要为点吸附。

5.3.2 丙烯醛的原位红外反应考察

5.3.2.1 丙烯醛对吸附丙烯醛的红外谱峰影响考察

观察 350 ℃下吸附丙烯醛和加入新鲜丙烯醛前后的红外谱图如图
5.19 所示。

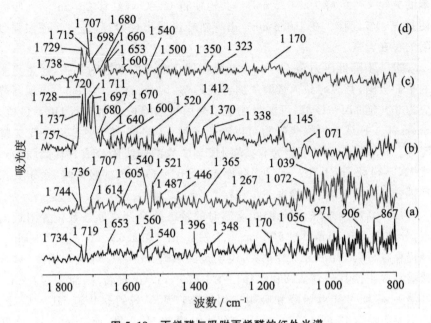

图 5.19　丙烯醛与吸附丙烯醛的红外光谱
(a)30 Pa；(b)10 Pa；(c)加丙烯醛后 30 s；(d)加丙烯醛后 1 min

从图 5.19 可以看出,高温 27 Pa 时 HC=O 键只保留 1 734 cm^{-1} 和 1 719 cm^{-1} 两个峰,1 734 cm^{-1} 波数介于 1 738 cm^{-1} 和 1 730 cm^{-1} 之间,1 719 cm^{-1} 介于 1 730 cm^{-1} 和 1 712 cm^{-1} 之间,可能为 1 730 cm^{-1} 和 1 712 cm^{-1} 由于吸附导致共轭左右减弱,同时向高波数偏移所致。C=C 峰由 1 675 cm^{-1} 红移至 1 653 cm^{-1},峰强明显提高,在 1 530 cm^{-1}～1 570 cm^{-1} 出现两个明显的峰,可能为 C=C 的吸附峰或共轭峰,C—H 的变形振动峰和 C—C 的伸缩振动峰也因吸附红移,可能出现弱吸附和多点吸附。在 11 Pa 下吸附时,1 734 cm^{-1} 红移至 1 736 cm^{-1},强度增强,在 1 744 cm^{-1} 出现新峰,1 719 cm^{-1} 峰消失,在 1 707 cm^{-1} 出现新峰,共轭的 C=C 峰、C—H 峰和峰 C—C 均红移,说明吸附进一步加强,可能出现强吸附和面吸附。

压力较低时,共振效应减弱,丙烯醛单独吸附,1 734 cm^{-1} 为非共轭或弱 HC=O 峰的吸附峰,1 719 cm^{-1} 为顺式丙烯醛的 HC=O 吸附峰。1 560 cm^{-1} 和 1 540 cm^{-1} 为 C=C 共轭峰或吸附峰。Anna Y 和 Sherrill A B 报道了丙烯醛在 TiO$_2$ 表面吸附形成苯和环己二烯,因此观察到共轭的 C=C 峰,说明发生了类似的吸附反应过程。同时,随着压力降低,吸附程度加深,谱峰红移,分别为 1 540 cm^{-1} 和 1 521 cm^{-1},应是共轭程度加深,形成苯吸附的缘故。同时 Lauren B 和 Jiquan F 报道共轭 C=C 峰为 1 640 cm^{-1},

苯的共轭 C＝C 峰为 1 615 cm^{-1}，共轭使得 C＝C 峰红移 25 cm^{-1}，而吸附使其进一步红移。在 1 056 cm^{-1} 出现新峰说明出现醚键，进一步证实强吸附的存在。

进一步降低压力至 11 Pa，丙烯醛在催化剂表面的吸附加强，产生更多的平面吸附，甚至导致丙烯醛的缩合或裂解，因此，在 1 744 cm^{-1} 出现新峰应为非共轭 HC＝O 峰，可能为独立二聚丙烯醛峰或其他新的 HC＝O 峰，Sherrill A B 认为丙烯醛吸附可以产生乙醛、丁烯醛和 2-甲基-2,4-戊二烯醛等。1 736 cm^{-1} 峰可能为非共轭 HC＝O 峰的弱吸附峰或共轭减弱的顺式 HC＝O 峰，而 1 707 cm^{-1} 为共轭反式 HC＝O 峰的弱吸附峰，由于共振和耦合效应降低，反式峰进一步红移。

加入新鲜丙烯醛，丙烯醛在高温时的特征峰全部在原波数位置附近出现，分别为 1 737 cm^{-1}、1 728 cm^{-1}、1 711 cm^{-1} 和 1 697 cm^{-1}，1 720 cm^{-1} 峰仍存在，而 1 707 cm^{-1} 峰消失，说明反式共轭 HC＝O 峰吸附消失，耦合减弱和吸附使其分别蓝移和红移。在 1 757 cm^{-1} 出现新峰，而 1 744 cm^{-1} 峰消失，说明可能丙烯醛和吸附态丙烯醛产生了新的非共轭 HC＝O 峰。C＝C 键也蓝移至 1 670 cm^{-1}，吸附作用明显减弱，而 1 652 cm^{-1} 和 1 520 cm^{-1} 峰并不消失，说明产生了足够量的烯烃和苯吸附在表面。随着时间延长，吸附峰恢复高温时谱峰状态，1 757 cm^{-1} 和 1 520 cm^{-1} 峰消失，说明新物种吸附位被新鲜丙烯醛占据，不再出现。

5.3.2.2 丙烯醛的吸附态研究

丙烯醛在表面的吸附，首先发生的是 C 原子的脱氢吸附，脱氢容易根据 C—H 键键长判断，反式丙烯醛中，由易到难依次为 ^{1}C-^{5}H＞^{2}C-^{7}H＞^{3}C-^{8}H＞^{1}C-^{6}H，顺式丙烯醛中为 ^{3}C-^{8}H＞^{2}C-^{7}H＞^{1}C-^{5}H＞^{1}C-^{6}H。一般 C＝C 或 C＝O 电子云密度大，比 C—H 更容易活化，因此优先亲电吸附，其次发生脱氢吸附，而主链上的亲电吸附次序是 ^{1}C＝^{2}C＞^{1}C-C＝C-^{4}O＞^{3}C＝^{4}O，而 C＝O 中 O 原子电子数较多，在缺电子中心可以发生弱的 O 吸附能量低，更容易发生，使得 C＝O 键长度加大，光谱红移。

丙烯醛在催化剂表面的吸附形式关键取决于表面性质、丙烯醛吸附形态和吸附条件，不考虑催化剂表面性质等，分析丙烯醛的吸附形态如图 5.20 所示。

根据丙烯醛原子在表面吸附数目的不同，可分为四类。

（1）单位（η_1）吸附：只有一个主链原子与表面发生吸附作用，存在 a-1 弱吸附和 a-2 强吸附。由图可知，强吸附需要能量较高，产生的中间体活性强，不稳定。由于 O 为富电子原子，因此 4-O 容易在极性表面发生 a-1 弱吸附,使 HC＝O 吸附峰红移,由于吸附较弱,所需能量较低,且反式丙烯醛位阻小,较顺式容易发生,形成吸附的 HC＝O 峰。

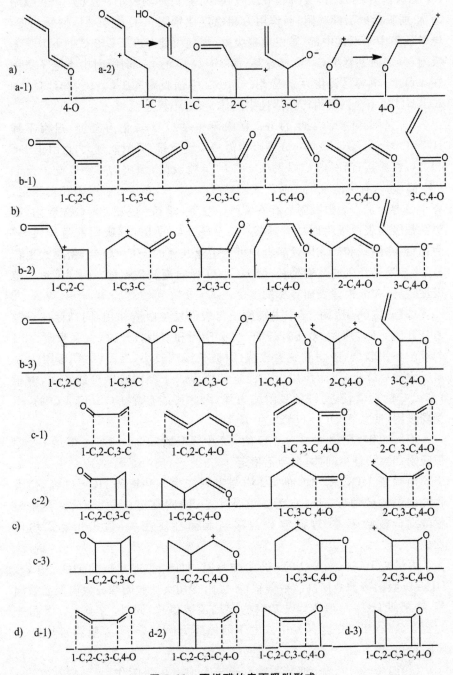

图 5.20　丙烯醛的表面吸附形式

(2)双位(η_2)吸附:两个主链原子与表面发生吸附作用,存在双键未打开的 b-1 弱吸附、双键打开的 b-2 中强吸附和双键打开的 b-3 强吸附。由于 b-1 弱吸附作用较弱,吸附和脱附较快,对波长影响较小。然而,η_2 弱吸附为 η_1 弱吸附的后续吸附,而作用力和稳定性增强,1-C 由于 2-C 性质相近,电子云集中于双键中部,难以单独吸附,因此可能存在 1-C,2-C 的 b-1 弱 η_2 吸附,分别使共轭 HC=O 峰蓝移,而 3-C,4-O 的 b-1 弱吸附由于电子集中在 4-O 上,更容易转化为 η_1 吸附。而 b-2 中强吸附和 1-C,3-C、2-C,3-C 和 2-C,4-O 的 b-3 强吸附产生活性中间体,极为不稳定。

1-C,4-O 和 3-C,4-O 的 b-3 强吸附中 4-O 已转化为醚键,观察不到 HC=O 峰。1-C,4-O 的 b-3 型吸附需要双键重排,吸附能较大,且由于 1-C 和 2-C 性质接近,一般难以发生 1-C 的单独吸附,顺式时 C=C 电子云向 1-C 偏移时,有可能发生。而反式丙烯醛 3-C,4-O 的 b-3 强吸附相对稳定。有 4-O 参与的 b-3 强吸附后存在 C=C 双键,即 C=O 比 C=C 先吸附,需要在强极性表面吸附时才容易发生。1-C,2-C 的 b-3 强吸附能量较强,较为稳定,在顺式和反式丙烯醛上均可产生非共轭的 HC=O 峰,但顺式更容易,其结果是产生非共轭醛基,使 HC=O 峰向高波数偏移。由于 C=C 键极性较弱,在非极性表面容易发生。

(3)三位(η_3)吸附:三个主链原子与表面发生吸附作用,同样存在双键未打开的 c-1 弱吸附、双键打开的 c-2 强吸附和双键打开的 c-3 强吸附。c-1 弱吸附作用较弱,吸附和脱附较快,对波长影响较小,然而,η_3 弱吸附为 η_2 弱吸附的后续吸附,而作用力和稳定性增强,c-1 型弱吸附可能存在,由于 1-C,2-C 的性质接近,O 的吸附能力强,因此可能存在 1-C,2-C,4-O 的 c-1 型弱吸附,使共轭 HC=O 峰发生偏移。

而 c-3 强吸附、1-C,3-C,4-O 的 c-2 中强吸附和 2-C,3-C,4-O 的 c-2 中强吸附产生活性中间体,极为不稳定。

丙烯醛 1-C,2-C,3-C 的 c-2 中强吸附产生非共轭的 HC=O 峰,使吸收峰向高波数偏移,而 3-C 为正电荷中心,吸附在富电子表面,又会使吸收峰向低波数偏移,因此波数偏移与表面性质相关,顺式和反式均可发生。

丙烯醛 1-C,2-C,4-O 的 c-2 中强吸附同样产生非共轭的 HC=O 峰,HC=O 吸附峰波数向高波数偏移,而吸附作用又使吸附峰波数向低波数偏移,结果使 HC=O 吸附峰波数略为向高波数偏移,同时,由于 4-O 吸附能力较 3-C 强,相对更容易发生。由于丙烯醛为面型分子,η_3 吸附容易向 η_4 吸附转化。

(4)四位(η_4)吸附:四个主链原子与表面发生吸附作用,同样存在 d-1

弱吸附、d-2 中强吸附和 d-3 强吸附。由于顺反丙烯醛均共面,发生 d-1 弱吸附时由于吸附位较多,吸附能量和稳定性增加,形成共轭的弱吸附,使共轭 HC＝O 吸收峰低波数较大偏移,反式稳定性强,更容易发生。基于 C＝C 双键的活泼性,C＝C 双位 d-2 弱吸附容易转化为 d-3 型强吸附。1-C,2-C 强吸附且 3-C、4-O 弱吸附的 d-2 中强吸附可能容易发生,使非共轭 HC＝O 向低波数较大偏移。而 d-3 强吸附使 4-O 醚化,无 π 电子,成为完整的原子轨道,反式和顺式丙烯醛均可发生。

除弱的物理吸附外,Loffreda D 报道了丙烯醛在 Lewis 酸位的 η_1、η_2、η_3 和 η_4 吸附,主要发生反式丙烯醛中 4-O 的 a-2 型 η_1 强吸附、顺反丙烯醛中 1-C,2-C 的 b-3 型 η_2 强吸附、反式丙烯醛中 3-C,4-O 的 b-3 型 η_2 强吸附、顺反丙烯醛中 1-C,2-C,4-O 的 c-3 型 η_3 强吸附和 1-C,2-C,3-C,4-O 的 d-3 型 η_4 强吸附。而本文讨论认为的 η_1 和 η_3 强吸附不稳定,主要发生 η_1 弱吸附和 η_3 中强吸附,另外可能存在 1-C,4-O 的 η_2 强吸附和 1-C,2-C,3-C,4-O 的 η_4 弱吸附等。具体发生何种性质的吸附与催化剂的表面性质和吸附条件相关,一般高温对顺式、点吸附和强吸附有利,低压对反式、面吸附和弱吸附有利,极性表面对 C＝O 吸附有利,非极性表面对 C＝C 吸附有利,总结丙烯醛不同吸附形式的醛基吸收波长如表 5.11 所示。

表 5.11　丙烯醛不同吸附形式的醛基吸附波长表

吸附		HC＝O 共轭与否	波数/cm^{-1}	
类型	原子		Cis-C_3H_4O	Trans-C_3H_4O
自由态	未	是	1 729	1 713
η_1　a-1	4-O	是	1 728	1 699
η_2　b-1	1-C,2-C	是	1 738	1 710
b-1	3-C,4-O	是	1 730	1 712
b-3	1-C,2-C	否	1 757	1 720
η_3　c-1	1-C,2-C,4-O	是	1 737	1 712
c-2	1-C,2-C,4-O	否	1 734	1 719
η_4　d-1	1-C,2-C,3-C,4-O	是	1 736	1 712
d-2	1-C,2-C,3-C,4-O	否	1 744	1 707

由此判断在常温时,只存在气态丙烯醛的顺式吸附峰(1 729 cm^{-1})和反式吸附峰(1 713 cm^{-1}),随着压力降低,出现弱的 C＝C 吸附和 η_4 吸附,

导致共轭效应减弱，谱峰蓝移，出现 $1736 \sim 1738\ cm^{-1}$ 吸附峰，同时顺反丙烯醛的峰由于 C=O 的弱吸附也略微红移。随着温度升高，分子活动加剧，出现 4-O 的 η_1 的弱吸附，由于其极性强，弱吸附也导致 HC=O 发生较大的红移，出现 $1698 \sim 1701\ cm^{-1}$ 的峰，更强吸附由于形成醚等已观察不到。高温下降低压力，开始出现强的 η_3 吸附，即 C=C 吸附开始由弱转强，形成非共轭醛基，使谱峰蓝移，由于 4-O 的 η_1 吸附又使得谱峰红移，因此顺式谱峰在 $1734\ cm^{-1}$ 出现，而反式谱峰在 $1719\ cm^{-1}$ 出现，略微蓝移。随着压力进一步降低，出现弱和强的 η_4 吸附，d-3 强吸附已转化为醚键，难以观察，d-2 中强吸附中 3-C 的给电子弱吸附使 C=O 键极性增强，顺式谱峰蓝移至 $1744\ cm^{-1}$，反式丙烯醛的 η_1 的弱吸附谱峰蓝移至 $1707\ cm^{-1}$，弱吸附使顺式丙烯醛出现在 $1736\ cm^{-1}$。通入新鲜丙烯醛时，3-C 和 4-O 的弱吸附位被新的 C=O 吸附占据，因此有强的 η_2 吸附，出现 $1757\ cm^{-1}$ 顺式非共轭醛基自由峰，$1720\ cm^{-1}$ 的反式非共轭醛基自由峰，由于量少，峰较弱，反式丙烯醛的吸附峰也回到 $1700\ cm^{-1}$ 附近。随着吸附数量增加，重新转为 η_1 吸附，$1757\ cm^{-1}$ 峰消失。

另外，根据图 5.5 可知，在式（a）产物 5 中出现了非共轭的 HC=O，在式（g）中产物 11 中出现己二烯环，经过脱羟基很容易转化为苯，而且是经过面吸附得到。在高温下，反应主要受动力学控制，容易实现。在红外光谱中也观察到了烯烃和苯的吸附峰，因此，有理由相信苯可以经丙烯醛的环加成得到，而不一定只是经过 C=O 中 4-O 的 η_1 吸附得到，见 Lauren B 报道。

5.3.2.3　氨与丙烯醛原位反应红外光谱

丙烯醛在 350 ℃ 先在原位池内吸附，接着吸入一定 NH_3，每隔 1 min 扫描谱图，延续反应 18 min 观察谱峰的变化如图 5.21 所示。

由丙烯醛的吸附试验可知 $1757\ cm^{-1}$ 为非共轭的醛基，$1737\ cm^{-1}$ 为吸附态的顺式醛或弱共轭醛，$1720\ cm^{-1}$ 为吸附态非共轭的醛基，$1697\ cm^{-1}$ 为吸附反式共轭醛，$1680\ cm^{-1}$ 为 C=C 峰，而 $1670\ cm^{-1}$ 为 C=C 吸附峰，Jiquan F。

加入 NH_3 后，醛基峰强明显减弱，$1757\ cm^{-1}$ 红移，1737 和 $1728\ cm^{-1}$ 蓝移 $3\ cm^{-1}$ 分别至 $1730\ cm^{-1}$ 和 $1731\ cm^{-1}$。说明 NH_3 在表面吸附使得 4-O 的吸附减弱，导致峰强度降低，同时由于丙烯醛面吸附减少，醛基特征加强，使得反式丙烯醛醛基波长蓝移。另外，NH_3 与醛基发生亲核反应并脱水，形成 HC=NH 亚胺，也使非共轭醛基峰红移。

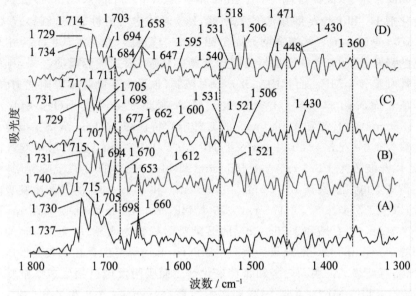

图 5.21   丙烯醛和氨在 350 ℃温度下随时间的变化的红外光谱

(A)通 NH₃ 前；(B)1 min 后；(C)9 min 后；(D)18 min 后

加入 NH_3 后,1 720 cm^{-1} 和 1 712 cm^{-1} 红移～5 cm^{-1},且两峰峰高趋平,1 697 cm^{-1} 明显减弱并红移 2 cm^{-1}。这些峰为反式丙烯醛的 4-O 吸附峰,O 的吸附使得 3-C 成为亲核中心,NH_3 与之结合形成并脱水形成 HC=NH 亚胺,其能量较 HC=O 弱,因此谱峰红移,1 697 cm^{-1} 的急剧下降也能说明吸附 HC=O 的减少。在 1 670 cm^{-1} 和 1 680 cm^{-1} 的 C=C 之间增加 1 677 cm^{-1},且相对峰高明显增加,说明 1 677 cm^{-1} 可能为 CH_2=CH—CH=NH 的 C=C 峰,波数介于 C=C 峰和吸附 C=C 峰之间,另外 1 613 cm^{-1}、1 540 cm^{-1}、1 495 cm^{-1} 和 1 450 cm^{-1} 等峰出现,说明可能出现吡啶碱产物。而苯的特征峰 1 520 cm^{-1} 变化不大,说明其不与 NH_3 反应。

随着反应的进行,1 757 cm^{-1} 峰消失,1 728 cm^{-1} 峰不再蓝移,且 1 737 cm^{-1} 吸附峰略微红移,说明非共轭的醛基已全部反应,其吸附态也不再存在,只有顺式丙烯醛的谱峰,且由于吸附位被 NH_3 或其反应物占据,C=C 吸附也减少,谱峰共轭效应增强,1 737 cm^{-1} 吸附峰红移至 1 734 cm^{-1}。

反应一段时间后,NH_3 被消耗或吸附在表面,反式丙烯醛的 1 714 cm^{-1} 出现,并存在 1 702 cm^{-1}、1 696 cm^{-1} 和 1 683 cm^{-1} 峰,可能分别为 CH=O 的 η_1 和 η_2 吸附峰及 CH=NH 峰。Shota I 报道了 C=N 的谱峰为 1 685 cm^{-1},非共轭时蓝移,而共轭吸附时红移。考虑 C=N 较为活泼,非

吸附时不稳定,因此推测 1 702 cm^{-1} 和 1 696 cm^{-1} 可能为 CH＝O 分别在催化剂 H$^+$ 和 Lewis 酸中心的吸附峰,Lewis 酸中心酸性较强,红移较大。1 670～1 680 cm^{-1} 峰减弱明显而 1 647 cm^{-1} 峰增强,并在 1 506 cm^{-1} 出现新的强峰,说明 C＝C 已参与反应形成新的物质,根据气相反应结果,推测出现吡啶和 3-MP。而苯的 1 520 cm^{-1} 减弱,也是由于吡啶碱吸附能力强,苯从表面脱附的缘故。Damyanova M A 报道了在 Mo/ZrO$_2$-Al$_2$O$_3$ 上 1 632 cm^{-1} 的 B 酸和 1 464 cm^{-1} 的 L 酸吡啶特征峰,Robert W S J 报道了波数为 1 640 cm^{-1}、1 611 cm^{-1}、1 540 cm^{-1}、1 486 cm^{-1} 的 B 酸吡啶吸附峰,以及波数为 1 575 cm^{-1}、1 486 cm^{-1} 和 1442 cm^{-1} 的 L 酸吡啶吸附峰。在谱图上可以观察到 1 617 cm^{-1}、1 595 cm^{-1} 和 1529 cm^{-1} 的 B 酸吡啶吸附峰,以及 1 558 cm^{-1}、1 471 cm^{-1} 和 1 448 cm^{-1} 的 L 酸吡啶吸附峰,而 1 647 cm^{-1} 的 L 酸和 1 506 cm^{-1} 的 B 酸吸附峰较为明显,应为 3-MP 的吸附峰,与 Galina B C 的结果一致。由于 NH$_3$ 和丙烯醛的存在及表面性质差异,略有偏移。证明丙烯醛和氨在催化剂表面吸附反应过程生成了吡啶和 3-MP,且以 3-MP 为主要产物,和实验结果及 Ivanova A S 和 Zenkovets G A 报道吻合,并进一步证实亚胺,特别是丙烯亚胺为反应中间体。

在反应刚开始时,主要为吡啶峰,而反应一段时间后 3-MP 峰明显增强。说明刚开始时,催化剂活性较大,使裂解反应发生主要形成吡啶产物,而反应一段时间后,催化剂活性降低,主要形成 3-MP 产物。Ivanova A S,认为 Lewis 酸中心有利于 3-MP 形成,强的 Lewis 酸又容易导致丙烯醛裂解和积碳,弱的酸中心能提高 3-MP 选择性,同时高温或强催化中心同时又会导致丙烯醛聚合形成焦油状物质,导致催化剂结焦。

5.3.2.4　丙烯醛和氨原位红外反应级数计算

将原位反应池降至室温,并抽至 10^{-1} Pa 真空下,先通入氨,再通入丙烯醛,并将温度分别升至 100 ℃、175 ℃、250 ℃、325 ℃各反应 10 min,观察第 5 min 红外谱图变化,谱图如图 5.22 所示。

由图 5.22 我们可以看出,在原位池内反应时,在 250 ℃以下丙烯醛的红外谱图变化不大,在 250 ℃(523 K)开始出现 1 695 cm^{-1} 的 HC＝O 吸附峰和 1 682 cm^{-1} 的 C＝N 峰,并出现 1 540 cm^{-1} 吡啶 B 酸吸附峰和 1 455 cm^{-1} 吡啶 L 酸吸附峰。说明反应开始加剧,出现吡啶产物,达到活化温度。到 325 ℃(598 K)左右,丙烯醛峰峰强明显减小,而吡啶峰增强,说明生成的吡啶碱产物增多。

烯醛和氨在不同温度下的反应机理:将丙烯醛和氨在 523 K 和 598 K 条件下各反应 30 min,每隔 5 min 取样观察谱峰随时间和温度的变化关系,同时作峰面积和时间的关系图如图 5.23 所示。

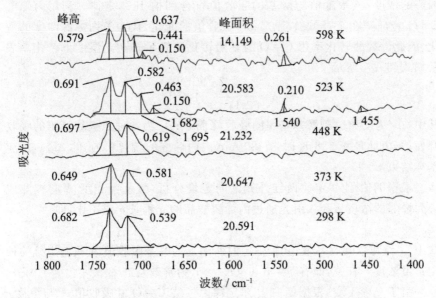

图 5.22　氨和丙烯醛在不同温度下反应 5min 后的红外光谱

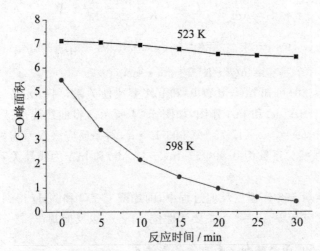

图 5.23　丙烯醛 C=O 峰面积随温度和时间的变化曲线

　　在 523 K 时,醛基吸收峰面积开始发生变化,说明丙烯醛被活化,但是峰面积变化不是很明显。在 598 K 时,醛基吸收峰面积开始明显减少,说明丙烯醛反应剧烈,大量丙烯醛参与反应,反应一段时间后,丙烯醛基本反应完全。

在实验条件下，真空度高，丙烯醛浓度低，其醛基的吸收值可以代表丙烯醛的浓度，该浓度值与醛基的吸收值符合朗伯-比尔定律。利用丙烯醛 $C=O$ 特征峰在 $1\,750\sim1\,690\ cm^{-1}$ 吸收值的变化，代表了丙烯醛浓度的变化，因此丙烯醛转化率用 $C=O$ 的基团转化率表示。在此温度下转化率表示如式(5.27)所示

$$a=\frac{A_0-A_t}{A_0}\cdot100\%\qquad\qquad(5.27)$$

其中，A_0 为初始时刻醛基基团的吸收峰面积；A_t 为 t 时刻醛基基团的吸收峰面积，由此计算 598 K 时，在 30 min 内丙烯醛的转化率为 92.21%，反应基本结束。

根据朗伯-比尔定律做红外光谱的定量分析，醛基吸光度 A 与被测成分丙烯醛的浓度 c 和入射光通过丙烯醛样品的光程长 b 成正比，即

$$A=abc$$

式中，a 为摩尔吸收系数，光程恒定时所测定的醛基吸收值 A 只与组分的种类 a 及浓度 c 有关，即有 $A=K\cdot c(K=ab$，为常数)。

由于光程不变，根据朗白-比尔定律丙烯醛 $C=O$ 基吸收值 A 与浓度 c 呈线性关系，因此反应速度方程演化如式(5.28)所示，见姜继塑的报道。

$$v=\frac{-\mathrm{d}C}{\mathrm{d}t}=kC^n\Rightarrow-\frac{1}{K}\cdot\frac{\mathrm{d}A}{\mathrm{d}t}=\frac{k}{K^n}\cdot A^n$$

$$\Rightarrow-\frac{\mathrm{d}A}{\mathrm{d}t}=k\cdot K^{1-n}\cdot A^n\Rightarrow\ln\left(-\frac{\mathrm{d}A}{\mathrm{d}t}\right)$$

$$=\ln(k\cdot K^{1-n})+n\cdot\ln A\qquad\qquad(5.28)$$

由式(5.28)可知 $\ln(-\mathrm{d}A/\mathrm{d}t)$ 和 $\ln A$ 呈线性关系，斜率 n 是反应级数，再根据 $\ln(-\mathrm{d}A/\mathrm{d}t)$ 和 $\ln A$ 作图，如图 5.24 所示。将曲线线性拟合得到关系式，$y=a+bx=-2.447\,73+0.993\,19\cdot x$，斜率反应级数为 0.993 19，即约为 1，线性相关系数为 0.990 57，$\ln(-\mathrm{d}A/\mathrm{d}t)$ 和 $\ln A$ 为线性关系，即反应级数为 1。

由此判断 598 K 温度反应过程中，丙烯醛 $C=O$ 和 NH_3 得到丙烯亚胺为主要的反应步骤，$C=O$ 为主要活性位，符合一级反应规律。

5.3.2.5　丙烯醛和氨反应活化能计算

在反应条件下，丙烯醛与氨的反应为一级反应，即反应速率 $v=k\cdot C$，代入速率方程：$-\mathrm{d}C/\mathrm{d}t=k\cdot C$，即 $-\mathrm{d}C/C=k\cdot\mathrm{d}t$，对两边求积分，可以得到反应物浓度和时间的关系式如式(5.29)所示：

$$\ln C=\ln C_0-k\cdot t\Rightarrow\ln A=\ln A_0-k\cdot t\qquad(5.29)$$

其中，C_0 为反应物初始浓度，由此根据 $\ln A$ 对 t 作图如 5.30 所示，得到斜

率 k，即为该温度下的反应速率常数。

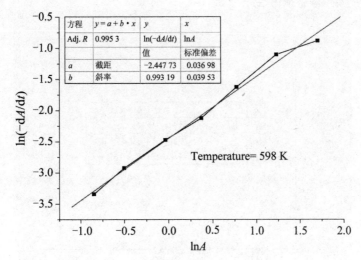

图 5.24　丙烯醛和氨反应动力学曲线

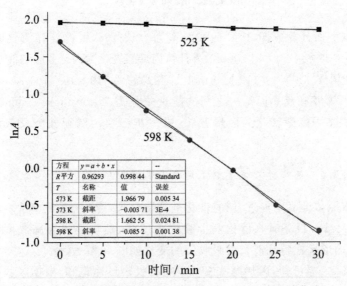

图 5.25　丙烯醛和氨在 523 K 和 598 K 下 $\ln A$ 与 t 的曲线

根据阿伦尼乌斯方程 $k = A^0 \cdot e^{(-E_a/RT)}$，其中 A^0 为指前因子，E_a 为反应活化能。因此，由不同温度下的反应速率常数，即可推算反应活化能。方程两边取对数得到 $\ln k = \ln A^0 - E_a/RT$，同理，根据吸收值 A 与反应物浓度 C 之间的关系，我们将 $\ln A$ 与 t 的关系作图，得到斜率即为反应速率常数 k

的负值。再根据 $\ln k$ 和 $1/T$ 的关系作图,如图 5.26 所示,我们得到的斜率即为 $-E_a/R$,容易求得 E_a。

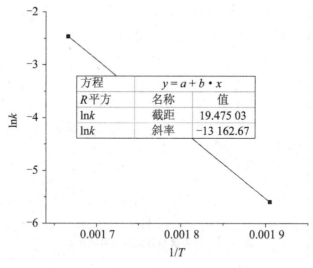

方程	$y = a + b \cdot x$	
R平方	名称	值
$\ln k$	截距	19.475 03
$\ln k$	斜率	−13 162.67

图 5.26　$\ln k$ 和 $1/T$ 曲线

根据上面计算数据,得到曲线斜率为 $-13\,163$,因此计算活化能 $E_a = 13\,163 \cdot 8.314 = 109.4\ \text{kJ} \cdot \text{mol}^{-1}$。计算丙烯醛转化为丙烯亚胺的能量,其中顺式转化需要 $120 - 9 = 110\ \text{kJ} \cdot \text{mol}^{-1}$,反式需要 $119 - 16 = 103\ \text{kJ} \cdot \text{mol}^{-1}$,而顺式丙烯醛和反式丙烯醛之间的能量差只需 $7\ \text{kJ} \cdot \text{mol}^{-1}$。可见,该活化能刚好将丙烯醛转化为丙烯亚胺,进一步证实丙烯亚胺为反应活性中间体。

5.3.2.6　丙烯醛在催化剂上的吸附和脱附研究

先将原位池真空处理,同时催化剂高温处理,待真空度达到 10^{-2} Pa,室温下在 $MgF_2/HZSM\text{-}5$ 催化剂上吸附丙烯醛,然后逐步升高温度使之脱附,检测丙烯醛在特征波长处吸收值的变化如图 5.27 所示。

由图 5.27 可知,丙烯醛在 200 s 左右吸附迅速饱和,根据吸收值和浓度的线性关系,计算在常温下的吸附率 $b = (A_0 - A_i)/A_0 \cdot 100\% = 68.08\%$,$A_0$ 为吸附之前的丙烯醛特征峰的吸收值,A_i 为 i 时刻吸附饱和时的丙烯醛特征峰的吸收值。

根据丙烯醛脱附曲线可知,丙烯醛在 250 ℃脱附峰达到顶点,根据吸附公式计算脱附率 $c = (A_t - A_i)/(A_0 - A_i) \cdot 100\% = 45.92\%$,$A_t$ 为脱附时 t 时刻丙烯醛特征峰的吸收值。继续升高温度,醛基吸收值反而下降,应是高温下,丙烯醛聚合而导致 C=O 峰减小的缘故。丙烯醛和氨反应生成吡啶碱的反应活化温度也 250 ℃左右,两者较为接近,说明丙烯醛的活化可能是反应控制步骤。升温后仍有部分丙烯醛未能脱附,可能部分丙烯醛进入催化剂孔道反应,生成非醛基物质,难以挥发或被检测出来。

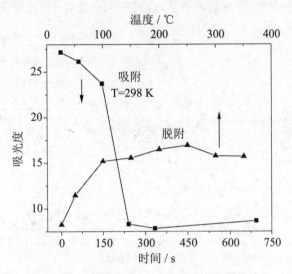

图 5.27 丙烯醛催化剂上的吸附和脱附曲线

从脱附曲线可知低温时脱附迅速,说明低温下吸附较弱,而且可能是表面的吸附,随着温度升高,脱附速率也下降,说明吸附较强,并产生一定的化学吸附作用,使得脱附困难。丙烯醛在不同温度下的吸附谱峰也证明这一点,高温下吸附时,反式丙烯醛醛基谱峰红移较大,说明吸附加强。同时,出现 C=C 的强吸附,并产生非共轭醛基和共轭 C=C,进一步证明吸附作用加强。因此,此时再升高温度将会使丙烯醛之间反应加剧,醛基减少,峰面积降低。

5.3.2.7 丙烯醛和氨在不同温度下的反应

在催化剂上,先吸附丙烯醛,然后吸入 NH_3,并升温至 473 K 反应,反应一段时间观察红外峰的变化,然后逐步升温 50 K 下反应,观察红外谱峰的变化,根据特征峰面积,得到图 5.28 所示红外吸收值和时间、温度关系图。

由图 5.28 可知,先吸附丙烯醛后吸附氨时,由于丙烯醛过量,丙烯醛醛基吸收值变化缓慢,难以观察到丙烯醛和氨的反应。而在先吸附氨后吸附丙烯醛时,观察到丙烯醛醛基吸收值明显降低,说明丙烯醛和氨的反应在氨过量时容易发生。主要是氨过量时，促进了丙烯醛向丙烯亚胺的反应，确保了丙烯醛的高转化率，提高产物收率，在液相和气相反应上均观察到这一现象。然而高温时，丙烯醛和氨直接接触时，容易发生堵塞进料管道，说明过量的氨会导致丙烯醛聚合，对反应不利。可能是氨过量时，导致氨在 C＝C 上的加成反应发生，生成胺基物质，会进一步引发 C＝C 的聚合反应。

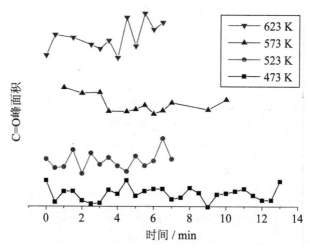

图 5.28　丙烯醛和氨在不同温度下红外吸收值和时间曲线

高温时，丙烯醛 C＝O 吸收值变化不大，说明丙烯醛在高温时，丙烯醛之间的反应主要是 C＝C 之间的反应，因此反应后醛基并未减少，因此丙烯醛可能发生图 5.5 中式(a)和(b)的第一步反应，或者主要由吸附态丙烯醛参与反应。在 573 K 下，可见观察到醛基吸收峰随时间略微下降，说明部分醛基消失，可能此温度为丙烯醛聚合反应活化温度，其下降速度较慢，说明反应不剧烈，高温下观察到芳香基。而 623 K 下，吸收值下降不明显，可能是因为温度升高，虽然反应加剧，但同时脱附也加剧，主要由吸附在催化剂表面和孔道内的丙烯醛参与反应，因此醛基消失不明显，反而吸收值会升高。这就进一步证实了丙烯醛的吸附作用对丙烯醛反应较为重要，高温有利于吸附时也有利于脱附。

5.3.3　丙烯醛和氨气相反应催化机理

综合以上所述，推测丙烯醛和氨制备 3-MP 反应过程如式(5.30)所示，丙烯醛的 η_1 吸附使 C＝O 被活化，容易与氨形成丙烯亚胺，丙烯亚胺与同构型面式吸附的丙烯醛或丙烯亚胺反应。面式吸附时，C＝C 与 C＝X(X＝

O 或 NH)同时被活化,直接经环加成形成 3-MP。

$$\tag{5.30}$$

王彩彬报道了丙烯醛和氨反应制备 3-MP 的机理过程如式(5.31)所示。他认为反应第一步是丙烯醛和氨形成丙烯亚胺,第二步是丙烯亚胺加成并加氢形成 2-甲基戊二亚胺,再经脱氨和氢形成 3-MP;并进一步认为表面酸度和强度与反应活性及收率密切相关,B 酸中心为有效的活性中心。由于反应过程不存在足够的氢,低温反应时加氢更加困难,而红外光谱观察到了 C=C 的吸附峰,因此,认为丙烯亚胺的环加成不需要加氢即可通过 C=C 的吸附活性中间体完成。要加强 C=C 的吸附就要降低表面的酸性强度,即减少 Lewis 酸中心,以避免极性的 C=O 吸附较强,导致 C=C 难以活化,降低反应选择性,因此推测 C=C 参与的 η_2 和 η_4 吸附对 3-MP 的形成有利。

$$\tag{5.31}$$

然而 C=O 的 η_1 吸附较强时其不参与成环,甚至直接脱甲醛或一氧化碳,因此当丙烯亚胺与 η_1 吸附丙烯醛或丙烯亚胺反应时,经 Diels-Alder 反应得到 3-醛基-四氢吡啶,再经脱氢和脱羰得到吡啶,如式(5.32)所示。这样就解释了为什么醇氨反应制备吡啶时产物有大量 CO,且 MP 脱甲基困难,而又有大量吡啶产生。由于 CO 量少,观察不到 CO 的吸附峰,与 Shu-jun J 的结果一致,由于需要将 C—C 断裂,因此需要 C=O 的吸附较强,也就是强 Lewis 中心容易生成吡啶的原因。

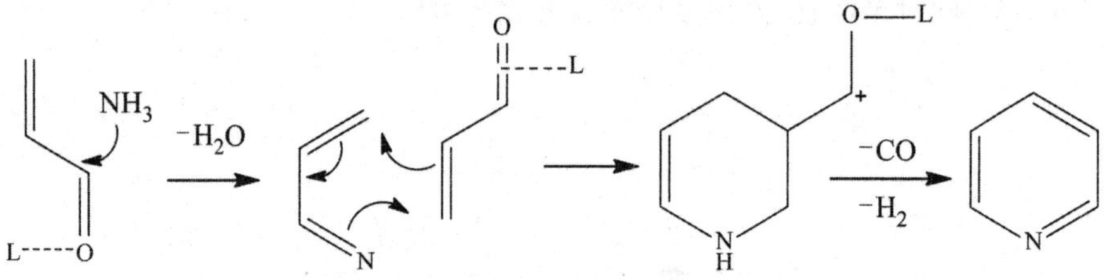

(5.32)

反应中观察到的苯或芳香环的吸附峰,可能由反应式(5.33)产生,C＝O 强吸附时 O 不参与成环,而 C＝C 的面式吸附容易发生 C＝C—C 的环加成,形成芳香环。反应需要加氢和脱氢能力较强,因此苯的进一步脱氢容易导致催化剂积碳,降低催化剂活性,这就解释了为什么强 Lewis 表面催化剂容易失活。

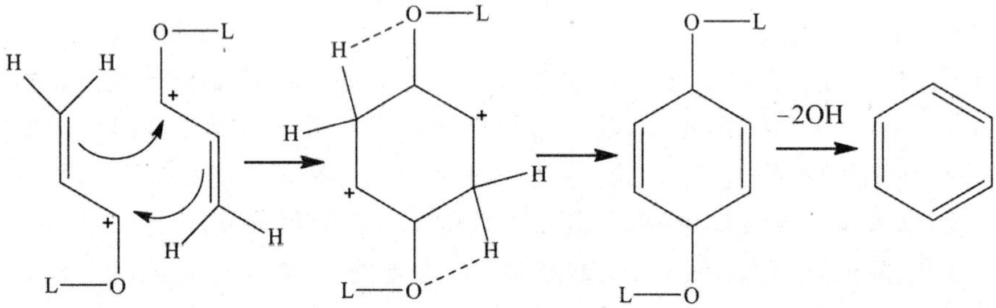

(5.33)

该式和丙烯醛的 Diels-Alder 反应可能是丙烯醛聚合形成焦油状物质的原因。基于丙烯亚胺和丙烯醛的结构相似性,在丙烯醛发生的聚合反应均有可能在丙烯亚胺上发生,使其聚合反应加剧。另外可能产生吡啶和苯的方式是丙烯醛先裂解成乙烯和一氧化碳,再由乙烯和丙烯亚胺反应形成吡啶,乙烯之间反应形成苯。

当氨量不足时,C＝O 强吸附丙烯醛与弱的面式吸附丙烯醛容易二聚形成二聚丙烯醛,如式(5.34)所示。

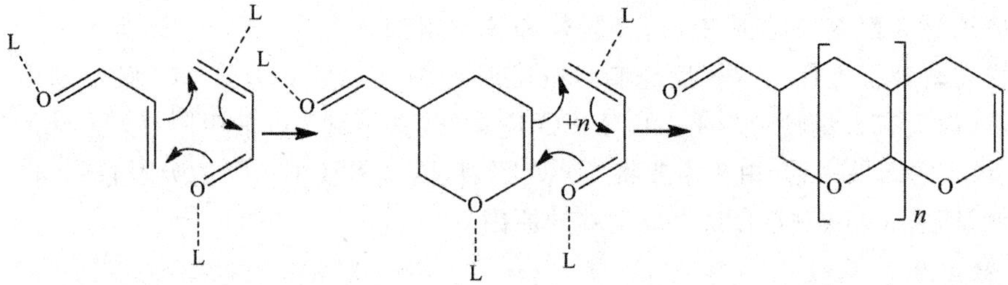

(5.34)

而二聚丙烯醛导致非共轭的醛基和 C=C 键,同时生成醚键。而在第 4 章所述丙烯醛和氨气相反应尾部容易观察到黄色焦油状物质,经乙醇溶解后变为透明薄膜状物质,是未反应完全的丙烯醛的聚合物。同样,在催化剂表面聚合时,覆盖催化剂活性位,导致催化剂活性下降,进一步减少吡啶碱的形成,并加剧聚合反应发生。而表面覆盖的聚合物在高温下脱氢,就形成积碳,使催化剂失活。因此,需要尽量避免此类反应发生。

5.4　小　　结

综上所述,总结如下:

(1)乙醇与氨反应制备吡啶碱的反应过程可以是经乙醛和氨的路线得到乙腈、吡啶、2-MP 和 4-MP 产物,而 3-MP 产物难以实现;同样也可以经乙胺路线或者烯氨路线得到乙腈、2-MP 和 4-MP;乙醇的氧化、胺化、脱氢和脱水反应的速率和选择性直接影响反应路线,乙亚胺或乙烯胺为反应活性中间体;Py 和 3-MP 均是 C1 和 C2 共同参与形成的,与醛氨过程类似。

(2)减少丙烯醛的聚合就可以有效提高 3-MP 收率;丙烯亚胺为丙烯醛和氨液相法制备 3-MP 的活性中间体,丙烯亚胺可能经过环加成过程形成 3-MP;丙烯亚胺环加成时由于构象和极性的差异,存在三种不同模式,只有构象一致才能得到 3-MP;该机理模式可推广至所有吡啶碱的烯亚胺成环反应中,成环方式阻力和动力的差异,直接决定着反应过程和产物结构及分布。

(3)丙烯醛和氨气相合成 3-MP 过程 C=C 和 C=O 需要同时被活化才容易反应,C=O 容易先活化形成 C=N,并最终形成吡啶碱;丙烯醛吸附形式与吸附条件和表面性质密切相关,并决定反应过程和机理;中强度的反式面吸附形式对形成 3-MP 有利,吡啶的形成是在强的顺式吸附下经 D-A 反应发生;丙烯亚胺为活性中间体,反应级数为一级,活化温度在 300 ℃以上,活化能为 109.5 kJ·mol^{-1}。

结束语

本书著者在大量文献的调研基础上,对合成吡啶碱进行了深入地研究。书中基于反应物易聚合、3-甲基吡啶收率低、3-甲基吡啶和 4-甲基吡啶共存、催化剂易失活、再生方法昂贵、反应原料成本高和毒性大、反应条件苛刻等诸多方面内容进行了广泛而细致的研究,为吡啶碱的工业化提供了可靠的科学依据。

在本书中,每一条反应工艺均有一定的优劣势。首先,就乙醇/氨法而言,反应原料来源丰富和易得,成本方面具有较大的优势,但是,产物以2-甲基吡啶和 4-甲基吡啶居多;就丙烯醛/氨法而言,最大的优势是产物以3-甲基吡啶居多,且无 4-甲基吡啶。后者在产物分离方面拥有非常大的优势,但是,丙烯醛过于活泼,在反应过程中,易发生聚合而对反应产生极大的负面影响。书中虽采用了原位红外表征手段和理论计算探讨了吡啶碱的合成过程,但是催化剂的结构与催化性能之间的关系仍然需要更深入的解析。

本书结论是著者多年来工作的研究成果。基于我们的经验,及时与广大读者们分享,期望解决吡啶碱合成中的问题,以加快吡啶碱工业化的步伐,为完全国产化做出一份贡献。

参考文献

[1] 栗小丹.发展我国生物能源产业的意义与对策[J].长春理工大学学报,2011,6(9):90-91.

[2] 陈健.生物柴油的发展现状及前景分析[J].科技传播,2010,9:108-109.

[3] 杜风光,冯文生.燃料乙醇发展现状和前景展望[J].现代化工,2006,26(1):6-9.

[4] 丁培培,刘红,菅盘铭.纳米 MO_x/ZrO_2 催化剂上乙醇氧化合成乙醛性能研究[J].工业催化,2006,14(9):29-32.

[5] 龚林军,韩超,谭天伟.乙醇制备乙烯的研究[J].现代化工,2006,26(4):44-46.

[6] 翟光校.乙醇氧化法生产乙酸的节能工艺[J].河南化工,1998,4:29-30.

[7] 马宇春,石峰,邓友全.担载纳米金催化乙醇选择氧化制乙酸乙酯[J].分子催化,2003,17(6):425-429.

[8] 蔡建信,罗来涛.Au/CeO_2 催化剂乙醇部分氧化制氢的研究.稀土,2007,28(1):80-83.

[9] 周星,陈立功,朱立业.生物柴油副产物粗甘油开发利用的研究进展[J].精细石油化工进展,2010,11(4):44-48.

[10] 陈维苗,丁云杰,宁丽丽等.甘油选择性脱水制备丙烯醛研究进展[J].工业催化,2009,17(7):1-7.

[11] 王乐夫,耿建铭,徐建昌等.丙烯选择性氧化制丙烯醛的催化剂研究[J].高校化学工程学报,1999,13(4):377-341.

[12] 赵欢,肖国民.3-甲基吡啶和4-甲基吡啶的分离技术进展[J].化工科技,2004,12(4):52-56.

[13] 张弦,晁自胜,黄登高等.丙烯醛和氨制备 3-甲基吡啶技术进展[J].化工进展,2012,31(5):1113-1120.

[14] 王齐,杨亿,肖国民.3-甲基吡啶氯代衍生物的应用及技术进展[J].化工科技市场,2005,(2):26-30.

[15] 汪家铭.吡啶碱生产现状与市场前景[J].农药研究与应用,2009,

13(3):8-12.

[16] Wilson P J, JR, WELLS J H. The Pyridine Bases as a Field for Investigation[J]. American Chemical Society,2010.

[17] 蒋劼,卢冠忠,毛东森等. 吡啶碱的应用、生产及市场[J]. 上海化工,2003(04):45-47.

[18] 蒋劼,毛东森,杨为民等. 吡啶碱的生产、应用及市场[J]. 化工中间体,2003(Z1):14-17.

[19] 蒋劼,毛东森,杨为民等. 吡啶碱的合成及应用前景[J]. 应用化工,2003(01):15-17+23.

[20] 吕金魁,魏荣宝,梁娅等. 新型烟用香料 3-乙基吡啶的合成[J]. 天津理工学院学报,1995,11(2):71-75.

[21] 姜广成. 烟酸作为词科添加剂的重要性[J]. 兽药饲料添加剂,1997,1:11-12.

[22] 王菊花,程茂基,卢德勋. 烟酸在反刍家畜饲养中的研究进展[J]. 动物营养学报,1999,11:76-83.

[23] 陈曦,韩志群,孔繁华等. 生物质能源的开发与利用[J]. 化学进展,2007,19(7-8):1091-1097.

[24] 王璐,陶玲,赵福生等. 文冠果种仁油与棉籽油制备生物柴油对比实验[J]. 农业机械学报,2010,41(10):103-106.

[25] 龙川,肖宜安,段世华等. 乌桕木油基生物柴油掺烧动力试验研究[J]. 农业工程技术:新能源产业,2010,10:20-23.

[26] 李华,王伟波,刘永定等. 微藻生物柴油发展与产油微藻资源利用可再生能源[J]. 可再生能源,2011,29(4):84-89.

[27] 凌新龙,郭为民,岳新霞等. 潲水油制备生物柴油工艺的研究[J]. 安徽农业科学,2010,38(30):17193-17195.

[28] 郝宗娣,刘洋洋,杨勋等. 植物油脂制备生物柴油及综合开发[J]. 热带生物学,2010,1(3):282-287.

[29] 王运强,李莉,王建中. 生物柴油制备技术研究进展[J]. 安徽农业科学,2010,38(24):13300-13303.

[30] 金离尘. 以生物柴油的副产品甘油为原料生产 1,3-丙二醇[J]. 聚酯工业,2006,19(6):8-11.

[31] 徐杰,赵静,于维强等. 丙三醇脱水、加氢制备丙酮醇及 1,2-丙二醇的方法[P]. 中国专利,102070422A,2011-05-25.

[32] Avelino C,George W H,Laurent S,et al. Biomass to chemicals: Catalytic conversion of glycerol/water mixtures into acrolein, reaction net-

work[J]. Journal of Catalysis,2008,257:163-171.

[33] Ling-qin S,HenBritish P Y,Aili W,et al. Liquid phase dehydration of glycerol to acrolein catalyzed by silicotungstic, phosphotungstic, and phosphomolybdic acids[J]. Chemical Engineering Journal,2012,180:277-283.

[34] Abdullah A,Elena F K,Ivan V K. Gas-phase dehydration of glycerol to acrolein catalysed by caesium heteropoly salt[J]. Applied Catalysis A:General,2010,378:11-18.

[35] Groll H,Hearne G. Process of converting a polyhydric alcohol to a carbonyl compound[P]. US Patent,2042224,1936-05-26.

[36] Neher A,Haas T. Process for the production of acrolein[P]. US Patent,5387720,1995-02-07.

[37] Suzuki N,Takahashi M. Process for producing acrolein and glycerin-containing composition[P]. JP Patent,2006290815,2006-07-12.

[38] Deoliveira A S,Vasconcelos S J S,de Sousa J R,et al. Catalytic conversion of glycerol to acrolein over modified molecular sieves:Activity and deactivation studies[J]. Chemical Engineering Journal,2011,168(2):765-774.

[39] Ling-qin S,Heng-bo Y,Aili W,et al. Liquid phase catalytic dehydration of glycerol to acrolein over Brønsted acidic ionic liquid catalysts [J]. Journal of Industrial and Engineering Chemistry,2014,20(3):759-766.

[40] Chuan-jun Y,Miao-miao G,Li-ping G,et al. In situ synthesized nano-copper over ZSM-5 for the catalytic dehydration of glycerol under mild conditions[J]. Journal of the Taiwan Institute of Chemical Engineers,2014,45(4):1443-1448.

[41] Feng W,Jean-Luc D,Wataru U. Catalytic dehydration of glycerol over vanadium phosphate oxides in the presence of molecular oxygen[J]. Journal of Catalysis,2009,268(2):260-267.

[42] Lauriol-Garbay P,Millet J M M,Loridant S,et al. New efficient and long-life catalyst for gas-phase glycerol dehydration to acrolein[J]. Journal of Catalysis,2011,280(1):68-76.

[43] Lauriol-Garbey P,Loridant S,Bellière-Baca V,et al. Gas phase dehydration of glycerol to acrolein over WO_3/ZrO_2 catalysts:Improvement of selectivity and stability by doping with SiO_2[J]. Catalysis Communica-

tions,2011,16(1):170-174.

[44] Yunlei G,Shizhe L,Chunyi L,et al. Selective conversion of glycerol to acrolein over supported nickel sulfate catalysts[J]. Journal of Catalysis,2013,301:93-102.

[45] Deleplanque J,Dubois J L,Devaux J F,et al. Production of acrolein and acrylic acid through dehydration and oxydehydration of glycerol with mixed oxide catalysts[J]. Catalysis Today,2010,157(1-4):351-358.

[46] Haider M H,Dummer N F,Zhang D Z,et al. Rubidium-and caesium-doped silicotungstic acid catalysts supported on alumina for the catalytic dehydration of glycerol to acrolein[J]. Journal of Catalysis,2012,286:206-213.

[47] Chun-Jiang J,Yong L,Wolfgang S,et al. Small-sized HZSM-5 zeolite as highly active catalyst for gas phase dehydration of glycerol to acrolein[J]. Journal of Catalysis,2010,269(1):71-79.

[48] Yun-lei G,Nai-yun C,Qing-jun Y,et al. Study on the influence of channel structure properties in the dehydration of glycerol to acrolein over H-zeolite catalysts[J]. Applied Catalysis A:General,2012,429-430:9-16.

[49] Trung Q H,Xin-li Z,Danuthai T,et al. Conversion of glycerol to alkyl-aromatics over zeolites[J]. Energy Fuels,2010,24(7):3804-3809.

[50] Tsukuda E,Sato S,Takahashi R,et al. Production of acrolein from glycerol over silica-supported heteropoly acids[J]. Catalysis Communications,2007,8(9):1349-1353.

[51] Lourenço J P,Macedo M I,Fernandes A. Sulfonic-functionalized SBA-15 as an active catalyst for the gas-phase dehydration of glycerol[J]. Catalysis Communications,2012,19:105-109.

[52] Chun-jiao Z,Cai-Juan H,Wen-Gui Z,et al. Synthesis of micro- and mesoporous ZSM-5 composites and their catalytic application in glycerol dehydration to acrolein[J]. Studies in Surface Science and Catalysis,2007,165:527-530.

[53] Possato L G,Diniz R N,Garetto T,et al. A comparative study of glycerol dehydration catalyzed by micro/mesoporous MFI zeolites[J]. Journal of Catalysis,2013,300:102-112.

[54] Guerrero-Perez M O,Banares M A. New reaction:conversion of glycerol into acrylonitrile[J]. Chemistry & Sustainability,Energy & Materials,2008,1(6):511-513.

[55] Liebig C,Paul S,Katryniok B,et al. Glycerol conversion to acrylonitrile by consecutive dehydration over WO_3/TiO_2 and ammoxidation over Sb-(Fe,V)-O[J]. Applied Catalysis B:Environmental,2013,132-133:170-182.

[56] Calvino-Casilda V,Guerrero-Perez M O,Banares M A. Microwave-activated direct synthesis of acrylonitrile from glycerol under mild conditions:Effect of niobium as dopant of the V-Sb oxide catalytic system [J]. Applied Catalysis B:Environmental,2010,95(3-4):192-196.

[57] Sarkari R,Anjaneyulu C,Krishna V,et al. Vapor phase synthesis of methylpyrazine using aqueous glycerol and ethylenediamine over Zn-Cr_2O_4 catalyst: Elucidation of reaction mechanism[J]. Catalysis Communications,2011,12(12):1067-1070.

[58] Xue L,Cheng-hua Xu,Chuan-qi L,et al. Reaction pathway in vapor-phase synthesis of pyrazinyl compounds from glycerol and 1,2-propanediamine over ZnO-based catalysts[J]. Journal of Molecular Catalysis A:Chemical,2013,371:104-110.

[59] Yan-xi C,Xiao-shuang Z,Qi Sun,et al. Vapor-phase synthesis of 3-methylindole from glycerol and anilineover zeolites-supported Cu-based catalysts[J]. Journal of Molecular Catalysis A:Chemical,2013,378:238-245.

[60] Wei S,Dong-yan L,Hai-yan Zhu,et al. A new efficient approach to 3-methylindole:Vapor-phase synthesis from aniline and glycerol over Cu-based catalyst[J]. Catalysis Communications,2010,12(2):147-150.

[61] Reddy B M,Ganesh I. Vapour phase synthesis of quinoline from aniline and glycerol over mixed oxide catalysts[J]. Journal of Molecular Catalysis A:Chemical,2000,151(1-2):289-293.

[62] Amarasekara A S,Hasan M A. 1-(1-Alkylsulfonic)-3-methylimidazoli-um chloride Brönsted acidic ionic liquid catalyzed Skraup synthesis of quinolines under microwave heating[J]. Tetrahedron Letters,2014,55(22):3319-3321.

[63] Krishna,G. Naresh,V. Vijay Kumar,R. Sarkari,Akula Venugopal. Synthesis of 2,6-dimethylpyrazine by dehydrocyclization of aqueous glycerol and 1,2-propanediamine over CuCrO catalyst:Rationalization of active sites by pyridine and formic acid adsorbed IR studies[J]. Applied Catalysis B:Environmental,2016,193:58-66.

[64] K. S. Yang, G. R. Waller. Biosynthesis of the pyridine ring of ricinine from quinolinic acid, glycerol and aspartic acid[J]. Phytochemistry, 1965, 4(6):881-889.

[65] K. S. Yang, G. R. Waller. Biosynthesis of the pyridine ring of ricine from quinolinic acid, glycerol and aspartic acid[J]. Phytochemistry 1966, 5(2):268.

[66] 刘超超,孙然,李海亮. 燃料乙醇生产原料技术分析[J]. 科技信息,2008,14:150-160.

[67] 张伟,林燕,刘妍等. 利用秸秆制备燃料乙醇的关键技术研究进展[J]. 化工进展,2011,30(11):2417-2424.

[68] 王晓娟,王斌,冯浩等. 木质纤维素类生物质制备生物乙醇研究进展[J]. 石油与天然气化工,2007,36(6):452-262.

[69] 陈辉,陆善祥. 生物质制燃料乙醇[J]. 石油化工,2007,36(2):107-117.

[70] 马欢,刘伟伟,张无敌等. 燃料乙醇的研究进展及存在问题[J]. 新能源工艺,2006,2:29-33.

[71] 李十中. 石油替代战略与生物质能源中长期发展目标[J]. 中国工程科学,2011,13(06):101-107.

[72] 张旭之. 丙烯衍生物工艺[M]. 北京:化学工业出版社,1995.

[73] Botella P, López N J M, Solsona B. Selective oxidation of propene to acrolein on Mo-Te mixed oxides catalysts prepared from ammonium telluromolybdates[J]. Journal of Molecular Catalysis A:Chemical, 2002, 184 (1-2):335-347.

[74] Dumitriu E, Bilba N, Lupascu M, et al. Vapor-phase condensation of formaldehyde and acetaldehyde into acrolein over zeolites[J]. Journal of Catalysis, 1994, 147(1):133-139.

[75] Masaru W, Toru I, Yui-chi A, et al. Acroleinsynthesis from glycerol in hot-compressed water[J]. Bioresource Technology, 2007, 98(6):1285-1290.

[76] 照日格图,李文钊,于春英等. 丙烷选择氧化制丙烯醛研究进展[J]. 天然气化工,2000,25:50-54.

[77] Kiyoharu N, Yong-hong T, Zhen Z, et al. Acrolein formation in the oxidation of ethane over silica catalysts supporting iron and cesium[J]. Catalysis Letters, 1999, 63(1-2):79-82.

[78] Mamoru A. Formation of acrolein by the reaction of formalde-

hyde with ethanol[J]. Applied Catalysis,1991,77(1):123-132.

[79] 李国辉.铬酸氢根季铵树脂对烯丙醇的选择性氧化[J].广州化学,2008,33(2):50-53.

[80] 张业,周梅,魏文珑等.丙烯醛合成工艺及催化剂研究进展[J].天然气化工,2008,33:54-59.

[81] 杨菊群.甲醛、乙醛气相缩合生成丙烯醛的研究[J].上海化工,2008,33(9):9-13.

[82] Wladimir S,Michal L,Thomas H,et al. Acidic catalysts for the dehydration of glycerol:Activity and deactivation[J]. Journal of Molecular Catalysis A:Chemical,2009,309:71-78.

[83] Yong T K,Kwang-Deog J,Eun D P. Gas-phase dehydration of glycerol over ZSM-5 catalysts[J]. Microporous and Mesoporous Materials,2010,131:28-36.

[84] Li-li N,Yun-jie D,Wei-miao C,et al. Glycerol dehydration to acrolein over activated carbon-supported silicotungstic acids[J]. Chinese Journal of Catalysis,2008,29(3):212-214.

[85] 张跃,谢国红,刘建武等. $H_3PW_{12}O_{40}/SiO_2$ 催化甘油制备丙烯醛的研究[J].天然气化工,2008,33:22-25.

[86] 黄光斗,鲁国彬,黄征青等.蛋氨酸的合成及研究进展[J].化工时刊,2003,17(3):10-12.

[87] 保田晋一,阿部伸幸.吡啶及3-甲基吡啶制备方法[P].日本专利,6153266,1986-03-17.

[88] 王玫,晁世海,李金阳等.丙烯醛水合加氢制1,3-丙二醇的研究[J].甘肃科技,2007,23(6):64-66.

[89] 王世卿.戊二醛合成方法的分析[J].金山化纤,2005,02:41-45.

[90] 董红霞.PTT(聚对苯二甲酸1,3-丙二醇醋)-聚醋新产品[J].上海塑料,2000,1:24-27.

[91] 张明智.丙烯醛的生产及应用[J].应用化工,2000,29(4):4-6.

[92] Dean J A.魏俊发.兰氏化学手册[M].北京:科学出版社,2003.

[93] 梁诚.杂环化合物系列报道之四——吡啶及其衍生物生产与应用[J].化工文摘,2003,08:21-22.

[94] 张才.3-甲基吡啶的生产技术及市场分析[J].江苏化工,2005,33:206-208.

[95] Golunski S E,Jackson D. Heterogeneous conversion of acyclic compounds to pyridine bases-a review[J]. Applied Catalysis,1986,23:1-14.

[96] 蒋劼,卢冠忠,毛东森等.吡啶碱类化合物合成进展[J].精细石油化工进展,2002(12):25-29.

[97] 常景泉.鲁奇气化煤焦油中重吡啶碱类的提取与精制[J].煤化工,2004,32(6):39-41.

[98] 汪多仁.吡啶类化合物的合成与应用[J].江苏农药,1996,03:5-6.

[99] Akhmerov K M,Yusupov D,Abdurakhmanov A,et al. Catalytic synthesis of pyridine and methylpyridine from acetylene and ammonia[J]. Khimiya Geterotsiklicheskikh Soedinenii,1975,2:221-224.

[100] Joo H C,Wha Y L. Pyridine synthesis from tetrahydrofurfuryl alcohol over a Pd-γ-Al$_2$O$_3$ catalyst[J]. Applied Catalysis A,1993,98:21-31.

[101] Rama R A V,Kulkarni S J,Ramachandra R R,et al. Synthesis of 2-picoline from acetone over modified ZSM-5 catalysts[J]. Applied Catalysis A:General,1994,111(2):L101-L108.

[102] Lanini S,Prins R. Synthesis of 3-picoline from 2-methylglutaronitrile over supported noble metal catalysts Ⅰ:Catalyst activity and selectivity[J]. Applied Catalysis A:General,1996,137:287-306.

[103] Suresh D D,DiCosimo R,Loiseau R,et al. Preparation of 3-methylpyridine from 2-methylglutaronitrile[P]. US Patent,5066809,1991-11-19.

[104] Jose H,Erich A,Walter S. Process for preparing 3-methylpiperidine and 3-methylpyridine by catalytic cyclisation of 2-methyl-1,5-diaminopentane[P]. CA Patent,2159586,1998-02-03.

[105] Ramachandra R R,Kulkarni S J,Subrahmanyam M. Synthesis of pyridine and picolines over modified silica-alumina and ZSM-5 catalysts[J]. Reaction Kinetics and Catalysis Letters,1995,56(2):301-309.

[106] 蒋劼,毛东森,杨为民等.Co-ZSM-5 分子筛催化合成烷基吡啶[J].工业催化,2003,11(8):32-37.

[107] Higashio Y,Shoji T. Heterocyclic compounds such as pyrrole,pyridines,pyrrolidine,piperidine,indole,imidazol and pyrazines[J]. Applied Catalysis A:General,2004,260(2):251-259.

[108] Reddy K R S K,Sreedhar I,Raghavan K V. Interrelationship of process parameters in vapor phase pyridine synthesis[J]. Applied Catalysis A:General,2008,339(1):15-20.

[109] Jin F,Tian Y,Li Y D. Effect of alkaline treatment on the cata-

lytic performance of ZSM-5 catalyst in pyridine and picolines synthesis[J].
Industrial & Engineering Chemical Research,2009,48:1873-1879.

[110] Vander Gaag F J,Louter F,Vanbekkum H. Reaction of ethanol
and ammonia to pyridine over ZSM-5-type zeolites[J]. Studies in Surface
Science and Catalysis,1986,28:763-769.

[111] Vander Gaag F J,Louter F,Oudejans J C,et al. Reaction of eth-
anol and ammonia to Pyridines over zeolite ZSM-5[J]. Applied Catalysis,
1986,26:191-201.

[112] Ramachandra R R,Kulkarni S J,Subrahmanyam M,et al. Syn-
thesis of pyridine and picolines from ethanol over modified ZSM-5 cata-
lysts[J]. Applied Catalysis A:General,1994,113:1-7.

[113] 冯成,张月成,文彦珑等. 乙醇催化氨法合成 2-甲基吡啶和 4-甲
基吡啶[J].石油化工,2010,39(7):775-780.

[114] Slobodník M,Hronec M,Cvengrošová Z,et al. Synthesis of pyr-
idines over modified ZSM-5 catalysts[J]. Studies in Surface Science and
Catalysis,2005,158(2):1835-1842.

[115] 刘娟娟. ZSM-5 催化剂上醇氨反应制备吡啶碱的研究[D].长
沙:湖南大学,2012.

[116] 朱赫,张月成,赵继全.基于催化氨化反应由生物质基小分子合
成腈类和吡啶碱[J].化工进展,2020.

[117] Nellya G G,Nadezhda A F,Marina I T,et al. Synthesis of pyri-
dine and methylpyridines over zeolite catalysts[J]. Applied Petrochemical
Research,2015,5:99-104.

[118] Graham S. Catalytic process for the manufacture of pyridine and
methylpyridine[P]. British Patent,1158365,1969-07-16.

[119] Graham S. Catalytic process for the manufacture of pyridine and
methylpyridines[P]. British Patent,1187347,1970-04-08.

[120] Graham S,Ian S M. Catalytic process for the manufacture of
pyridine or methylpyridines[P]. British Patent,1222971,1971-02-17.

[121] Palph H B,Peter A E W. Catalytic process for the manufacture
of pyridine and methylpyridines[P]. British Patent,1208291,1970-10-14.

[122] Yasuda K,Matsuoka K. Catalyst for manufacturing pyridine ba-
ses[P]. Japanese Patent,5626546,1981-03-14.

[123] Schaefcer H,Bescke H,Schreyer G,et al. Catalyst the produc-
tion of pyridine and 3-methylpyridine[P]. British Patent,1422601,1976-

01-28.

[124] Beschke H,Schaefer H,Schreyer G. Catalysts for the production of pyridine and 3-methylpyridine[P]. American Patent,3898177,1975-08-05.

[125] Beschke H,Kleemann A,Schreyer G. Catalysis for the production of pyridine and 3-methylpyridine[P]. American Patent,3917542,1975-11-04.

[126] Beschke H,Schaefer H,Schreyer G,et al. Catalyst for the production of pyridine and 3-methylpyridine[P]. American Patent,3960766,1976-06-01.

[127] Beschke H,Schaefer H. Process for the production of 2-methyl pyridine and 3-methylpyridine[P]. US Patent,4149002,1979-04-10.

[128] Kenneth R H. Production of beta-picoline[P]. British Patent,887688,1962-01-24.

[129] Kenneth R H. Production of pyridine and β-picoline[P]. British Patent,963887,1964-07-15.

[130] Antony H P H. Production of pyridine and picolines[P]. British Patent,1069368,1967-05-17.

[131] Kenneth R H. Production of β-picoline[P]. British Patent,896049,1962-05-09.

[132] Kenneth R H. Production of pyridine bases[P]. British Patent,920526,1963-03-06.

[133] Yoshiaki N,Akio N,Yasukazu M,et al. Process for producing pyridine and β-picoline[P]. British Patent,1192255,1970-05-20.

[134] 王彩彬,李玉润. 由丙烯醛合成 β-甲基吡啶的研究[J]. 中国医药工业杂志,1984,6:1-5.

[135] 王彩彬,李玉润. 经氟处理的氧化铝在合成 β-甲基吡啶中的催化作用及活性中心结构[J]. 催化学报,1982,3(3):187-191.

[136] Campbell I,Corran J A. Manufacture of pyridine and 3-mehylpyridine[P]. British Patent,1020857,1966-02-23.

[137] Beschke H,Friedrich H. Process for the production of pyridine and 3-methyl pyridine[P]. American Patent,4147874,1979-04-03.

[138] Beschke H. Process for the production of 2-methylpyridine and 3-methyl pyridine[P]. Canadian Patent,1063121,1979-09-25.

[139] Beschke H,Friedrich H,Schreyer G,et al. Process for the pro-

duction of pyridine and 3-methyl pyridine[P]. American Patent,4171445, 1979-10-16.

[140] Beschke H,Friedrich H. Process for the production of 3-methyl pyridine[P]. American Patent,4163854,1979-08-07.

[141] Beschke H,Dahm F,Friedrich H,et al. Process for the recovery of pyridine and 3-methylpyridine[P]. American Patent,4237299,1980-12-02.

[142] Nicolson A. Manufacture of pyridine bases[P]. British Patent, 1240928,1971-07-28.

[143] James I G,Rolf D. Process for the production of 3-picoline[P]. American Patent,4421921,1983-12-20.

[144] 王开明,潘金钢,王展旭等.丙烯醛温和液相反应制备 3-甲基吡啶[J].精细化工,2012,29(01):82-85.

[145] 王开明,王展旭.丙烯醛路线制备 3-甲基吡啶研究进展[J].山东化工,2011,40(11):31-33+51.

[146] Xian Z,Zhen W,Wei L,et al. Preparation of pyridine and 3-picoline from acrolein and ammonia with HF/MgZSM-5 catalyst[J]. Catalysis Communications,2016,80:10-14.

[147] Xian Z,Cai-wu L,Chen H,et al. Synthesis of 3-picoline from acrolein and ammonia through a liquid-phase reaction pathway using SO_4^{2-}/ ZrO_2-FeZSM-5 as catalyst[J]. Chemical Engineering Journal,2014,253: 544-553.

[148] 张弦,晁自胜,李国强等.一种制备 3-甲基吡啶的新方法[P].中国专利,ZL201110148664,9,2015-01-28.

[149] 罗才武,蒋复量,李向阳等.3-甲基吡啶合成工艺的研究进展[J].化学工业与工程,2018,35(04):24-31.

[150] 马天奇,魏天宇,骈岩杰等.丙烯醇催化氨化合成 3-甲基吡啶催化剂的制备及性能[J].化工学报,2014,65(3):905-911.

[151] Rolf D,Hilmar R,James I G. Method for the production of 3-picoline[P]. American Patent,4482717,1984-11-13.

[152] 王开明,李国强.丙烯醛二乙缩醛温和液相反应制备 3-甲基吡啶[J].青岛科技大学学报(自然科学版),2012,33(05):441-444.

[153] 王开明.温和液相反应制备 3-甲基吡啶的研究[D].青岛:青岛科技大学,2012.

[154] 罗才武,魏月华,王正昊等.丙烯醛二甲缩醛/氨合成 3-甲基吡

啶：HZSM-5 基催化剂的影响[J].应用化工,2020:1-6.

[155] Cai-wu L,Zi-sheng C,Bo L,et al. The mild liquid-phase synthesis of 3-picoline from acrolein diethyl acetal and ammonia over heterogeneous catalysts[J]. IOP Conference Series：Earth and Environmental Science,2017,94(1):12-31.

[156] Cai-wu L,An L,Jun-fang A,et al. The synthesis of pyridine and 3-picoline from gas-phase acrolein diethyl acetal with ammonia over ZnO/HZSM-5[J]. Chemical Engineering Journal,2015,273:7-18.

[157] 罗才武,晁自胜,赵勇等.丙烯醛二甲缩醛和氨合成吡啶和 3-甲基吡啶的反应条件探究[J].南华大学学报(自然科学版),2017,31(02):74-77+83.

[158] 罗才武,赵勇,蒋复量等.La 和 KF 改性 Y 型分子筛催化丙烯醛二乙缩醛/氨合成吡啶和 3-甲基吡啶[J].应用化学,2018,35(05):559-563.

[159] 罗才武,晁自胜,雷波等.负载型碱处理 ZSM-5 催化丙烯醛二乙缩醛和氨合成吡啶和 3-甲基吡啶研究[J].合成化学,2018,26(05):360-363+369.

[160] 颜翔.甘油催化氨化合成吡啶碱反应的研究[J].河北工业大学,2016.

[161] Lu-jiang X,Zheng H,Qian Y,et al. Towards the sustainable production of pyridines via thermo-catalytic conversion of glycerol with ammonia over zeolite catalysts[J]. Green Chemistry,2015,17:2426-2435.

[162] Lu-jiang X,Qian Y,Ying Z,et al. Producing pyridines via thermo-catalytic conversion and ammonization of glycerol over nano-sized HZSM-5[J]. RSC Advances,2016,6:86034-86042.

[163] Wan-yu Z,Shao-bo D,Yue-cheng Z. Enhanced selectivity in the conversion of acrolein to 3-picoline over bimetallic catalyst 4.6% Cu-1.0% Ru/HZSM-5(38) with hydrogen as carrier gas[J]. Reaction Kinetics, Mechanisms and Catalysis,2019,127(1).

[164] Dubois J C,Devaux J F. Method for synthesizing biobased pyridine and picolines[P]：US,2012/0283446 A1 2012-11-08.

[165] 罗才武,吴晓燕,张俊等.3-甲基吡啶的微波液相法合成[J].合成化学,2018,26(02):127-130.

[166] 罗才武,李安,李向阳等.添加有机物对甘油/氨制备 3-甲基吡啶的影响[J].化学反应工程与工艺,2016,32(06):565-569.

[167] Cai-wu L,Chen H,An L,et al. Influence of reaction parameters

on the catalytic performance of alkaline-treated zeolites in the novel synthesis of pyridine bases from glycerol and ammonia[J]. Industrial & Engineering Chemistry Research,2016,55(4):893-911.

[168] Yue-cheng Z,Wan-yu Z,Hong-yu Z,et al. Continuous two-step catalytic conversion of glycerol to pyridine bases in high yield[J]. Catalysis Today,2019 319:220-228.

[169] Yue-cheng Z,Xiang Y,Bao-qiang N,et al. A study on the conversion of glycerol to pyridine bases over Cu/HZSM-5 catalysts[J]. Green Chemistry,2016,18(10):3139-31512.

[170] Yue-cheng Z,Xing Z,Hong-yu Z,et al. Enhanced selectivity in the conversion of glycerol to pyridine bases over HZSM-5/11 intergrowth zeolite[J]. RSC Advances,2017,7:23647-23656.

[171] Bayramoglu D,Gurel G,Sinag A,et al. Thermal conversion of glycerol to value-added chemicals:pyridine derivatives by one-pot microwave-assisted synthesis[J]. Turkish Journal of Chemistry,2014,38:661-670.

[172] Cai-wu L,Xiao Tan F,Zi-sheng C. Microwave-accelerated direct synthesis of 3-picoline from glycerol through a liquid phase reaction pathway[J]. New Journal of Chemistry,2016,40:8863-8871.

[173] Cai-wu L,Zi-sheng C. Unsaturated aldehydes:a novel route for the synthesis of pyridine and 3-picoline[J]. Rsc Adv,2015,5(67):54090-54101.

[174] 卫双绍. 吡啶碱催化剂进展[J]. 四川化工,1996,3:40-43.

[175] 周孖熹. 多级孔 HZSM-5 的制备及其催化醛氨缩合制备吡啶碱反应的研究[J]. 东南大学,2017.

[176] 张金军,张亚男. La-ZSM-5 分子筛催化合成吡啶碱的研究[J]. 泰山学院学报,2009,31(03):44-49.

[177] 周勇. 吡啶碱合成的催化剂和工艺研究[D]. 南京:南京理工大学,2008.

[178] 戴燕. 吡啶碱催化剂制备工艺研究[D]. 南京:南京理工大学,2006.

[179] 纪纲. 吡啶碱合成工艺研究[D]. 南京理工大学,2005.

[180] 蒋劼,毛东森,杨为民等. Co/Pb-ZSM-5 分子筛催化剂负载量对吡啶碱收率的影响[J]. 化工时刊,2003(03):24-27.

[181] 欧阳南. 合成吡啶碱催化剂失活和再生行为的研究[D]. 杭州:浙

江大学,2003.

[182] Cai-wu L,Xiao-yan F,Wei L,et al. Deactivation and regeneration on the ZSM-5-based catalyst for the synthesis of pyridine and 3-picoline[J]. Microporous and Mesoporous Materials,2016,235:261-269.

[183] Hua-chun L,Yasuhiro S,Zheng L,et al. Mesoporous silicalite-1 zeolite crystals with unique pore shapes analogous to the morphology[J]. Microporous and Mesoporous Materials,2007,106(1-3):174-179.

[184] 徐如人,庞文琴等.分子筛与多孔材料化学[M].北京:科学出版社,2004.

[185] 杨少华.ZSM-5 沸石分子筛的合成和表面改性研究进展[J].精细石油化工进展,2003,4:47-50.

[186] 王军,陈德民,顾海威等.介孔 ZSM-5 分子筛材料的制备及催化应用研究进展[J].南京工业大学学报(自然科学版),2010,32(4):100-104.

[187] Vasile I P,Ligia F,Gabriela C,et al. Acidic and textural properties of H-ZSM-5 impregnated with gallium,indium or thallium[J]. Applied Catalysis A:General,1995,121(1):69-79.

[188] Zeinhom M E,Mohamed M M,Farouk I Z,et al. Photo-degradation of acid green dye over Co-ZSM-5 catalysts prepared by incipient wetness impregnation technique[J]. Journal of Hazardous Materials,2008,153(1-2):364-371.

[189] Ernst R H E,Johannis A Z P,Arno P M K. Framework and extra-framework aluminium in wet ion exchanged Fe-ZSM-5 and the effect of steam during the decomposition of N_2O[J]. Solid State Nuclear Magnetic Resonance,2011,39(3-4):99-105.

[190] Silva B,Figueiredo H,Soares O S G P,et al. Evaluation of ion exchange-modified Y and ZSM-5 zeolites in Cr(VI) biosorption and catalytic oxidation of ethyl acetate[J]. Applied Catalysis B:Environmental,2012,117-118:406-413.

[191] Tomonori K,Hiromichi M,Tetsuya S,et al. Steam reforming of dimethyl ether over ZSM-5 coupled with $Cu/ZnO/Al_2O_3$ catalyst prepared by homogeneous precipitation[J]. Applied Catalysis A:General,2006,308:82-90.

[192] Ho-Jeong C,Young-Ha S,Kwang-Eun J,et al. Physicochemical characteristics of ZSM-5/SAPO-34 composite catalyst for MTO reaction [J]. Journal of Physics and Chemistry of Solids,2010,71(4):600-603.

[193] Panpa W,Sujaridworakun P,Jinawath S. Photocatalytic activity of TiO_2/ZSM-5 composites in the presence of SO_4^{2-} [J]. Applied Catalysis B:Environmental,2008,80(3-4):271-276.

[194] 宋春敏,阎子峰,王槐平等. 用碱处理的 ZSM-5 沸石合成 MCM-41 型结构复合分子筛的研究[J]. 中国石油大学学报(自然科学版),2006,30(5):113-117.

[195] Won Cheol Y,Xueyi Z,Michael T,et al. Synthesis of mesoporous ZSM-5 zeolites through desilication and re-assembly processes[J]. Microporous and Mesoporous Materials,2012,149(1):147-157.

[196] Satoshi I,Masaru O,Tomoaki I,et al. Synthesis of MCM-41-type mesoporous materials using filtrate of alkaline dissolution of ZSM-5 zeolite[J]. Microporous and Mesoporous Materials, 2004,74(1-3):163-170.

[197] Kumar S,Sinha A K,Hegde S G,et al. Influence of mild dealumination on physicochemical,acidic and catalytic properties of H-ZSM-5 [J]. Journal of Molecular Catalysis A:Chemical,2000,154(1-2):115-120.

[198] Ahmed K A G,Noha A K A G,Ahmed E A. Effect of Hydrohalogenation of Metal/Zeolite Catalysts for Cyclohexene Hydroconversion II. Rhenium/H-ZSM-5 Catalysts[J]. Chinese Journal of Catalysis,2008,29 (2):113-122.

[199] 张四方,李怀柱,董金龙. 改性 ZSM-5 分子筛催化合成乙酸戊酯 [J]. 光谱实验室,2011,28(05):1655-2658.

[200] 肖容华,徐景士. 复合纳米固体超强酸 SO_4^{2-}/ZrO_2-ZSM-5 的制备及应用研究. 广州化工,2009,37(5):97-100.

[201] 季山,廖世军,王乐夫等. SO_4^{2-}/Zr-ZSM-5 超强酸催化剂的制备和表征[J]. 分子催化,2002,16(5):379-383.

[202] Ofei D M,Patentlevor A F A,Oyama S T,et al. The effect of hydrothermal treatment of FCC catalysts and ZSM-5 additives in catalytic conversion of biomass[J]. Applied Catalysis A:General, 2012, 445-446: 312-320.

[203] Yiwei Z,Yuming Z,Kangzhen Y,et al. Effect of hydrothermal treatment on catalytic properties of PtSnNa/ZSM-5 catalyst for propane dehydrogenation[J]. Microporous and Mesoporous Materials,2006,96(1-3):245-254.

[204] Jin Z,Guomin X, Henghong L. Study on catalyst for pyridine

synthesis[D]. Journal of Southeast University (English Edition),2004,20 (1):62-64.

[205] Hiroshi S,Shinkichi S,Nobuyuki A,et al. Synthesis of pyridine bases over ion-exchange pentasil zeolite[J]. Chemisty Letters, 1994, 23 (1):59-62.

[206] Shinkichi S, Nobuyuki A, Akira I, et al. Synthesis of pyridine bases on zeolite catalyst[J]. Microporous and Mesoporous Materials, 1998,21:447-451.

[207] Shimizu S,Abe N,Iguchi A,et al. Synthesis of pyridine bases: general methods and recent advances in gas phase synthesis over ZSM-5 zeolite[J]. Catalysis Surveys from Asia,1998,2(1):71-76.

[208] Le Febre R A,Hoefnagel A J,Bekkum H. The reaction of ammonia and ethanol or related compounds towards pyridines over high-silica zeolites with medium pore size[J]. Recueil des Travuax Chimiques des Pays-Bus,1996,115(11-12):511-518.

[209] Ivanova A S, Al'kaeva E M, Mastikhin V M, et al. Physico-chemical and catalytic properties of silica-alumina catalysts in the reaction of acrolein condensation with ammonia[J]. Kinetics and Catalysis,1996,37 (3):425-430.

[210] Zenkovets G A,Volodin A M,Bedilo A F,et al. Influence of the preparation procedure on the acidity of titanium dioxide and its catalytic properties in the reaction of synthesis of β-picoline by condensation of a-crolein with ammonia[J]. Kinetics and Catalysis,1997,38(5):669-672.

[211] David G P. Manufacture of pyridine and 3-methylpyridine[P]. Canadian Patent,895885,1972-03-21.

[212] Kandepi V V,Nama N,Shivanand J K. Liquid phase synthesis of annelated pyridines over molecular sieve catalyst[J]. Microporous and Mesoporous Materials,2007,106(1-3):229-235.

[213] Ramachandra R R,Srinivas N,Kulkarni S J,et al. A new route for the synthesis of 3,5-1utidine over modified ZSM-5 catalysts[J]. Applied Catalysis A:General,1997,161(1-2):37-42.

[214] Tschitschibabin A E,Oparina M P. über die Kondensation des crotonaldehyds mit ammoniak bei gegenwart von aluminiumoxyd(The condensation of crotonaldehyde with ammonia in the presence of aluminum oxide)[J]. Berichte Der Deutschen Chemischen Gesellschaft (Reports of

the German Chemical Society),1927,60(8):1877-1879.

[215] Tschitschibabin, A E, Oparina M P. Kondensation des propionaldehyds mit ammoniak (Condensation of propionaldehyde with ammonia)[J]. Journal of Research in Physical Chemistry and Chemical Physics, 1924,107(5-8):145-154.

[216] Jie J L, Chichibabin pyridine synthesis, name reactions in heterocyclic chemistry[J]. Canada:John Wiley & Sons Inc. ,2009:107-109.

[217] Robert L F, Raymond P S. Pyridines. IV. A study of the Chichibabin synthesis[J]. Journal of American Chemical Society,1949,71(8): 2629-2635.

[218] Sagitullin R S, Shkil G P, Nosonova I I, et al. Synthesis of pyridine bases by the Chichibabin method (review)[J]. Chemistry of Heterocyclic Compounds,1996,32(2):127-140.

[219] Calvin J R, Davis R D, McAteer C H. Mechanistic investigation of the catalyzed vapor-phase formation of pyridine and quinoline bases using $^{13}CH_2O$, $^{13}CH_3OH$, and deuterium-labeled aldehydes[J]. Applied Catalysis A:General,2005,285(1-2):1-23.

[220] Farberov M I, Antonova V V, Ustavshchikov B F, et al. Synthesis of pyridine bases from aldehydes and ammonia(review)[J]. Khimiya Geterotsiklicheskikh Soedinenii (Russian Journal of General Chemistry), 1975,12:1587-1592.

[221] 冯成,张月成,赵继全. 醛-酮催化氨化合成吡啶及其烷基衍生物研究进展[J]. 现代化工,2010,30(5):21-26.

[222] Baldev S, Sisir K R, Krishnadeo P S, et al. Role of acidity of pillared inter-layered clay (PILC) for the synthesis of pyridine bases[J]. Journal of Chemical Technology and Biotechnology,1998,71(3):246-252.

[223] 张弦,罗才武,黄登高等. 醛/氨反应合成吡啶碱机理[J]. 化工学报,2013,64(8):2875-2882.

[224] Xian Z, Zhen W, Zi-Sheng C. Mechanism of pyridine bases prepared from acrolein and ammonia by in situ infrared spectroscopy[J]. Journal of Molecular Catalysis A:Chemical,2016,411:19-26.

[225] 李浩春. 分析化学手册-第五分册气相色谱分析[M]. 北京:化学工业出版社,1999.

[226] 储刚,陈刚. X射线衍射法测定ZSM-5分子筛硅铝比[J]. 石油化工,1995,24(7):498-499.

[227] Hellmut G K,Ekkehard G. Vibrational spectroscopy of molecular sieves[M]. Berlin:Springer-Verlag Berlin Heidelberg,2004.

[228] Weckhuysen B M,Spooren H J,Schoonheydt R A,et al. A quantitative diffuse reflectance spectroscopy study of chromium[J]. Zeolites,1994,14(6):450-457.

[229] Dedecek J,Kaucky D,Wichterlova B. Co^{2+} ion siting in pentasil-containing zeolites II:Co^{2+} ion sites and their occupation in ferrierite:A VIS diffuse reflectance spectroscopy study[J]. Microporous and Mesoporous Materials,1999,31(1-2):75-87.

[230] Nadzeya V. B,Adri N C,Weckhuysen B M,et al. Oxidation of methane to methanol and formaldehyde over Co-ZSM-5 molecular sieves:Tuning the reactivity and selectivity by alkaline and acid treatments of the zeolite ZSM-5 agglomerates[J]. Microporous and Mesoporous Materials,2011,138(1-3):176-183.

[231] Hiroshi M,Toshiyuki Y,Hiroyuki I,et al. Effect of desilication of H-ZSM-5 by alkali treatment on catalytic performance in hexane cracking[J]. Applied Catalysis A:General,2012,449:188-197.

[232] Ferenc L,József V. On the interpretation of the NH_3-TPD patterns of H-ZSM-5 and H-mordenite Original Research Article[J]. Microporous and Mesoporous Materials,2001,47(2-3):293-301.

[233] Nan-Yu T,Karsten P,EricG D. Infrared and temperature-programmed desorption study of the acidic properties of ZSM-5-type zeolites [J]. Journal of Catalysis,1981,70(1):41-52.

[234] Fang J,Yu-gang C,Yong-dan L. Effect of alkaline and atomplanting treatment on the catalytic performance of ZSM-5 catalyst in pyridine and picolines synthesis[J]. Applied Catalysis A:General,2008,350 (1):71-78.

[235] Corma A,Fornes V,Juan-Rajadell M I,et al. Influence of preparation conditions on the structure and catalytic properties of SO_4^{2-}/ZrO_2 superacid[J]. catalysts Applied Catalysis A:General,1994,116:151-163.

[236] Ali A A M,Zaki M I. Thermal and spectroscopic studies of polymorphic transitions of zirconia during calcination of sulfated and phosphated $Zr(OH)_4$ precursors of solid acid catalysts[J]. Thermochimica Acta,1999,336(1-2):17-25.

[237] Shu-yong X,Raymond L V M. Pt hybrid catalysts containing

HY zeolite and sulfate-promoted zirconia or acidic mesoporous silica-alumina for the conversion of n-octane[J]. Microporous Materials, 1995, 4 (6):435-444.

[238] Benaïssa M, Santiesteban J G, Díaz G, et al. Interaction of sulfate groups with the surface of zirconia: An HRTEM characterization study[J]. Journal of Catalysis, 1996, 161(2):694-703.

[239] Hamouda L B, Ghorbela A, Figueras F. Study of acidic and catalytic properties of sulfated zirconia prepared by sol-gel process: influence of preparation conditions[J]. Studies in Surface Science and Catalysis, 2000, 130:971-976.

[240] Rolf D Process for the preparation of 3-picoline[P]. American Patent, 4337342, 1982-06-29.

[241] Rolf D. Process for the preparation of 3-picoline[P]. American Patent, 4370481, 1983-01-25.

[242] 汪宝和,张皓荐,李云丽等. 合成 2-甲基烯丙基二乙酸酯的新工艺[J]. 化学工业与工程, 2008, 25(1):48-51.

[243] Lucio T, Paolo Q, Pierluigi C. Classical and non-classical secondary orbital interactions and coulombic attraction in the regiospecific dimerization of acrolein[J]. Tetrahedron Letters Pergamon, 2001, 42:731-733.

[244] Yoshiaki N, Akio N, Yasukazu M. Process for producing pyridine bases[P]. American Patent, 3580917, 1971-03-25.

[245] Ashim K G, Ronald A K. An infrared study of the effect of HF treatment on the acidity of ZSM-5[J]. Zeolites, 1990, 10:766-771.

[246] Xia Z, Juan L, Ting-ting T, et al. Mixed matrix membranes with HF acid etched ZSM-5 for ethanol/water separation: Preparation and pervaporation performance[J]. Applied Surface Science, 2012, 259:547-556.

[247] Iwasaki A, Sano T. Dissolution behavior of silicalite crystal[J]. Zeolites, 1997, 19:41-46.

[248] Ya-nan W, Xin-wen G, Zhan-ga C, et al. Influence of calcination temperature on the stability of fluorinated nanosized HZSM-5 in the methylation of biphenyl[J]. Catalysis Letters, 2006, 107(3-4):209-214.

[249] Sharon M, Adriana B, Javier P R, Preparation of organic-functionalized mesoporous ZSM-5 zeolites by consecutive desilication and silanization[J]. Materials Chemistry and Physics, 2011, 127:278-284.

[250] 徐如人,庞文琴等.沸石分子筛结构与合成[M].北京:科学出版社,2004.

[251] Altshuler S,Chakk Y,Rozenblat A,et al. Investigation of simultaneous fluorine and carbon incorporation in a silicon oxide dielectric layer grown by PECVD[J]. Microelectronic Engineering,2005,80:42-45.

[252] Wolfgang K,Carmen H,Oksana S,et al. A simple aqueous phase synthesis of high surface area aluminum fluoride and its bulk and surface structure[J]. Inorganica Chimica Acta,2006,359(15):4851-4854.

[253] Yilmaz M,Kabacelik I,Cicek A,et al. Luminescence properties of ammonium silicon fluoride films prepared by vapour etching technique[J]. Thin Solid Films,2009,518(1-2):49-54.

[254] Kurzweil P,Chwistek M. Electrochemical stability of organic electrolytes in supercapacitors:Spectroscopy and gas analysis of decomposition products[J]. Journal of Power Sources,2008,176(2):555-567.

[255] Drouiche N,Aoudj S,Hecini M,et al. Study on the treatment of photovoltaic waste water using electrocoagulation:Fluoride removal with aluminium electrodes:Characteristics of products[J]. Journal of Hazardous Materials,2009,169(1-3):65-69.

[256] Seref K. Synthesis of ammonium silicon fluoride cryptocrystals on silicon by dry etching[J]. Applied Surface Science,2004,236(1-4):336-341.

[257] 辛勤,梁长海.固体催化剂的研究方法——第八章 红外光谱法(中)[J].石油化工,2001,30(2):157-167.

[258] 罗渝然.化学键能数据手册[M].北京:科学出版社,2005.

[259] Valmir C,Mauro L B,Na′dia R C,et al. Transformation of ethanol into hydrocarbons on ZSM-5 zeolites modified with iron in different ways[J]. Fuel,2008,87(8-9):1628-1636.

[260] Atsushi T,Wei X,Isao N,et al. Effects of added phosphorus on conversion of ethanol to propylene over ZSM-5 catalysts[J]. Applied Catalysis A,2012,423-424:162-167.

[261] Georger R D,Yurii N P,Abramenkov A V. Use of ab initio computational results and experimental frequencies to construct the internal rotational potential function for acrolein[J]. Journal of Molecular Structure,1987,160:327-335.

[262] Philip G,Charles W B,Mendel T. An AB initio study of the cis-

and trans -conformers of 1,3-butadiene,acrolein and glyoxal:evidence for a stabilizing interaction in cis-acrolein[J]. Journal of Molecular Structure, 1980,69:183-200.

[263] 郭纯孝.21 世纪化学丛书——计算化学[M].北京:化学工业出版社,2004.

[264] 雷光东,邓刚.a,β-不饱和醛、酮加成反应的研究[J].内江师范学院学报,2002,17(4):29-36.

[265] Lucio T,Paolo Q,Pierluigi C. Classical and non-classical secondary orbital interactions and Coulombic attraction in the regiospecific dimerization of acrolein[J]. Tetrahedron Letters Pergamon,2001,42:731-733.

[266] Natsuki Y,Masakuni Y,Toshihisa M. Polymerization of acrolein in the presence of acrylamide induced by pyridine and water system[J]. Polymer Letters,1972,10:643-646.

[267] Natsuki Y,Hiroshi I,Toshihisa M. Polymerization of acrolein and methyl vinyl ketone induced by amine-water and pyridine-phenol systems[J]. Journal of polymer science:polymer chemistry edition,1979,17:2739-2747.

[268] Saini A,Kumar S,Sandhu J S. Hantzsch reaction:Recent advances in Hantzsch 1,4-dihydropyridines[J]. Journal of Scientific and Industrial Research,2008,67(2):95-111.

[269] Sisir K R,Banikar G,Shyam K R. Studies on the synthesis of 2 & 4-picoline correlation of acidity with the catalytic activity[J]. Studies in Surface Science and Catalysis,1998,113:713-719.

[270] Loffreda D,Jugnet Y,Delbecq F,et al. Coverage dependent adsorption of acrolein on Pt(111) from a combination of first principle theory and HREELS study[J]. Journal of Physical Chemistry B,2004,108(26):9085-9093.

[271] Shu-ji F,Yasuhito M,Koichi I. Surface-enhanced Raman scattering study adsorption structure change of acrolein on silver films[J]. Surface Science,1992,277(1-2):220-228.

[272] Juan C J,Francisco Z. Double-bond activation in unsaturated aldehydes:conversion of acrolein to propene and ketene on Pt(111) surfaces [J]. Journal of Molecular Catalysis A:Chemical,1999,138(2-3):237-240.

[273] Anna Y,Scott J M,Hicham I. A study of ethanol reactions over

Pt/CeO$_2$ by temperature-programmed desorption and in situ FT-IR Spectroscopy[J]. Journal of Catalysis,2000,191(1):30-45.

[274] Sherrill A B,Idriss H,Barteau M A,et al. Adsorption and reaction of acrolein on titanium oxide single crystal surfaces:coupling versus condensation[J]. Catalysis Today,2003,85(2-4):321-331.

[275] Lauren B,Jan H,Ryan G Q,et al. Acrolein coupling on reduced TiO$_2$(110):The effect of surface oxidation and the role of subsurface defects[J]. Surface Science,2009,603(7):1010-1017.

[276] Ji-quan F,Chuen-hua D. Study on alkylation of benzene with propylene over MCM-22 zeolite catalyst by in situ IR[J]. Catalysis Communications 2005,6(12):770-776.

[277] Shota I,Shinya N,Masahiko S,et al. First observation of infrared and UV-visible absorption spectra of adenine radical in low-temperature argon matrices[J]. Journal of Molecular Structure,2012,1025:43-47.

[278] Damyanova M A,Centeno L,Petrov P G,et al. Fourier transform infrared spectroscopic study of surface acidity by pyridine adsorption on Mo/ZrO$_2$-SiO$_2$(Al$_2$O$_3$) catalysts[J]. Spectrochimica Acta Part A:Molecular and Biomolecular Spectroscopy,2001,57(12):2495-2501.

[279] Robert W S J,Steven S C,Burtron H D. In situ infrared study of pyridine adsorption/desorption dynamics over sulfated zirconia and Pt-promoted sulfated zirconia[J]. Applied Catalysis A:General,2003,252:57-74.

[280] Galina B C,Yuriy A C,Vladimir P B,et al. In situ FTIR study of β-picoline transformations on V-Ti-O catalysts[J]. Catalysis Today,2011,164(1):58-61.

[281] 姜继堃,张志良,李俊英等. 原位红外法研究马来酸单十二醇酯合成反应的动力学过程[J]. 皮革与化工,2008,25(5):5-9.

[282] Sreekumar K,Mathew T,Rajgopal R,et al. Selective synthesis of 3-picoline via the vapor phase methylation of pyridine with methanol over Ni$_{1-x}$Co$_x$Fe$_2$O$_4$($x=0,0.2,0.5,0.8$ and 1.0) type ferrites[J]. Catalysis Letters,2000,65(1):99-105.

[283] Schwoegler E J,Adkins H. Preparation of certain amines[J]. Journal of the American Chemical Society,1939,61(12):3499-3502.

[284] Neylon M K,Bej S K,Bennett C A. Ethanol amination catalysis over early transition metal nitrides[J]. Applied Catalysis A:General,2002,

232(1-2):13-21.

[285] Hagen A, Roessner F. Conversion of ethane into aromatic hydrocarbons on zinc containing ZSM-5 zeolites prepared by solid state ion exchange[J]. Studies in Surface Science and Catalysis,1994,83:313-320.

[286] Clarence D C, William H. L. Synthesis of pyridine and alkylpyridines[P]. US Patent,4220783,1980-09-02.